"十三五"职业教育国家规划教材　修订版

多工位级进模与冲压自动化

第 4 版

主　编　陈叶娣　段来根

副主编　钱子龙　李秀玲

参　编　张金标　梅青正

主　审　邓卫国

机械工业出版社

本书是在"十三五"职业教育国家规划教材《多工位级进模与冲压自动化 第3版》基础上修订而成的。

本书是为拓宽高职高专模具设计与制造专业学生的专业知识面而编写的。本书内容力求淡化理论，着重应用。书中着重介绍了多工位级进模排样图的设计，凸模与凹模的设计，卸料装置、导料装置、侧向冲压与倒冲装置、自动监测与安全保护装置的设计，以及模具的制造与装配。书中举例讲解了级进模的排样方式和级进模的结构特点、冲压自动化的常用机构及工作原理，以及冲压自动化常用机构在自动模中的应用。

本书可作为高等职业技术院校模具设计与制造专业的教材，也可作为掌握一定冲压模具知识的工程技术人员的自学用书，还可供相关专业从业人员参考。

为便于学习和理解，本书配套有动画、视频资源，扫描书中的二维码可直接观看。

本书配套有电子课件，凡选用本书作为教材的教师可登录机械工业出版社教育服务网（www.cmpedu.com）注册后免费下载。咨询电话：010-88379375。

图书在版编目（CIP）数据

多工位级进模与冲压自动化/陈叶娣，段来根主编. —4版. —北京：机械工业出版社，2023.3（2024.7重印）

ISBN 978-7-111-72465-0

Ⅰ.①多… Ⅱ.①陈… ②段… Ⅲ.①冲模-设计②冲压-自动化 Ⅳ.①TG385

中国版本图书馆 CIP 数据核字（2022）第 256176 号

机械工业出版社（北京市百万庄大街 22 号 邮政编码 100037）
策划编辑：于奇慧　　　　　　　责任编辑：于奇慧
责任校对：陈　越　王明欣　　　封面设计：马精明
责任印制：刘　媛
北京中科印刷有限公司印刷
2024 年 7 月第 4 版第 2 次印刷
184mm×260mm · 14 印张 · 342 千字
标准书号：ISBN 978-7-111-72465-0
定价：45.00 元

电话服务　　　　　　　　　　网络服务
客服电话：010-88361066　　　机 工 官 网：www.cmpbook.com
　　　　　010-88379833　　　机 工 官 博：weibo.com/cmp1952
　　　　　010-68326294　　　金 书 网：www.golden-book.com
封底无防伪标均为盗版　　机工教育服务网：www.cmpedu.com

关于"十三五"职业教育国家规划教材的出版说明

2019年10月，教育部职业教育与成人教育司颁布了《关于组织开展"十三五"职业教育国家规划教材建设工作的通知》（教职成司函〔2019〕94号），正式启动"十三五"职业教育国家规划教材遴选、建设工作。我社按照通知要求，积极认真组织相关申报工作，对照申报原则和条件，组织专门力量对教材的思想性、科学性、适宜性进行全面审核把关，遴选了一批突出职业教育特色、反映新技术发展、满足行业需求的教材进行申报。经单位申报、形式审查、专家评审、面向社会公示等严格程序，2020年12月教育部办公厅正式公布了"十三五"职业教育国家规划教材（以下简称"十三五"国规教材）书目，同时要求各教材编写单位、主编和出版单位要注重吸收产业升级和行业发展的新知识、新技术、新工艺、新方法，对入选的"十三五"国规教材内容进行每年动态更新完善，并不断丰富相应数字化教学资源，提供优质服务。

经过严格的遴选程序，机械工业出版社共有227种教材获评为"十三五"国规教材。按照教育部相关要求，机械工业出版社将坚持以习近平新时代中国特色社会主义思想为指导，积极贯彻党中央、国务院关于加强和改进新形势下大中小学教材建设的意见，严格落实《国家职业教育改革实施方案》《职业院校教材管理办法》的具体要求，秉承机械工业出版社传播工业技术、工匠技能、工业文化的使命担当，配备业务水平过硬的编审力量，加强与编写团队的沟通，持续加强"十三五"国规教材的建设工作，扎实推进习近平新时代中国特色社会主义思想进课程教材，全面落实立德树人根本任务。同时突显职业教育类型特征，遵循技术技能人才成长规律和学生身心发展规律，落实根据行业发展和教学需求及时对教材内容进行更新的要求；充分发挥信息技术的作用，不断丰富完善数字化教学资源，不断提升教材质量，确保优质教材进课堂；通过线上线下多种方式组织教师培训，为广大专业教师提供教材及教学资源的使用方法培训及交流平台。

教材建设需要各方面的共同努力，也欢迎相关使用院校的师生反馈教材使用意见和建议，我们将组织力量进行认真研究，在后续重印及再版时吸收改进，联系电话：010-88379375，联系邮箱：cmpgaozhi@ sina.com。

机械工业出版社

前　言

本书是在"十三五"职业教育国家规划教材《多工位级进模与冲压自动化　第3版》的基础上修订而成的。

本书依据多工位级进模技术发展特点及模具设计与制造专业的人才培养目标，对接多工位级进模设计与制造等工作岗位需求编写而成。在编写过程中，编者对相关工作岗位任务进行分析，依据分析结果确定内容的取舍。此外还融入职业标准与技术规范，渗透"理论联系实际""科学发展观""实事求是"等马克思主义观点，融入"科学精神、大局意识、规范意识"等素养要求，合理设置任务，注重学做合一，旨在培养学习者爱岗敬业、严谨细致、精益求精等工匠精神。

本书在编写过程中与铜河精密模具（常州）有限公司、常州瑞优机械制造有限公司、镇江特美特金属制品有限公司等企业合作，以吸尘器定、转子等冲压件的多工位级进模等企业真实项目为载体，采用任务驱动，共设有5个项目。基于级进模设计与产品成形过程，按照先易后难、先简单后复合，先单一后多元的原则，以"简单级进模设计—产品自动冲压成形—复杂级进模设计"为主线，将级进模成形的理论和实践知识有机融入各个任务，使学习者在完成级进模设计的工作任务过程中，获得冲压成形工艺与模具设计等理论知识，培养对级进模设计技术应用的实践能力，同时拓宽级进模设计相关知识，保证级进模技术知识的系统性。

本书配有动画、视频等资源，建有在线课程，有助于学习者对重点和难点内容的学习理解。

参加本次修订的人员有：段来根（项目一、项目二任务1~任务3）、陈叶娣（项目二任务4~任务10、项目三）、钱子龙（项目四任务1、任务2）、李秀玲（项目四任务3、任务4）、张金标（项目四任务5、项目五任务1、任务2）、梅青正（项目五任务3、任务4）。本书由常州机电职业技术学院陈叶娣编制修订提纲并统稿，陈叶娣、段来根担任主编，钱子龙、李秀玲担任副主编，江苏省模具行业协会邓卫国主审。在编写过程中得到了常州瑞优机械制造有限公司、镇江特美特金属制品有限公司、铜河精密模具（常州）有限公司等相关技术人员的大力支持和帮助，在此表示衷心的感谢。

由于编者水平有限，书中错误和不足之处在所难免，敬请广大读者批评指正。

编　者

目　　录

项目一　认识多工位级进模

【任务引入】

　　图 1-0-1a 所示为吸尘器电动机定子冲片，图 1-0-1b 所示为吸尘器电动机转子冲片。以吸尘器电动机定、转子冲片为例，完成以下任务：

1）认识冲压自动化生产过程。

2）分析多工位级进模的特点与类型。

3）分析多工位级进模的应用条件。

4）分析多工位级进模的结构与工作原理。

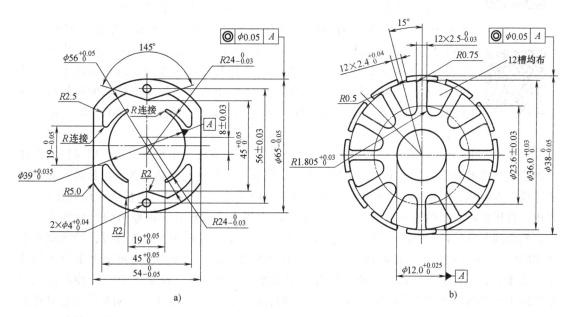

图 1-0-1　电动机定子与转子冲片

a）定子冲片　b）转子冲片

任务1 认识冲压自动化

1.1.1 多工位级进模的发展概况

模具是大批量生产同形产品的工具，是工业生产的主要工艺装备。模具工业是国民经济的基础工业。在工业生产中许多机械零件普遍采用模具冲压成形的工艺方法，有效地保证了产品的质量，提高了劳动生产率，并使操作技术简单化，而且还能省料、节能，可以获得显著的经济效益。冲压成形工艺已成为当代工业生产的重要手段和工艺发展方向。现代工业产品的发展和技术水平的提高，很大程度上取决于模具工业的发展水平。

据不完全统计，冲压件在电子产品中占80%～85%，在汽车、农业机械产品中占75%～80%，在轻工业产品中占90%以上；航天航空工业中冲压件也占很大的比例。今天，企业自动化、办公自动化、家庭自动化已走向现实，要推动新的产业革命向更深入、更高阶段发展，冲压成形工艺及模具是不可缺少的重要的推动力之一。由此可见，冲压成形工艺与模具在国民经济中的作用和意义是十分重要的。

冲压成形工艺所用的模具称为冲模。冲模按其功能和结构，有单工序模、复合模和级进模之分。它们都是借助压力机，将被冲压的材料放入凸模、凹模之间，在压力机的作用下使材料产生变形或分离，完成冲压工作。

单工序模指在压力机的一次行程中，完成一道冲压工序的冲模。

复合模指模具只有一个工位，并在压力机的一次行程中，完成两个或两个以上冲压工序的冲模。

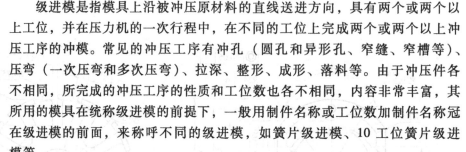

级进模是指模具上沿被冲压原材料的直线送进方向，具有两个或两个以上工位，并在压力机的一次行程中，在不同的工位上完成两个或两个以上冲压工序的冲模。常见的冲压工序有冲孔（圆孔和异形孔、窄缝、窄槽等）、压弯（一次压弯和多次压弯）、拉深、整形、成形、落料等。由于冲压件各不相同，所完成的冲压工序的性质和工位数也各不相同，内容非常丰富，其所用的模具在统称级进模的前提下，一般用制件名称或工位数加制件名称冠在级进模的前面，来称呼不同的级进模，如簧片级进模、10工位簧片级进模等。

近年来，由于对冲压自动化、高效率、高精度、长寿命提出了更高要求，以及模具设计与制造高新技术的应用与进步，工位数已不再是限制模具设计与制造的关键。目前在多工位级进模技术领域，工位数已达几十个，多的已有240多个，工位间步距精度可控制在±3μm之内。冲压次数因新的精密高速压力机不断推向市场也大大提高，由原来的每分钟冲几十次，提高到每分钟冲几百次，目前已达2500次/min以上，实际用于纯冲裁时，冲压次数高达2000次/min（用于带弯曲的加工时，达500～800次/min）。级进模的重量也由过去的几十千克增加到几百千克，直至上吨（如汽车刮水器底盘级进模，重量达20t）。冲压方式由早期的手工送料、手工低速操作，发展到如今的自动、高速、安全生产。调整后的模具在有自动检测的情况下可实现无人操作。模具的总寿命由于新材料的应用和加工精度的提高，也不是早先的几十万冲次，而是几千万、上亿冲次（如空调器翅片级进模的工作零件可互换，模具使用寿命达 3 亿冲次）。据有关资料介绍，目前大型级进模的长度已超过 3m，单套模具重 100t；为电子工业配套的精密高速多工位级进模精度达 2μm，寿命 2 亿次以上。当然，级进模的价格和其他模具相比要高一些，但在冲压件总成本中，模具费用所占的比例还是很少的。

由此可见，多工位级进模是当代冲压模具中生产率最高、最适合大量生产应用，已越来越多地被广大用户认识并优先考虑使用的一种精密、高效、高速、高质量和长寿命的实用模具。当今，国际市场产品竞争十分激烈，在制件的质量方面和制件的成本方面，采用先进的多工位级进模能有效地解决这两方面的关键问题。作为当代先进模具的典型代表，多工位级进模是冲压模具的重点发展方向，在国民经济发展过程中将发挥越来越重要的作用。

1.1.2 冲压生产自动化的种类

目前的冲压生产，如果还处在手工送料、手工取件的方式，将远远满足不了当今高速发展的电子、仪表、精密机械、农用机械、汽车、国防和家用电器等工业的需要。因此，实现冲压生产自动化就显得十分重要了。通过机械传动或电气控制，按一定的规律自行完成人们所要求的一系列动作，既可改善劳动条件、减轻工人劳动强度，确保生产安全，提高劳动生产率和产品质量，还能降低原材料消耗，节省设备投资，降低产品成本。

冲压生产的自动化包括范围较广，自动化程度也不相同。按自动化范围分，有冲压全过程自动化（由自动开卷机、自动送料器、自动出料装置和自动检出送料误差及废品、自动调整模具等一系列自动装置所组成），有自动模，有自动压力机与冲压自动生产线；按自动化程度分，有自动和部分自动两种。吸尘器电动机定、转子冲片多工位级进模采用冲压自动生产线。

图 1-1-1 所示为冲压自动化生产线示意图。生产时，将片材放置在多功能机械手垛料平台上即可，生产线采用不停机上料方式。多功能机械手从垛料装置中自动取料、分料和涂油，然后送至模具内；多功能机械手配备双张检测装置，保证每次送料是单张；每一道工序完成后，由转运机器人取出产品并传递到下一道工序，直到下料机器人取出产品并传递到成品输送线上；从成品输送线上取出产品后，进行检验或包装，从而实现自动化生产和管理。所有压力机和机器人采用联动控制系统，统一操作，符合人体工学。

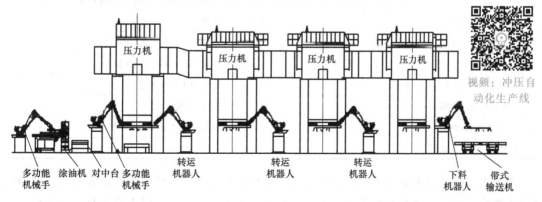

视频：冲压自动化生产线

图 1-1-1 冲压自动化生产线示意图

自动模是冲压生产自动化最基本也是最重要的单元。它是具有独立完整的送料、定位、出件和动作控制机构，在一定时间内不需要人工操作而自动完成冲压工作的冲模。特别是由于通信仪表、办公设备、音响设备、家用电器广泛使用了印制电路和集成电路，其结构向小型、微型化方向转化，许多冲压件单件重量仅 0.02~10g，要实现这种精密、重量轻的冲压件的大量生产，就必须具备精密的自动冲模和精密、高速的自动压力机。有的冲压件由于精密、尺寸小、形状复杂、重量轻，不是几个工位的冲压工作所能完成的，采用分散加工和空工位法也很难实现，必须采用多工位自动级进模，这种多工位自动级进模目前工位数最高可达 240 多个，从而使生产率得到很大的提高。冲压按速度可分为以下四种：

（1）低速冲压　指模具在非连续或连续速度低于 200 次/min 范围内运行。

（2）中速冲压　指模具在连续速度 200~400 次/min 范围内运行。

（3）高速冲压　指模具在连续速度 400~1200 次/min 范围内运行。

（4）超高速冲压　指模具在连续速度超过 1200 次/min 范围内运行。

与之相适应的压力机也应该具有高精度和高速度。目前对于小尺寸冲压件，其冲压次数可达 700~800 次/min，纯冲裁时高达 2000~2500 次/min，弯曲加工时也可达 500~800 次/min。随着工业的迅速发展，冲压加工系统的计算机控制、数控压力机已被广泛采用。

1.1.3　冲压自动化程度的确定

实现冲压加工自动化，应根据生产形式、生产纲领、应用自动化的经济性来确定。对于大批量生产的单一形式的冲压件、大型覆盖件，可采用自动压力机或多工位压力机上选用自动化装置及翻转制件装置，连接组成全自动生产线，如图 1-1-1 所示。对于大批量生产的中小型冲压件，可采用卷料或条料的自动送料装置、自动模或多工位级进模。对于中小批量生产的冲压件，采用自动模或自动化程度比较高的生产形式不经济。表 1-1-1 所列为自动化冲压制品的尺寸和工艺范围。

表 1-1-1　自动化冲压制品的尺寸和工艺范围

自动冲压生产名称		制品尺寸范围			主要适用的生产工艺范围
		小尺寸	中尺寸	大尺寸	
自动冲压操作	落料	✓	✓	✓	任何形状冲裁件
	级进加工	✓			各种冲压成形工艺和复杂冲裁件
	单工序自动冲压	✓	✓	较小尺寸	各种冲压成形工艺
	二次多工位加工	较大尺寸	✓		各种冲压成形工艺、深拉深
	一次多工位加工	较大尺寸	较小尺寸		各种冲压成形工艺、深拉深
冲压自动生产线	传送带输送线	较大尺寸	✓		各种冲压成形工艺
	夹持连续自动线		✓		拉深、弯曲
	单工序自动线	✓			各种冲压成形工艺及冷挤压
	大型板料冲压自动线			✓	拉深、弯曲

要实现把吸尘器电动机定、转子冲片的加工材料自动送到冲模的工作位置上，并把冲压件自动取出，可从以下几方面考虑：①采用自动压力机；②采用冲模本身带有自动送料、脱模、出件等装置的自动模或多工位自动级进模；③利用现有设备，在通用压力机上安装自动送料、自动脱模、自动出件及检测装置实现自动化，即对压力机进行技术改造实现单机自动化，也可将各种冲压设备通过各种传送装置或机械手，使某一冲压生产的若干道工序按平行

或顺序方式联系起来，自动完成整个加工过程，或者将单工位压力机的原滑块加大，再在大滑块上装上若干小滑块，实现单工位压力机变多工位压力机；④利用计算机来控制生产工艺过程，通过程序变换还能实现动作和各动作量的变换。

任务2　多工位级进模的特点与类型分析

微课：分析多工位级进模的特点与类型

1.2.1　自动模、多工位级进模的特点

自动模和多工位级进模精度高、寿命长，其主要工作零件常采用合金工具钢或硬质合金制造。用硬质合金材料制造的模具寿命一般可达 1 亿次以上，最高可达 3 亿次。模具加工的位置精度为 ±(0.002~0.005)mm，尺寸精度一般为 0.005mm，高精度可达 0.0025mm。特别对于一些细小的凸模而言，其寿命显得更为重要，如某企业用成形磨削方法加工的凸模和凹模宽度为 0.2mm，用于冲制 0.25mm 厚的板料，其冲压速度为 1000 次/min，模具的使用寿命高达 1 亿次以上。在多工位级进模中，通常凸模都很细小，因此，它必须具有精确的导向和保护。常将卸料板上与凸模相配的孔做得很精确，其尺寸及相互位置也正确无误。在冲压过程中保证凸模平稳、精确，就需要卸料板对凸模起导向和保护作用，而卸料板也大多采用滚珠式导柱导向。

自动模与多工位级进模有自动送料装置，送料精度高，送料步距能精确调整。目前生产中常用夹持式、滚动式、有离合器的辊式、凸轮辊式、摆动辊式等送料装置，送料误差可控制在 ±(0.03~0.05)mm。我国自行设计制造的精密多工位级进模的步距精度达 0.002~0.003mm，模具主要零件的制造精度已达 2~5μm，模具寿命达 1 亿次以上，已经达到目前的国际水平。送料误差和不能及时从凸模上卸料，是造成冲模损坏的主要原因，为保证冲压工作顺利进行，模具不被损坏，还需具有高精度的误差检测装置，如果没有检测装置，出现误差又不能使压力机快速制动停止冲压工作，后果就很难想象了。

自动模及多工位级进模对压力机的要求高，要求压力机的运动精度高、刚性好、振动小、热变形小、自动制动快，以防止压力机因弹性变形、热变形及运动精度差带来的误差，造成恶劣后果。

总体来说，自动模及多工位级进模有以下特点：

1）适用于制件的大批量生产，冲压精度高。

2）制件质量可靠、稳定，即制件尺寸的一致性好。

3）由于有自动送料和自动出件等装置，尤其是多工位级进模，适于在高速压力机上进行自动化冲制，也最适宜卷料、带料供料，可以实现自动化生产。

4）级进模可以完成冲裁、弯曲、拉深、成形等多道工序，效率比复合模更高，且在级进模上工序可以分散，任意留出空位，故不存在复合模的最小壁厚问题，因而保证了模具的强度，延长了模具的使用寿命。

5）模具综合技术含量高。模具的主要零件采用镶拼式结构且具有互换性，使模具维修方便，更换迅速、可靠。有的模具工作零件采用超硬材料制造，模具寿命长。

6）自动模及多工位级进模结构复杂，制造精度高，制造周期较长，成本高。

7）自动模及多工位级进模对冲压设备的要求是刚性要足够高和精度要足够好，而且滑

块要能长期承受较大的侧向力；一旦发生故障，压力机有急停功能。对带料的要求是料厚尺寸、料宽尺寸要求必须一致，应在规定的公差范围之内。

1.2.2 多工位级进模的类型

多工位级进模是冲模的一种。它是在一副模具内按制件的冲压工艺，分成若干个等距离工位，在每个工位上设置一定的冲压工序，完成制件的某部分冲制工作。被加工材料（条料或带料）在自动送料机构的控制下，精确地控制送料步距，经逐个工位的冲制后，便能得到所需要的冲压件。这样，一个比较复杂的冲压件只需用一副多工位级进模就可冲制完成。一般地说，多工位级进模能连续完成冲裁、弯曲、拉深等工序。所以，无论冲压件的形状如何复杂，冲压工序怎样多，均可以用一副多工位级进模冲制完成。

多工位级进模是精密、高效、长寿命的先进模具，生产率高，质量可靠，操作安全，节省模具、机床和劳动力，经济效益好。

多工位级进模的分类主要有以下几种。

1. 按冲压工序性质分类

（1）冲裁多工位级进模 它是多工位级进模的基本形式，包括冲落级进模和切断级进模。冲落级进模完成冲孔等工序的最后落料；切断级进模完成冲孔等工序的最后切断。吸尘器电动机定、转子冲片多工位级进模属于此类模具。

（2）成形工序多工位级进模

1）冲裁且分别包括弯曲、拉深、成形中某一个工序的有：冲裁弯曲多工位级进模、冲裁拉深多工位级进模、冲裁成形多工位级进模。

2）冲裁且包括弯曲、拉深、成形中某两个工序的有：冲裁弯曲拉深多工位级进模、冲裁弯曲成形多工位级进模、冲裁拉深成形多工位级进模。

3）由几种冲压工艺结合在一起的冲裁、弯曲、拉深、成形多工位级进模。

可想而知，十几个工位乃至几十个工位的级进模结构之复杂，要求制造精度之高，不仅给多工位级进模的设计和制造带来了一定的困难，而且还必须考虑到它的使用寿命以及能否方便维修、更换备件等。根据多工位级进模中常见的弯曲、拉深、成形等工序，相应的各种级进模分类如图 1-2-1 所示。

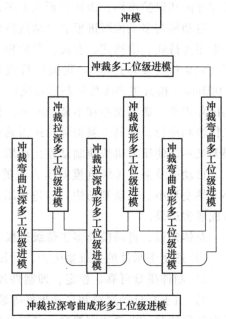

图 1-2-1 多工位级进模按冲压工序分类

2. 按被冲压的制件名称分类

有微电动机转子片与定子片级进模、机芯自停连杆多工位级进模、动簧片多工位级进模、端子接片多工位级进模等，这些名称目前用得最多。

3. 按工位数和制件名称分类

有 32 工位电刷支架精密级进模、25 工位簧片级进模、50 工位刷片级进模等。

4. 按被冲压的制件名称和模具工作零件所采用的材料分类

有电池极板硬质合金级进模、定转子铁心自动叠装硬质合金级进模等。

5. 按级进模的设计排样方法分类

（1）封闭型孔连续式级进模 这种级进模的各个工作型孔（除定距侧刃型孔外）与被冲压制件的各个孔及制件外形（弯曲件指展开外形）的形状一致，并把它们分别设置在一定的工位上，材料沿各工位经过连续冲压，最后获得所需制件。用这种方法设计的级进模称为封闭型孔连续式级进模。图 1-2-2 所示为制件及其展开图和排样图，从排样图可知有三个工位。

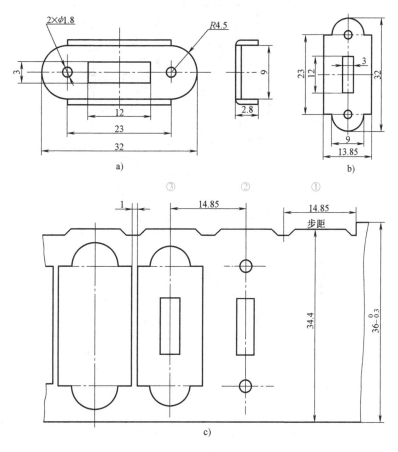

图 1-2-2 制件图、制件展开图和排样图

a）制件图 b）制件展开图 c）排样图

通过图 1-2-2 中的排样图可以清楚地看到这副级进模的冲制顺序与各型孔的形状。模具中的各型孔与制件的每个型孔及制件的展开外形完全一样。侧刃与侧刃孔仅作工艺需要——定距之用。第一工位由侧刃冲边距，保证送料步距；第二工位冲 $2 \times \phi 1.8$mm 孔与 3mm×12mm 长方孔；第三工位落料，冲出所需要的制品。模具装配图如图 1-2-3 所示。

封闭型孔连续式级进模的特点是：结构较简单，制造容易，可冲制形状简单、精度较低（公差等级为 IT10~IT14）的冲压件，适合手工送料和冲制半成品。

（2）分段切除多段式级进模 这种级进模对冲压件的复杂异形孔和整个外形采用分段切除多余废料的方式进行排样设计。在前一工位先切除一部分废料，在以后工位再切除一部分废料，经过逐个工位的连续冲制，就能获得一个完整的制件或半成品。对于制件上的简单型孔，模具上相应的型孔可与制件上的型孔做成一样。

仍用图 1-2-2 所示制件，采用分段切除多段式级进模，其排样图如图 1-2-4 所示，共分八个工位：

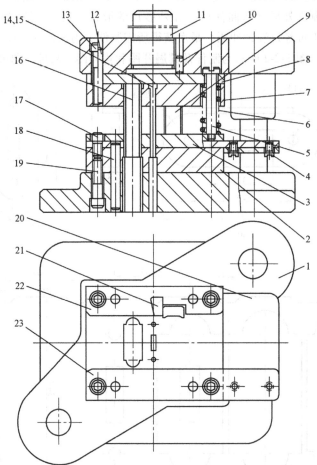

图 1-2-3 封闭型孔连续式级进模

1—对角模架 2—凹模 3—卸料板 4—开口螺钉 5—卸料螺钉 6—弹簧 7—固定板 8—垫板 9—侧刃凸模
10、12、18—销 11—模柄 13、17、19—螺钉 14—方凸模 15—圆凸模 16—落料凸模
20—承料板 21—挡块 22—后导料板 23—前导料板

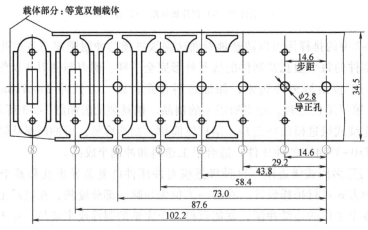

图 1-2-4 分段切除多段式级进模排样图

第一工位：冲导正孔。

第二工位：冲 2×φ1.8mm 孔。

第三工位：空位。

第四工位：冲切两端局部废料。

第五工位：冲两工件间的分断槽废料。

第六工位：弯曲。

第七工位：冲中部 3mm×12mm 长方孔。

第八工位：切载体。

分段切除多段式级进模如图 1-2-5 所示。

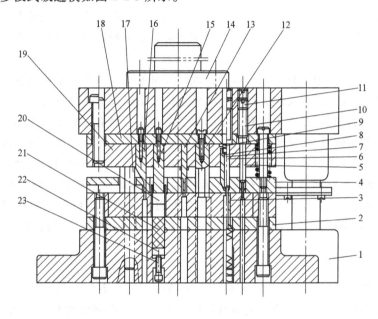

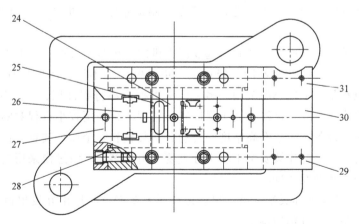

图 1-2-5 分段切除多段式级进模

1—模架 2—下垫板 3—套式浮顶器 4—卸料板 5、7—圆凸模 6—导正销 8—保护套 9、11—螺塞 10—垫柱 12、13—凸模 14—模柄 15—压弯凸模 16—方孔凸模 17—切断凸模 18—上垫板 19—固定板 20—顶件器 21—硬橡胶 22—托垫 23—调整螺钉 24—第一段凹模 25—压弯凹模 26—第三段凹模 27、28—围框板 29—前导料板 30—承料板 31—后导料板

任务3　多工位级进模的应用条件分析

虽然多工位级进模具有很多优点，但它结构复杂，制造技术要求高，同时还受压力机、板料、生产批量等限制。所以，设计使用多工位级进模还需要符合下列条件。

1.3.1　对修模能力与冲压设备的要求

1. 必须有一副合格的多工位级进模

所谓合格，是指具有一定精度、一定功能并能实现稳定、连续、正常生产。现在有许多模具都是委托专业模具厂制造的。模具交付使用时，必须经过试冲合格验收通过。

2. 必须有会调整、维修、保养、刃磨修理的技术能力

多工位级进模在使用过程中，刃口磨损或局部可能出现故障是常见的事，例如小凸模的折断，制件毛刺过大，刃口变钝，凸模、凹模镶件要更换或进行修理等。多工位级进模的刃磨与一般模具不同，它不是简单地对某个凸模或凹模进行修磨。对于有弯曲、拉深成形的多工位级进模，在刃磨凸模、凹模刃口时，还要相应地修正其他部分的相对高度，使刃磨或修理后的各凸模、凹模之间仍保持原设计应有的原始差量。对于这种刃磨和修理，必须要求修理人员具有较高的专业理论和实践技能（维修人员在拆卸模具前要了解模具的结构原理和凸模、凹模相互间尺寸关系等）。用户也应为之配置供刃磨、维修使用的精密磨削加工和检测用的必备设备。而且，多工位级进模生产完一批制件后必须经过检修与刃磨后，通过试冲合格才能入库待用。

3. 必须拥有能满足多工位级进模连续冲压生产要求的冲压设备

1）这种冲压设备与普通压力机相比，要求精度、刚度更好一些，功率、冲次、台面尺寸更大一些，制动系统可靠稳定。还应具备行程可调（一般都使用行程可调的偏心压力机）等功能，便于级进模的调试。要有良好、可靠的制动系统。一般压力机在额定功率的80%以下进行工作。

用多工位级进模进行冲压生产时，选取压力机的行程是不大的，一般以保证冲压顺利进行和送料正常为原则。因此，不同的级进模，由于制件的不同，所取行程大小虽不完全相同，但总的来说都是一个较小的范围。多工位级进模取小行程冲压，可以保持模架的导柱、导套工作过程始终不脱开，这样有利于保证冲压精度。且采用较小行程对实现高速冲压也是十分有利的。冲压设备还应附有高精度的自动送料装置和安全保护装置，这对于在自动冲压无人看管的情况下，保持连续安全工作十分重要。由于多工位级进模采用高速压力机，振动大，所以防振能力和刚性要好。

2）送料机构的精度和灵敏度高。出现送料误差要能及时检出并发出信号，立即制动停机，并对送料误差能进行精确调整。

1.3.2　对被加工材料的要求

1）必须有稳定、高质量、适合多工位级进模生产的冲压用料。用多工位级进模冲压生产，属于高效率大生产，所以对冲压用料的要求是比较严的。用料要稳定、高质量，主要指

材料的牌号、力学性能，每批料都应一致，符合该材料所规定的技术条件，符合使用要求，料的厚度和宽度尺寸应在规定公差范围内，表面状态良好。因此，材料必须符合冲压件设计要求，物理力学性能应稳定。

2）多工位级进模冲压用材料，大多是长的带料，常用分条机裁切成一定宽度的条料，要求料宽的直线性好，绝不允许有"镰刀"弯之类缺陷存在，否则将直接影响送料。条料的厚度公差要小，常选用 A、B 级精度。条料宽度公差小，有利送料。正常生产条件下，条料的长度必须有保证。即使是在试模，也要严格地按正常生产用料用于试模。试模用料不合适，模具再好，也冲不出合格的制件，这对于拉深或弯曲成形等工序最为突出。许多实例表明，在带有弯曲、成形和拉深的级进模中，同一副模具，由于使用的材料质量不同，冲出的制件质量就截然不同，这就证明冲压用料的重要性。

3）条料要具有足够刚性。因为多工位级进模的材料利用率比其他冲模低，尺寸小，所以应特别注意选料的刚性。

为满足使用要求，吸尘器电动机定、转子冲片加工材料采用 50W470 硅钢片。

1.3.3 对冲压件的要求

1）冲压件应该是定型产品，而且生产批量要足够大，否则经济效益差。

2）冲压件不适合采用单工序模冲制。某些形状异常复杂的冲压件，如弹簧插头、接线端子等，需要多次冲压才能达到制件的形状和尺寸要求，若采用单工序冲压是无法定位和冲压的，只能采用多工位级进模完成连续冲压，才能获得所需制件。

3）冲压件不适合采用复合模冲制。某些形状特殊的冲压件，如集成电路引线框，电表铁心，微型电动机定、转子片等，使用复合模是无法设计与制造模具的，而用多工位级进模能圆满解决问题。

4）送料误差和各工位间累积误差不应使制件精度降低。

5）形状复杂的冲压件应尽可能在一副多工位级进模中完成。

6）同一产品上的两个冲压件有相互尺寸关系，甚至有配合关系时，可合并在一副多工位级进模中冲制完成，以提高材料利用率。

任务4 多工位级进模的结构与工作原理分析

微课：分析多工位级进模组成结构与工作原理

1.4.1 吸尘器电动机定、转子冲片级进模

吸尘器电动机定、转子冲片的排样图如图 1-4-1 所示。采用单排样，步距为 55.2mm，共有 8 个工位：第一工位冲 2 个 ϕ5mm 的导正孔，同时冲转子的 ϕ12mm 以及定子两个 ϕ4mm 孔；第二工位为空工位；第三工位冲转子的槽形孔；第四工位进行转子落料；第五工位冲定子中心孔；第六工位冲定子两端的孔；第七工位为空工位；第八工位进行定子落料。

图 1-4-2 所示为定、转子冲片多工位级进模。这是一副精密高速冲裁的多工位级进模，模具的冲裁间隙小，为了防止在高速冲压时产生强烈振动，模具采用了刚性良好的四导柱滚珠模架，上模座的厚度为 60mm，下模座的厚度为 145mm。

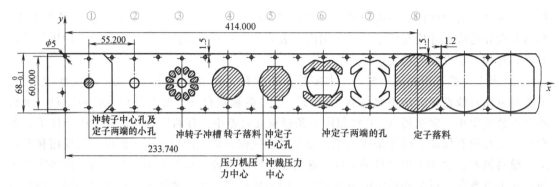

图 1-4-1 定、转子冲片排样图

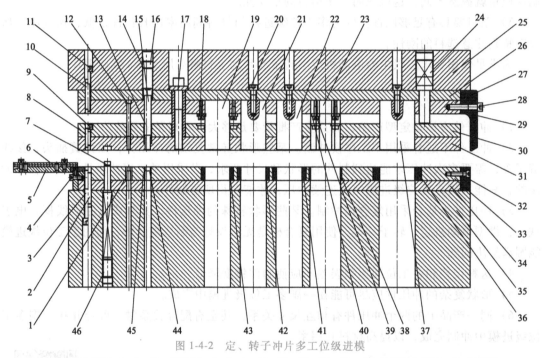

图 1-4-2 定、转子冲片多工位级进模

1—导正孔凹模 2、8、10—圆柱销 3、4、9、11、18、20、28、39—内六角圆柱头螺钉 5—托料板
6—托料挡板 7—导向顶杆组件 12—导正孔凸模 13—小孔凸模 1 14、16、46—孔型螺塞
15—小孔凸模 2 17—衬套型卸料螺栓 19—转子冲槽凸模 21—转子落料凸模 22—定子中心孔凸模
23—定子两端孔凸模 24—矩形压缩弹簧 25—上模座 26—上垫板 27—凸模固定板 29—切
废料凸模 30—卸料板垫板 31—卸料板 32—切废料凹模 33—凹模固定板 34—下垫板
35—下模座 36—定子落料凹模 37—定子落料凸模 38—定子两端孔凹模
40—定子两端孔凸模固定键 41—定子中心孔凹模 42—转子落料凹模
43—转子冲槽凹模 44—小孔凹模 2 45—小孔凹模 1

1. 上模部分

（1）凸模 凸模高度应符合工艺要求。转子落料凸模 21、定子中心孔凸模 22 和定子落料凸模 37 的高度较大，应先进入冲裁工作状态；其余凸模均比其短 0.5mm，当大凸模完成冲裁后，再使小凸模进行冲裁，以防止小凸模折断。

转子冲槽凸模 19、切废料凸模 29、定子两端孔凸模 23 都为异形凸模，无台阶。大一些的凸模采用螺钉紧固，定子两端孔凸模 23 呈薄片状孔，故采用螺钉 39 和定子两端孔凸模固定键 40 吊装于固定板上。环形分布的 12 个冲槽凸模镶拼在转子冲槽凸模 19 上。

（2）弹性卸料装置　由于模具中有细小凸模，为了防止细小凸模折断，需采用带辅助导向机构即卸料板导柱和导套的弹性卸料装置，使卸料板对小凸模进行导向保护，且在每次冲裁之前，还起压紧条料作用，减少在冲裁过程中材料的塑性变形。卸料板导柱与导套的配合间隙一般为凸模与卸料板之间配合间隙的 1/2。该模具由于间隙值都很小，因此模具中的辅助导向机构是共用的模架滚珠导向机构。

（3）定位装置　模具内设置 2 组 8 个工艺性导正销进行精确校正定距，模具的步距精度为 ±0.002mm，自动送料机构的精度为 ±0.05mm。导正销与固定板和卸料板的配合选用 H7/h6。

2. 下模部分

（1）凹模　它由凹模固定板 33 和转子落料凹模 42、转子冲槽凹模 43、定子落料凹模 36 等镶块组成。每块凹模镶块分别用螺钉和销固定在凹模固定板 33 上，以保证模具的步距精度达到 ±0.002mm。

（2）导料装置　下模设置了 2 个浮动导料销，在导向的同时具有向上浮料的作用，使带料在运行过程中从凹模面上浮起一定的高度（约 1.5mm），以利于带料运行。

1.4.2　冲裁、弯曲级进模

1. 隔离片多工位级进模

隔离片如图 1-4-3c 所示，采用料厚为 0.15mm 的镀镍铁带制成。制件的主要特点是圆片状外形上有长孔、切弯、鼓包，外形比较小，尺寸要求严，产量大，适合采用级进模生产。图 1-4-3b 为排样图，共设 5 个工位，工位①为侧刃定距，步距为 16.5mm；工位②为冲切废料，为下一工位压两个长圆包做准备；工位③为向下压两边 $R1.5mm$ 长圆包和向上压 $R0.5mm$ 的凸包，由于 $R1.5mm$ 长圆包之外的余料在工位②已切除，故能保证工位③压出的包外形美观；工位④为完成制件圆周 4 处向下切弯和冲中间长方孔；工位⑤为制件落料。

由排样图可知，制件上的压包、冲孔和切弯分别在工位③和④上完成，即一个工位完成一种性质的冲压，没有再多安排几个工位，这样有利于提高冲压质量，保证同一要素的尺寸精度，并且模具结构比较紧凑。

图 1-4-3a 所示为模具结构图。该模具是采用对角滑动导向标准模架，卸料板、固定板设有小导柱导向的一副小型级进模。模具在普通的 30kN 偏心压力机上使用，工作过程中导柱、导套不分离。设计与结构要点如下：

1）条料经侧面导料板导向由右往左送入，采用双齿形侧刃定距定位，考虑到材料较薄、较软，制件间搭边值比常规值稍大，取为 1.7mm。

2）为了便于成形制件上下两边 $R1.5mm$ 的长圆包，在工位②制件 $R1.5mm$ 长圆包的外侧通过凸模 10 各冲切去一小块废料。

3）工位③通过装在卸料板 13 上的成形凸模 15 和装在凹模 11 内的压包凸模 17，分别压出制件两边的 $R1.5mm$ 长圆包和 4 个 $R0.5mm$ 小凸圆包。长圆包是向下鼓起的，成形凸模 15 装在卸料板上，同卸料板借助弹簧 8 有一定的活动量。压包的作用力来自上模部分 4 个弹簧的压力，因此制件上的包能否成形和成形后形状的好坏，关键在于弹簧压力是否足够。

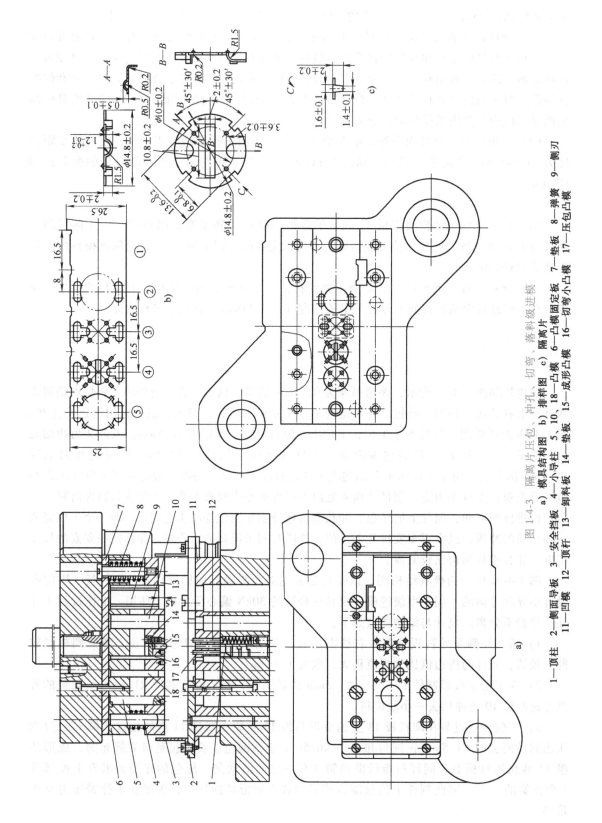

图 1-4-3　隔离片压包、冲孔、切弯、落料级进模
a）模具结构图　b）排样图　c）隔离片

1—顶柱　2—侧面导板　3—安全挡板　4—小导柱　5、10、18—凸模　6—凸模固定板　7—垫板　8—弹簧　9—侧刃
11—凹模　12—顶杆　13—卸料板　14—垫板　15—成形凸模　16—切弯小凸模　17—压包凸模

对于成形面积大并要求成形的部分有良好的平整性的制件，压包凸模采用固定式，即装在固定板上，成形后的凸模与制件"打死"，这时成形凸模应该比落料凸模短几毫米。采用活动成形凸模时，模具闭合后，卸料板与固定板"打死"也能成形出好的形状，但此时刃磨凸模后，要相应地磨削卸料板与固定板之间的限位块。图 1-4-3a 所示成形凸模 15 装在卸料板上，优点是当其他冲裁凸模需刃磨时，成形凸模不受影响。成形小凸圆包的压包凸模 17 装于凹模内，并用顶柱和螺塞限位。

4）工位④是冲制件中间的长方孔和 45°方向的 4 处切弯小脚。为了让开前工位已成形的鼓包，分别在凹模和卸料板的对应位置加工沉孔，以免碰伤鼓包。为了使切弯后的小脚能从凹模中取出，在凹模的相应位置设计了 6 个活动顶杆。

5）工位⑤为落料，凸模上也要加工出让开鼓包的沉孔，并且为了防止凸模转动，与固定板的固定端采用方键定位。

6）卸料板与固定板之间装有小导柱导向，保证切弯小凸模 16 有良好的导向性并保护其不因侧向力而损坏。图 1-4-3a 中小导柱 4 与卸料板 13 采用滑动配合，必要时卸料板上加设淬硬小导套与小导柱滑动配合。

7）模具采用人工送料，在侧面导板两头设有安全挡板 3，有效地防止人手进入工作区。

8）凸模固定板 6 固定切弯小凸模处，由于孔小不便加工，可以设计成拼块。

9）所有凸模采用铆接法固定。

2. 阳极接触片多工位级进模

如图 1-4-4 所示，制件是由料厚 0.15mm 的镀镍铁带制成，为一凹形件，底部的纵横向有肋，侧面有窗口，外形小而结构较复杂，尺寸公差要求较严，曾用单工序模多副模具生产，因生产率低、质量不能保证，必须用多工位级进模生产。

由排样图可知，设有 5 个工位，各工位冲压内容与模具设计要点说明如下：

1）工位①为采用双齿侧刃定距，并冲长圆孔，使条料的料宽由 20mm 变成 18.8mm。长圆孔是为了有利于压弯成形而设的工艺孔；工位②分别由凸模 17、18 冲两个方孔，长度都是（3.2±0.15）mm，宽度是根据制件侧面的窗口展开尺寸确定的。工位③由凸模 23 冲去制件两边的余料；工位④为压弯成形；工位⑤为落料。

2）在试模中发现制件的左边常拉裂，说明工位①凸模 16 冲出的长圆工艺孔没有达到有利于压弯变形的目的，后来在工位③顺着工位①冲出长圆工艺孔的两头各加了一个横着的凸模 24，使工艺孔变成了"工"字形，结果在制件成形过程中，材料的变形比较顺利，不出现裂纹了。

3）工位④压弯成形是此模具的关键，制件的形状尺寸取决于此工位。由模具总装图可知，此工位的上、下模部分都采用镶拼结构，并能调整，有利于尺寸控制，也便于加工制造，镶件可以采用成形磨削加工成较精确的尺寸。

上模部分的压弯凸模 19 对压弯凸模 20 有个小的上下活动量，这是从该制件压弯过程的先后顺序来考虑的。如果将上模部分的压弯凸模 19 与压弯凸模 20 设计成一体，在压弯成形过程中，制件中间尺寸 6.8mm×（0.845±0.02）mm 还没有达到图样要求时，压弯凸模 20 左边的 R0.4mm 压肋凸模便开始压住材料完成压肋成形，而压弯凸模 19 继续向下压弯，此时制件左边弯曲部分的材料将受到很大的拉伸，材料会变薄，严重时出现弯裂。为了达到先弯曲 6.8mm 中间部分，后压成 R0.4mm×（0.55±0.03）mm 肋，就必须将上模的成形部分设计

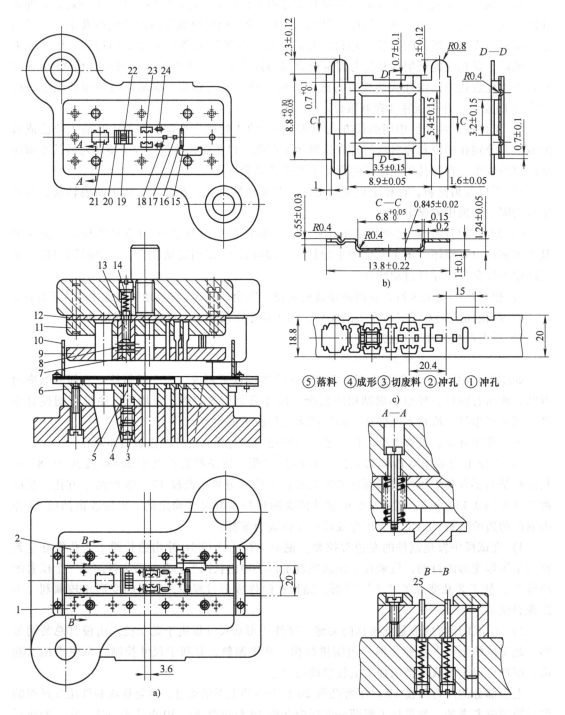

图 1-4-4 阳极接触片多工位级进模

a) 模具结构图　b) 制件图　c) 排样图

1、2—侧面导板　3、4—螺塞　5—成形凹模　6—凹模　7、8—圆柱销　9—卸料板　10—安全板
11—凸模固定板　12—垫板　13—顶杆　14—弹簧　15—侧刃　16、17、18、23、24—凸模
19、20、22—压弯凸模　21—落料凸模　25—活动顶杆

成压弯凸模 19 与压弯凸模 20 分开且可以相对运动。压弯凸模 22 嵌入活动的压弯凸模 19 内，再用圆柱销 7 固定，这样才能方便地做到压弯凸模 22 高出压弯凸模 19 底平面 0.245mm。

下模部分的成形凹模 5 单独做成一块，镶入凹模 6 中，高低位置通过螺塞 3、4 调节。

4）压弯成形时，上模下压，压弯凸模 19 首先接触材料，在顶杆 13 和弹簧 14 的作用下使材料开始变形，直到基本上形成制件图样形状；此时，压弯凸模 20 左边的凸耳部分不应有很大的力提前成形 R0.4mm 的通肋，当整个模具处于"压死"状态，制件的成形部分尺寸也达到了设计要求。应该指出，成形过程的先后次序必须严格遵守，不能颠倒，否则材料很容易被拉裂。因此，弹簧 14 必须有足够的弹力。

5）成形后靠 4 个活动顶杆 25 将制件（条料）从凹模中顶出，使连在条料上的制件浮离凹模平面一定高度。活动顶杆自由状态下应保持顶出面在同一水平位置。

6）工位⑤为落料。考虑到压力机漏料孔大小，模具的下模座出料孔设计成带有一定斜度。对于侧刃废料的下落，下模座也加工成有一定斜度。

7）为了增加强度，凸模 17、18 的固定部分断面比工作部分大。

8）模具采用对角滑动导向标准模架、弹性卸料、侧面导板导料、侧刃定距的结构，模柄采用螺纹联接，未加防转螺钉是由于模具在使用过程中压力机的滑块行程较小，导柱与导套始终不分离。

3. 侧弯支座多工位级进模

图 1-4-5 所示为侧弯支座。材料为 2A12-O（退火状态），厚度为 1mm，生产批量为 100 万件。制件为一多向弯曲件，另有冲孔切弯。制件上的外形需经过 3 次弯曲完成，弯曲成形的开口部分尺寸公差要求较严，弯曲回弹必须严格控制。对制件的技术要求：表面不得有划痕，无毛刺等，而 2A12-O 材料表面容易有划痕，因此要求凸模与凹模的间隙合理，工作面表面粗糙度值要低。

为降低模具制造成本和减小凹模尺寸，确定采用单列横排、单侧载体、侧刃加导正销定距的排样方案，如图 1-4-6 所示。排样时，每一成形工位前，必须先冲掉周围妨碍成形的废料。在弯曲过程中 3 次弯曲的先后顺序以相互不发生干涉和简化模具设计及降低制造成本为

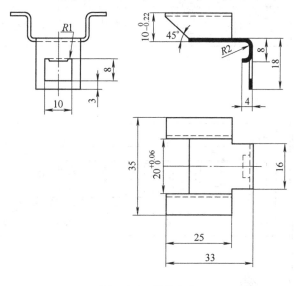

图 1-4-5 侧弯支座

原则。排样设 8 个工位，各工位冲压工序为：工位①侧刃定距和冲导正孔；工位②异形冲裁；工位③冲切分隔；工位④切舌；工位⑤向下弯曲；工位⑥向上弯曲；工位⑦侧向弯曲；工位⑧切断冲裁。

图 1-4-7 所示为侧弯支座级进模结构图。主要结构与设计特点如下：

1）整个凹模采用整体式结构，局部采用镶块结构。为便于修磨，弯曲凸模设计成镶块形式。弯曲凹模与固定板之间采用快换式结构，以方便更换和修磨。

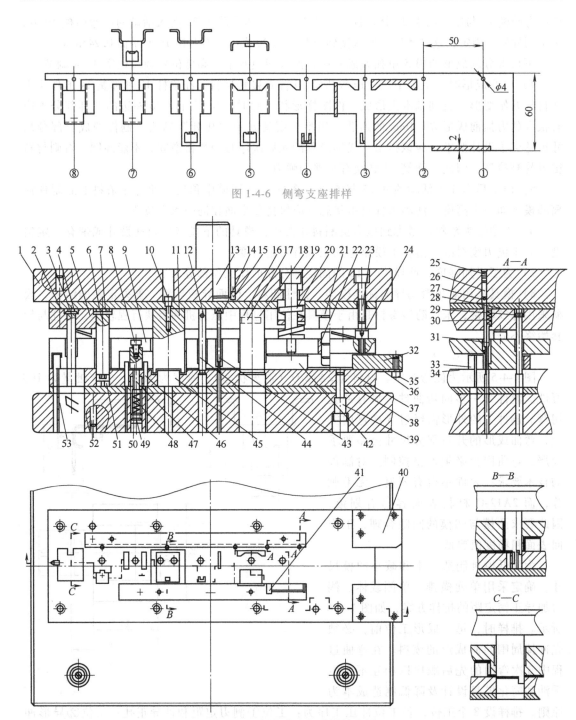

图 1-4-6　侧弯支座排样

图 1-4-7　侧弯支座级进模结构图

1—模架　2—上垫板　3、16、18、27、43、44—冲裁凸模　4、7、12、15、17、26、29、34、52—销　5—固定板
6、11—弯曲凹模　8、10、23、35、39—螺钉　9—卸料板　13—模柄　14—止动销　19—卸料螺钉　20—矩形弹簧
21—小导柱　22—小导套　24—限位柱　25、49—螺塞　28—侧刃　30、48—弹簧　31—导正销　32—左导料尺
33—右导料板　36—承料板　37—凹模板　38—下垫板　40—右导料尺　41—挡料块　42—左导料板
45、46、51—弯曲镶块　47—浮顶器　50—弯曲凸模　53—定位块

2）为防止回弹，在具体结构上采用了校正弯曲。

3）卸料装置中的卸料板与固定板之间采用两对小导柱与小导套导向，小凸模靠卸料板进行保护和稳定导向工作。

4）排样的⑤、⑥、⑦工位均为弯曲成形，由于条料有冲裁毛刺，可能发生粘贴在凹模表面或划伤制件表面的问题，并且弯曲后条料在送进过程中会发生阻碍，因此必须采用浮顶器将制件及时顶离凹模，同时弯曲后在凹模开槽。浮顶器应安装在条料送进无阻碍位置，应避免浮顶器顶空的现象。

5）根据凸模的结构与形状不同，本模具凸模与固定板的固定采用穿销、螺钉拉紧等方式，相互间为过盈配合。圆形凸模采用 H7/h6 配合，小导柱与小导套采用 H7/h5 配合。

1.4.3 连续拉深级进模

1. 撕拉盖多工位级进模

撕拉盖是一种新型的啤酒、饮料瓶盖。图 1-4-8 所示为撕拉盖，材料为黄铜，料厚为 0.225mm。该盖的明显特点是盖旁有一个"尾巴"，"尾巴"上压有肋，盖内部侧面有切痕。因开盖时需用手指捏住"尾巴"沿切痕撕开，切痕浅了撕不开，深了在拉深时容易开裂，所以切痕的深度是工艺难点。

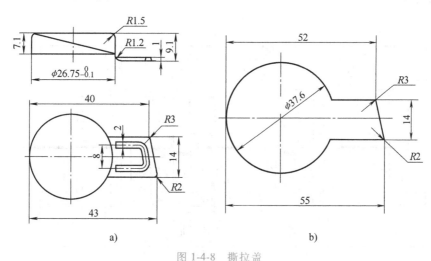

a）　　　　　　　　　　　b）

图 1-4-8　撕拉盖

a）制件图　b）毛坯展开图

根据撕拉盖的形状特点，基本的成形工序为压肋、切痕、落料、拉深。曾设计了两副模具，一副是简单模，进行压肋、切痕，另一副是复合模，进行落料、拉深。用两台压力机生产，但生产率、材料利用率低。经综合考虑，最后确定采用 5 工位级进模，用 J23-63 压力机来生产撕拉盖（国外生产用的是一种专用的下传动双动压力机）。

图 1-4-9 所示为排样及工序图。由于料薄，挡料销和导正销不能准确定位，同时考虑料的价格贵，为省料，采用尖角侧刃定距。提供的料长为 800mm，由于受工作台面及工作台孔的限制，采用 5 行排样，料宽为 153mm，一张条料可冲制 68 个盖，材料利用率为 73.8%。

各工位的冲压内容是：工位①完成冲侧刃切口及 3 个盖的压肋、切痕；工位②完成 3 个

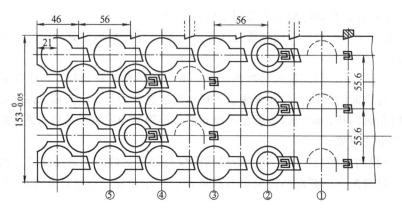

图 1-4-9 排样及工序图

盖的落料、拉深；工位③是空工位，设有通工作台孔的漏件孔；工位④完成 2 个盖的压肋、切痕；工位⑤完成 2 个盖的落料、拉深。

图 1-4-10 所示为 5 工位撕拉盖级进模结构图。该模具采用标准模架，采用弹性卸料和推件装置，弹性压边，导料板导向，尖角侧刃定距。落料模正装，拉深、压肋、切痕模采用倒装，便于送料。

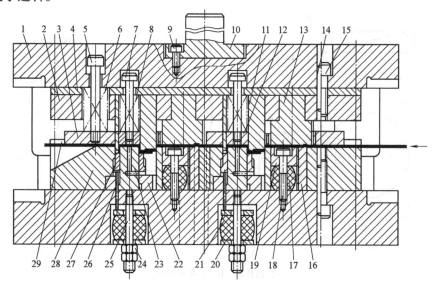

图 1-4-10 撕拉盖级进模结构图

1—模架　2、22—固定板　3—卸料板　4—垫板　5、7—卸料板螺钉　6、8—弹簧　9、15、18—螺钉　10—模柄　11—凸模　12—推件块　13—压肋、切痕凹模　14—圆柱销　16—压肋凸模　17、21—橡胶　19—切痕凸模　20—托板　23—拉深凸模　24—螺母　25—螺杆　26—推杆　27—压边圈　28—凹模　29—导料板

送料时后边抬高，使在工位②（图 1-4-9）成形的盖定位在废料孔（落料、拉深后又回到原来的落料孔）里，以便被带到工位③从漏件孔出件；在工位①由临时挡料销定位，以后各工位由设在工位②的活动挡料销定位，为了不出现尾料，在工位④也设有活动挡料销。

落料、拉深模的材料选用 Cr12MoV，热处理硬度 58~62HRC，其余的选用 T10，热处理硬度 56~60HRC。落料凸模设计成直通式，与固定板采用过盈量为 0.05mm 的配合，压入装配，落料凸模下表面带"尾巴"处设有凹槽，防止在落料、拉深时将肋压平。落料凹模与侧刃凹模一体，用销定位，用螺钉固定在下模座上。拉深凸模设有台阶，拉深凸模与固定板、固定板与凹模均采用 H7/m6 配合。切痕与压肋凹模一体，压肋凹模、凸模与固定板均采用 H7/s6 配合，压入装配。侧刃凸模与固定板采用 H7/m6 配合，上端铆接固定。切痕凸模与固定板采用 H7/n6 配合，以便上下活动，凸模下面有橡胶垫、垫片，橡胶要有 30% 的压缩量，可以通过调整垫片的方法调节切痕深度。

压边及推件装置采用橡胶垫压边。压边圈是带台阶圆环式，与拉深凸模采用 H7/h6 配合。压边装置的外形尺寸在工作台漏料孔之内，可以通过调节螺母来调节压边力，防止压边力过大而将带切痕的料拉裂。

2. 压簧圈级进模

压簧圈如图 1-4-11 所示，这是微型电动机上的一个配套小零件，材料为铍铜，厚度为 0.1mm，批量大，采用级进模在带有自动送料的压力机上冲压而成。

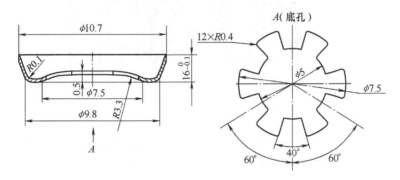

图 1-4-11　压簧圈

排样如图 1-4-12 所示，采用平行刃齿形侧刃和导正销联合定距，经双切口、多次拉深、冲齿形孔、成形和落料等冲压工序制成。设有 11 个工位，各工位的冲压内容是：工位①侧刃初定距，步距为 17mm，侧刃尺寸为 17.02mm；工位②一次切口并冲 $2×\phi3^{+0.025}_{0}$mm 导正孔；工位③是空位；工位④二次切口；工位⑤是空位；工位⑥、⑦、⑧连续拉深；工位⑨冲制件底部齿形孔；工位⑩底部成弧形；工位⑪落料。

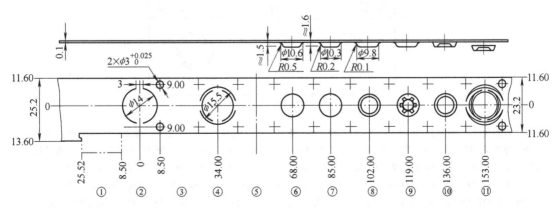

图 1-4-12　压簧圈排样图

图1-4-13所示为压簧圈级进模结构图。冲压初期即刚放入条料时，为了保持卸料板运

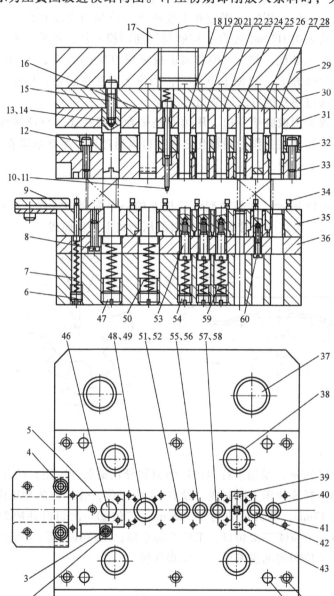

图 1-4-13　压簧圈级进模结构图

1—下模座　2—侧刃挡块　3、4、8、12、15、39—螺钉　5—凹模镶件　6、47、54—螺塞　7、50、59—弹簧
9—导料板　10—传感导正销　11—导正销　13、16—切口凸模　14—侧刃　17—模柄　18、20、22—拉深凸模
19、21、23、25、28—卸料板凸模护套　24—冲花孔凸模　26—成形凸模　27—落料凸模　29—上模座　30—上垫板
31—固定板　32—卸料板垫板　33—卸料板　34—浮动导料杆　35—凹模　36—下垫板　37—滚动导向件
38—小导柱导向件　40—落料凹模镶件　41—成形下凸模　42—护套　43—花孔凹模　44—内六角圆柱头螺钉
45—圆柱销　46、49、52、56、58—推杆　48、51、55、57—镶套　53、60—圆柱头螺钉

动受力平衡，在落料工位的一边凹模上面放上一块从条料上剪下的小片料，然后开始做试冲的准备工作。条料经导料板 9 送入，并通过左边一对浮动导料杆导入送至被侧刃挡块 2 挡住，这时上模可以下行，卸料板 33 在将条料压住的情况下进行冲压，侧刃（图中只画了侧刃孔位置，侧刃 14 的件号未直接标注）冲切去条料边缘的一窄料；然后条料又从左向右再送进一个步距，再往下冲一下，冲出两个半圆形切口和 $2 \times \phi 3^{+0.025}_{0}$ mm 的导正孔；再往右送料，此时的料头宽度被引入到模具中间的浮动导料杆内，从而保证冲压后的料跟随浮动导料杆一起浮离凹模。当料送到工位④（图 1-4-12），上模下行时，导正销 11 开始进入导正孔对料先导正，之后侧刃开始冲切。工位④以后，冲压过程一直是导正销先导正、侧刃冲切、进行拉深等各种冲压动作。新上料冲压的初始阶段，一步步冲压到最后工位时（此时应将凹模平面上的垫片拿掉），检查样件，合格后即可进行自动送料冲压生产。

传感导正销 10 又称安全导正销，正常情况下总是能正确进入导正孔内，一旦发生故障，如送料不到位，安全导正销被顶上，则通过触杆将信号传至压力机，压力机立即停止工作。

模具结构特点如下：

1）采用复式导向。模架上装有 4 对滚动导柱导套，固定板、卸料板、凹模之间又设有 4 对滑动导向导柱导套，整副模具导向精度高。

2）凹模和卸料板均采用镶套结构，镶套与对应孔之间采用 H7/js6 配合，便于制造、调整、修理和更换。这种结构对拉深模尤为重要，因为试模过程中如有不合适，可非常方便地进行修理和调整。带刃口的凹模均为镶件，便于刃磨。

3）凸模与固定板采用 H7/js6 配合后，用螺钉吊紧在垫板（比常规模具厚）平面上，装拆方便，每个凸模加工后的端面与轴线保持高度垂直，保证装配后的每个凸模有较高的精度。

4）每个拉深凹模内设有推杆，拉深开始时起压料作用，拉深结束后起顶件作用，将坯件及时从凹模中顶出。弹压力大小利用螺塞调整。

5）正常送料导向靠双排共 14 个浮动导料杆完成，各导料杆的导向槽（槽宽为 0.5mm）与凹模平面之间的距离保持齐高。导向槽采用光学曲线磨严格控制各尺寸保持一致。

6）由于采用横置的平行刃齿形侧刃，条料的边缘被冲切后仍保持很平整，不会因为有毛刺而影响送料。

7）图 1-4-13 中件 5、43，考虑到易磨损且便于更换而设计成镶拼件，材料采用 Cr12MoV，淬硬至 58~62HRC，采用慢走丝线切割精密加工而成，与凹模采用 H7/js6 配合。

任务训练一

1. 思考题

1）多工位级进模可连续完成哪些工序？多工位级进模的优点有哪些？

2）多工位级进模有哪些种类？

3）冲压件采用多工位级进模应符合哪些条件？

4）多工位级进模对冲压设备有哪些要求？

5）多工位级进模对冲压件有什么要求？对冲压件的材料有哪些要求？

2. 实践题

　　如图 1-0-2 所示的中极板是典型的冲压件，是吹风电动机上的重要零件。材料为镀锌钢带（SECE-20），厚度为 0.8mm，大批量生产。该零件尺寸小，精度要求高，材料强度高，属于高级冲裁精度。成形工艺包括冲孔、落料，排样如图 1-0-3 所示。为了保证产品质量，提高生产率，保证模具强度，采用 IT7 以上的精密多工位级进模，如图 1-0-4 所示。要求完成以下任务：

　　1）在排样图上标出工位，并说出每个工位完成的工序。

　　2）分析该级进模的组成结构与工作原理。

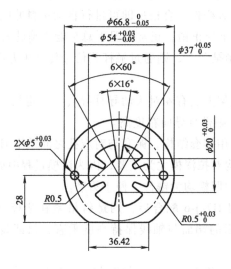

图 1-0-2　中极板零件图

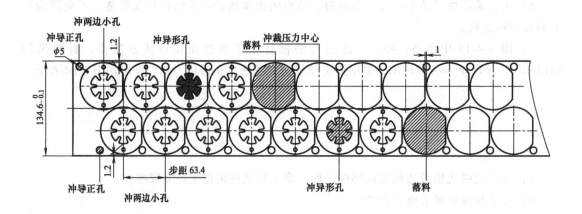

图 1-0-3　中极板排样图

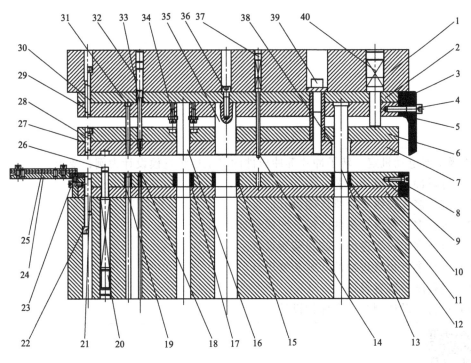

图 1-0-4　中极板多工位级进模

1—上模座　2—上垫板　3—凸模固定板　4、22、23、28、30、34、36—内六角圆柱头螺钉　5—切废料凸模
6—卸料板垫板　7—卸料板　8—切废料凹模　9—凹模固定板　10—下垫板　11—下模座　12、38—卸料板导套
13—卸料板导柱　14—导正销　15—落料凹模　16—异形孔凸模　17—异形孔凹模　18—小孔凹模
19—导正孔凹模　20、32、37—孔型螺塞　21、27、29—圆柱销　24—托料板　25—托料挡板　26—导
向顶杆组件　31—导正孔凸模　33—小孔凸模　35—落料凸模　39—衬套型卸料螺栓　40—矩形压缩弹簧

3. 拓展训练

扫描二维码，完成相关拓展训练任务。

相关三维模型源文件可在配套资源中下载。

拓展训练

【学与思】

1）以"多工位级进模的发展与应用"为主题，查阅相关的文献资料，加深了解我国级进模技术发展的历史过程，并与国外先进级进模技术进行对比，了解我国模具技术的发展水平及今后的发展方向。

中国要强盛、要复兴，就一定要大力发展科学技术，努力成为世界主要科学中心和创新高地。青年是祖国的前途、民族的希望、创新的未来。青年一代有理想、有本领、有担当，科技就有前途，创新就有希望。

2）以"大国工匠"模具钳工刘辉的事迹为主题，查阅相关文献资料并展开讨论。通过了解大国工匠的故事，学习大国工匠精益求精、不断创新的工匠精神。

一代人有一代人的奋斗，一个时代有一个时代的担当。然而，无论事业发展到什么阶段，无论时代如何变迁，"科学报国"永远是广大科技工作者不懈奋斗的动力之源。

项目二 多工位级进模的设计

【任务引入】

以吸尘器电动机定、转子冲片等冲压件的多工位级进模设计为例，要求：
1）分析冲压件成形工艺。
2）进行多工位级进模排样图设计。
3）进行多工位级进模的凸模、凹模设计。
4）进行多工位级进模的卸料装置设计。
5）进行多工位级进模的导料装置设计。
6）进行限位装置设计。
7）进行自动监测与安全保护设计。

微课：多工位级
进模总体设计

任务1 多工位级进模的总体设计

2.1.1 多工位级进模的设计步骤

多工位级进模复杂、精密，用于高速冲压，因而造价高，制造周期长。特别是有些模具有多个方向的运动，机构多种多样，且其体积又有限，给设计工作带来很多困难。所以设计多工位级进模时，应十分细致、全面地考虑问题。

1. 接受设计任务，研究原始资料，收集有关数据

1）冲压产品制件图和模具设计任务书需各一份。

2）冲压产品制件试制生产的技术数据与样件，如弯曲件展开尺寸，弯曲过程的各工序件，拉深件的坯料尺寸，拉深次数及工序件尺寸。

模具设计任务书是提供给模具设计人员的主要依据之一，也是模具制造部门向模具用户索要的必需资料。设计任务书中应向模具设计者提供的最重要的资料为产品图（又称制件图、工件图或零件图等），包括技术要求。从该图中，模具设计者可以了解该制件的形状、结构、尺寸、公差等级、材质和一些技术条件；从中分析能否采用多工位级进模冲压，冲压的难点在何处，用什么方法解决，有无地方需要和用户商量修改等。设计任务书里还应有该制件的产量、送料方式、使用的压力机和其他一些明确的规定和要求。总之，用户对制件有什么要求，在模具设计之前应全部提出来。

2. 工艺分析

任何一个冲压件，在准备考虑设计级进模进行冲压生产时，首先应对该冲压件进行全面的工艺分析，特别是对难点进行重点分析，提出解决方案。通过分析，才能确定整个冲压件的冲压工艺方案，包括排样、冲裁或成形的先后分解、变形程度的合理分配、工位数的多少，以及模具制造能力评估等，从而为后面的排样图和模具图设计提供依据。

3. 工艺计算

整理数据及资料，根据多工位级进模中的受力状态进行工艺计算，并修改有关数据。

4. 绘制制件展开图，设计条料排样图并进行工艺会审

条料的排样设计是多工位级进模结构设计的主要依据，它必须在模具结构设计之前进行。条料的排样是指制件在条料上分几次冲压而成的一种排列方式，即在条料上先冲什么地方，后冲什么地方，是可变化的。同一个制件可以有多个排样方案，如何合理排样，完全取决于设计技巧。最后选用哪个方案的排样，要从经济和技术等诸多方面考虑，但最主要的是应考虑在保证冲制出合格制件的情况下，排样的材料利用率应比较高，模具结构比较简单，制造容易和使用方便。

有多少个工位，采用什么方式定距，工位间步距是多大，冲一下出几个制件，通过设计排样，这些问题都可以清楚地得到回答。在设计排样时，对于弯曲成形和拉深等工艺，要进行毛坯展开尺寸和冲压工艺方面的计算。因此，多工位级进模的排样是整个模具设计过程中十分重要的一个环节。与一般冲模的排样主要考虑材料利用率相比，多工位级进模的排样所考虑的问题比较多。排样设计好坏，直接影响模具结构的复杂程度、模具使用寿命和能否顺利地冲出合格制件。设计排样的最后体现是绘制出排样图。在排样图上必须标明步距、料宽和有关尺寸等。

5. 模具结构设计并绘制装配草图

排样图确定之后，就可以着手绘制多工位级进模的装配草图了。在装配图中，要确定该模具所使用的模架形式（包括导向系统），卸料结构，导料装置，送料和定距方式，凸模、凹模的结构形式及固定方法等。此外，模具在压力机上的安装固定方法、模具的闭合高度、所选用压力机的型号和规格等均应在装配图上反映出来。

6. 绘制模具装配图、零件图，编写模具使用维修说明书

（1）完整的模具装配图应包括的内容

1）俯视图和仰视图。俯视图（或仰视图）一般是将模具的上模部分（或下模部分）拿掉，反映模具的下模俯视（或上模仰视）可见部分，这是冲模的一种习惯画法。俯视图常放在图样的下面偏左，绘制总图时，一般先画出。通过俯视图可了解模具零件的平面布置、排样方法及凹模孔的分布情况。仰视图一般在必要时才绘制。

2）主视图。主视图放在图样的正中偏左，常取模具处于闭合状态，而且常采用剖面画法。从主视图可以充分反映模具各零部件的结构形状和某些设计要素。主视图是模具总图的主体部分，一般不可缺少。

3）侧视图和局部视图。这种图只有在必要时才画出。通过侧视图和局部视图可将模具的某些结构表达得更清楚、完善。

4）制件图。常画在图样的右上角，同时要注明制件的名称、材料和料厚，以及制件本身的尺寸、公差及有关技术要求。在制件图的下面，绘制排样图。排样图上应标明料宽、步距和有关尺寸。对于复杂的多工位级进模，制件图和排样图可以单独绘制。

5）技术要求和说明。一般在装配图标题栏的上方写出该模具的冲压力、模具闭合高度、模具标记及其他要求。所选压力机型号及规格，填写在标题栏的相关项目中。

6）列出模具零件明细表。明细表中填写各零件号及对应名称、数量、图样页码（页次）、材料和标准代号、规格等。个别易损件需要增加备件的，可在备注栏中标明。

（2）对模具零件图的要求　模具零件图一般是指非标准件或采用标准件需要局部加工的地方，均需绘图。对模具零件图而言，视图的多少，以能表达清楚、完整为准。由于零件的大小不一，对于一些特别小的几何要素部分，为表达清楚，常用局部放大的画法表示。零件图应标明全部尺寸、公差配合、几何公差、表面粗糙度、材料热处理和其他有关技术要求等。

装配图和零件图的绘制，最好采用1∶1比例，并严格执行机械制图相关国家标准。

（3）说明书内容　包括选用的压力机、模具闭合高度、轮廓尺寸、规定行程范围及每分钟冲压次数等；选用的自动送料机构类型，送料步距及公差；安装调整要点；模具刃磨和维修注意点（哪些凸模或凹模需拆下刃磨，刃磨后如何调整各工作部分高度差值）。易损件及备件应有零件明细表。说明书与模具全套资料交用户。

多工位级进模设计步骤简图如图2-1-1所示。

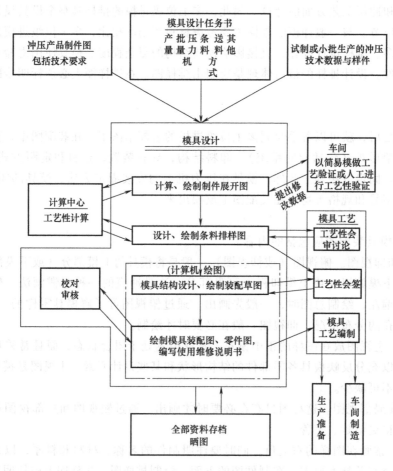

图 2-1-1　多工位级进模设计步骤简图

7. 校核

模具图样设计完成后，装配图和零件图都要编号，并必须进行校核，这一步很重要，不可缺少。实践证明，设计中难免有差错，校核对于减少差错、提高质量有很大作用。经设计、校核后的图样，用于生产前应有设计、审核等签名。

2.1.2 多工位级进模的总体设计内容

多工位级进模的总体设计是针对所需冲压的制件，在模具具体结构设计之前对所设计的模具做全面、细致的考虑并进行总体安排。总体设计的好坏，直接影响模具设计、制造的难易程度及制件的质量。多工位级进模总体设计时应考虑以下问题。

1. 排样图设计

多工位级进模设计中，排样图的合理与否，直接影响到制件精度与能否顺利地进行冲压生产，并且关系到材料的利用率。因此，排样图是多工位级进模设计的依据，也是关键工作之一。

确定排样图时，首先根据制件图样尺寸，计算制件的展开尺寸，进行排样，并计算各种排样方式的材料利用率，分析制件精度是否能达到图样要求，能否在模具中顺利地进行自动连续冲压。对比各种方案，选用最佳方案。

如何排样，在任务2专门叙述。

2. 工位布置

工位布置（例如图1-2-2c和图1-2-4）示意图，可供设计模具时参考。在工位布置图上应正确设计导正孔、搭边及载体，可修正连续冲压时的送料偏差。

3. 搭边尺寸

根据排样来确定工位布置图，制件的周围与一般冲裁模一样应留有搭边。搭边值大，则送料时条料刚性好，便于送料，但材料利用率低，故应合理确定搭边值。搭边形式示例如图2-1-2所示。

生产中确定搭边值的常用方法有以下两种。

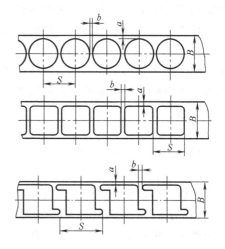

图 2-1-2 搭边形式示例

1）根据加工材料厚度 t 确定搭边值（$a = b$），见表2-1-1。

2）根据送料步距与条料宽度确定搭边值。排样图上的搭边值，常按送料步距与条料宽度的比值$\left(\text{即 } \alpha = \dfrac{S}{B}\right)$来选取，见表2-1-2。

表 2-1-1 根据加工材料厚度 t 确定搭边值

$t>0.8\text{mm}(a=b=Kt)$		$t<0.8\text{mm}$	
送料步距/mm	系数 K	条料宽度/mm	搭边值/mm
<30	1.0	<50	<1.2
30~70	1.25	50~150	<2.4
>70	1.5	>150~300	<3.2

表 2-1-2　根据送料步距与条料宽度的比值 α 确定搭边值 a 与 b　　（单位：mm）

条料宽度	α<1.5		α>1.5			
	标准	最小值	a		b	
			标　准	最小值	标　准	最小值
<25	t	0.8	1.25t	1.0	t	1.2
25~75	1.25t	1.2	1.5t	1.4	1.5t	1.8
>75~150	1.5t	2.5	1.75t	2.0	2t	2.5

　　条料的载体是条料在送进过程中，条料内连接冲压件运载前进的这部分材料。载体与条料搭边相似，但又有所不同：搭边的宽度主要根据冲压工艺要求确定，保证能将制件冲切下来并符合图样要求；而载体必须要有足够的强度，要能运载条料上冲出的制件，使它能平稳地送进。在多工位级进模中，设计条料排样图时，有时两侧的"搭边"设计得很宽，这实际是搭边与条料的载体合二为一。一般来说，为了保证载体的强度和设置导正孔的需要，载体宽度为搭边宽度的 2~4 倍。

　　为了保证送料准确，通常在载体上或制件之间的条料上按送料步距设置导正孔，这样可补偿或修正由于高速冲压引起的送料误差。

　　导正孔一般在第一工位上冲出，便于在以后工位上进行导正。在多工位级进模上，通常10 个工位需设置 3~4 个导正销，导正销往往设置在重要工位之前。工位越多，导正销的数量也随之增加。如果多工位级进模的送料步距精度要求相当高，也可以在第一工位冲出导正孔后，在以后的每一步工位上都设置导正销进行导正。在高速冲压模具上的导正销可采用硬质合金材料。

　　4. 冲裁工位设计

　　（1）冲裁工位设计的注意事项

　　1）尽量避免采用复杂形状的凸模。采用多段切除，宁可多增加一些冲裁工位，也要使凸模形状简单，便于凸模、凹模的加工。

　　2）对于孔边距很小的制件，为防止落料时引起离制件边缘很近的孔产生变形，可以安排冲外缘工位在前，冲内孔工位在后。外缘以冲孔方式冲出。

　　3）局部内外形状位置精度要求很高时，尽可能在同一工位上冲出。

　　4）对于弯边附近的孔，为防止变形，应使弯曲工位在先，冲孔工位在后。

　　5）为增加凹模强度，应考虑在模具适当位置上安排空工位。

　　6）对于内外形相对位置要求高的制件，由于级进冲裁内外形常常是分别在不同工位冲出的，每次冲压都有定位误差，很难保证内外形相对位置精度的一致性像复合模冲压那样好。

　　7）金属冲裁件的内外形公差等级为 IT12~IT14，一般要求落料件公差等级最好低于IT10，冲孔件公差等级最好低于 IT9。

　　（2）冲裁间隙　多工位级进模冲裁工位凸模与凹模的间隙是否合理，对制件精度、模具寿命和冲压速度有很大影响。如高精度的冲裁件，其冲裁间隙极小，需使用能做 0.01mm 行程调节的压力机来达到其精度要求。冲裁间隙一般取材料厚度的 1/20，或由下式确定，即

$$Z_{双边} = \frac{t}{\alpha} \tag{2-1-1}$$

式中　$Z_{双边}$——凸模、凹模双边间隙（mm）；

　　　　t——材料厚度（mm）；

　　　　α——按不同材料的剪切和拉伸特性确定的系数，见表2-1-3。

表 2-1-3　系数 α 值

材料名称	拉深钢	软钢	硅钢片	不锈钢	磷青铜	黄铜	铜	铝
α	17	16	14	13	16	20	21	10

冲裁间隙值（双边）也可直接查表2-1-4。单边间隙取表中值的1/2。

表 2-1-4　冲裁间隙 Z（双边）　　　　　　　　　　（单位：mm）

厚度 t	材料							
	拉深钢	软钢	硅钢片	不锈钢	磷青铜	黄铜	铜	铝
0.10	0.006	0.006	0.007	0.008	0.006	0.005	0.005	0.010
0.15	0.009	0.008	0.011	0.011	0.008	0.008	0.007	0.015
0.20	0.011	0.013	0.014	0.015	0.013	0.010	0.010	0.020
0.25	0.015	0.016	0.018	0.019	0.016	0.013	0.012	0.025
0.50	0.029	0.031	0.036	0.038	0.031	0.025	0.024	0.051
0.75	0.044	0.046	0.054	0.058	0.046	0.033	0.036	0.075
1.00	0.059	0.063	0.071	0.077	0.063	0.050	0.048	0.102
1.25	0.073	0.078	0.095	0.096	0.078	0.063	0.060	0.125
1.50	0.088	0.094	0.107	0.115	0.094	0.075	0.071	0.150

冲精密件时，还应注意由于塑性变形，冲孔时使孔径缩小，落料时外形尺寸略有增大，这种误差也直接影响制件的精度。为此，冲切周长大于25mm的制件时应将计算值酌情增减。冲切周长大于25mm时塑性变形引起的误差值见表2-1-5。

表 2-1-5　冲切周长大于 25mm 时塑性变形引起的误差值　　　（单位：mm）

料　厚	误　差　值
0.1~0.7	0.009~0.025
0.7~1.9	0.025~0.038
1.9~3.5	0.038~0.051

以下举例说明表2-1-5的用法。

例 2-1-1　冲孔直径为 φ12mm 时，使用材料为软钢，料厚 $t=1.6$mm。则由表2-1-5查得，产生的误差为 0.038mm；由表 2-1-3 和式（2-1-1）可得冲裁间隙为 1.6mm/16 = 0.10mm。

冲孔凸模直径为 （12+0.038）mm = 12.038mm

冲孔凹模孔径为 （12.038+0.10）mm = 12.138mm

例 2-1-2　落料直径为 φ15mm 时，材料为黄铜，料厚 $t=0.2$mm，由表2-1-5查得误差为 0.010mm，冲裁间隙由表2-1-4查得为 0.010mm。

落料凹模孔径为 （15-0.010）mm = 14.99mm

落料凸模直径为 $(14.99-0.010)mm = 14.98mm$

冲裁间隙主要与制件的材料厚度、材料的力学性能有关。目前可供应用的参考资料不少，但都是经验值。经验确定间隙法较简便，常为模具设计者所采用。不同行业、不同产品、不同要求，在具体确定冲裁间隙时，有些变化。

（3）选用冲裁间隙的依据和原则

1）选用的冲裁间隙应使制件尺寸精度符合要求，边缘毛刺最小，冲模寿命最高。

2）冲裁料厚 $t<0.5mm$ 的一般制件时，常采用小间隙；冲裁 $t>0.5mm$ 的一般制件时，在满足冲裁质量的前提下，为提高模具寿命，一般采用大间隙；当对制件有特殊要求时，可采用小间隙。

3）遇有下列情况应加大间隙值：

① 厚料冲小孔，即冲孔直径 d 小于料厚 t（$d<t$）。

② 同样条件下，冲孔间隙可比落料间隙大些。

③ 硬质合金冲模的冲裁间隙需加大 30%。

④ 凹模壁或复合模的凸模、凹模壁较薄时。

⑤ 硅钢片料中含硅量大时。

⑥ 高速冲压时，如冲压次数超过 200 次/min，模具易发热，冲裁间隙需增大 10%左右。

4）遇有下列情况应减小间隙值：

① 凹模为斜刃口。

② 采用电火花穿孔加工凹模型孔时，冲裁间隙值应比磨削加工时减小 $(0.2\% \sim 2\%)t$。

③ 加热冲裁时。

④ 冲孔后需攻螺纹的制件。

（4）冲裁间隙方向的确定原则　冲裁时，由于凸模、凹模间存在间隙，落下的制件或冲出的孔的断面均带有锥度。测量发现，落料件尺寸基本上等于凹模尺寸，冲孔的尺寸基本上等于凸模尺寸。所以间隙的取向原则应根据落料和冲孔的不同情况区别对待。

1）落料时，因制件尺寸随凹模尺寸而定，故间隙应在减小凸模尺寸方向取得。

2）冲孔时，因孔尺寸随凸模尺寸而定，故间隙应在增大凹模尺寸方向取得。

3）考虑到凸模、凹模的磨损，尺寸将有变化，在制造新模具时，应采用最小合理间隙。

5. 弯曲工位设计

1）级进模上的弯曲是指弯曲件采用级进模在多个工位上分步弯曲成形的一种冲压方法。级进弯曲除了遵守多道单工序弯曲变形规律之外，其弯曲工序往往要增多一些，使级进模结构变得较为复杂。

2）级进模上的弯曲一般由冲裁工序和弯曲工序组成。冲裁工序在开始的几个工位和最后工位，弯曲工序在后面工位。在级进冲压过程中，冲裁工序用于切除弯曲件展开外形之外的多余部分料，加工出必要载体和供定距用导正孔，弯曲后冲孔和分离制件等。

3）在多工位级进模中，制件若要求不同方向的弯曲，则会给连续加工带来困难。向上还是向下弯曲，模具结构就不同。如果向上弯曲，则要求下模采用滑动的模具结构；若进行多重卷边弯曲，就需要多处模块滑动。因此设计弯曲工位时，应在模具上设置空工位，便于给滑动模块留有活动余地。

4）根据制件形状和精度要求，卷边、弯曲在级进模中不同工位上，分几次弯曲或卷边成形，则在连续加工过程中，要求被加工材料的一个表面必须与模具的平面平行接触，由垫板或卸料板压紧，只允许加工部位可活动，如图 2-1-3 所示。

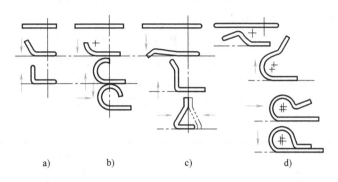

a)　　　　　　b)　　　　　　c)　　　　　　d)

图 2-1-3　弯曲顺序示例

在连续加工过程中，弯曲部分必须及时从模具上脱离。在单侧弯曲时，还要防止材料偏移。

5）级进模弯曲的工艺性须注意如下问题。

① 弯曲处的圆角半径 R 不宜太小。材料在弯曲过程中，弯曲处的外层材料受拉伸，内层材料受压缩，当材料的厚度一定时，弯曲半径越小，变形程度越大。当弯曲半径小到一定数值时，由于材料外层所受拉应力超过材料抗拉强度，使制件的弯曲处出现裂纹，甚至开裂。因此，从弯曲工艺来要求，制件的弯曲圆角半径不宜太小。在弯曲加工中，不产生弯曲裂纹的圆角半径最小值，称为最小弯曲半径。产品设计时，一般情况下，尽可能不用最小弯曲半径值。最小弯曲半径与材料的力学性能、表面质量、轧制纹向等因素有关，其值可查询相关资料。

② 弯曲件直边高度 H 不宜太短。对于 90°弯曲，如图 2-1-4 所示，为便于弯曲，H 不宜过小，一般取 $H>2t$，否则弯边在模具上支持的长度过小，没有足够的弯曲力矩，很难弯曲得到形状正确的制件。当 $H<2t$ 时，对于较厚的材料，应先压槽再弯曲成形。

对于图 2-1-5a 所示的制件，其弯曲侧面的斜边到达变形区域，斜边末端没有直边，难于弯曲成形，从工艺性分析，这样的结构是不合理的。正确的方法：可以通过改变制件的形状来满足工艺要求，如图 2-1-5b 所示，加高弯边尺寸，侧边高度一般取 $H=(2\sim4)t$。

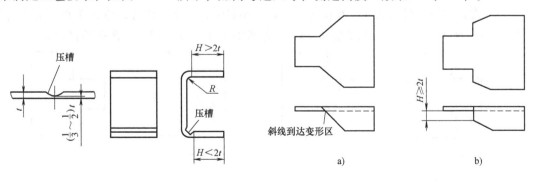

图 2-1-4　弯曲件直边高度　　　　　　　　　　　图 2-1-5　加高弯边尺寸

③ 孔边距不能太小。如果弯曲件展开料上预先冲好的孔处于弯曲变形区，弯曲时，孔的形状将会发生变化，如图 2-1-6a 中的圆孔变成了喇叭孔。为避免孔变形，弯曲边与孔壁应保持一定距离 s，如图 2-1-6b 所示。具体大小见表 2-1-6。

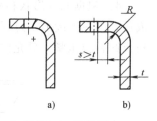

图 2-1-6 孔边距大小对孔变形的影响

当弯曲边到孔壁的距离过小，而弯曲件的结构又允许时，可先在弯曲线上冲出工艺孔（月牙孔、长方孔、圆孔或把圆孔改成长圆孔），如图 2-1-7 所示，以转移变形区域，保证孔形的正确。展开图中的剖面线部分为工艺孔位置。根据需要采用不同方法。

表 2-1-6 弯曲件孔壁到弯曲边的最小距离 s　　　　（单位：mm）

圆孔壁到弯曲边		长圆孔壁到弯曲边	
t	s	t	s
$\leqslant 2$	$\geqslant t+R$	$\leqslant 25$	$\leqslant 2t+R$
		$>25\sim 50$	$\leqslant 2.5t+R$
>2	$\geqslant 1.5t+R$	>50	$\leqslant 3t+R$

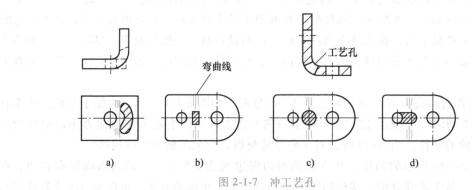

图 2-1-7 冲工艺孔

a) 月牙孔　b) 长方孔　c) 圆孔　d) 长圆孔

④ 带切口弯小脚的制件。在厚料上切口弯小脚时，为便于切弯，应预先冲出工艺槽孔，如图 2-1-8 所示，图中的工艺槽宽 $K \geqslant t$，工艺槽的深度 $T=t+K/2$，工艺孔的直径 $d \geqslant t$。在薄

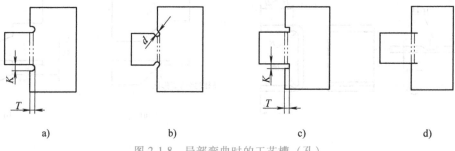

图 2-1-8 局部弯曲时的工艺槽（孔）

料上切口弯小脚时，往往不设工艺槽孔，切口压弯合并在一道工序内完成。为便于切弯后小脚从凹模中推出，建议将小脚设计成带有斜度的形状，如图2-1-9所示。

⑤ 弯曲件几何形状的改变。设计者一般把弯曲件设计成对称形状，目的是防止弯曲变形时因毛坯受力不均发生滑动而产生偏移。如果不对称，一般采用增加工艺定位孔的方法。此外，在满足相同性能要求的前提下，尽可能使制件便于加工。图2-1-10所示为改变制件结构的例子。图2-1-10a所示为改变后使弯曲方向一致，模具结构简单，便于制造。图2-1-10b所示为由卷圆改成弯曲，使工艺更成熟可靠，容易生产。

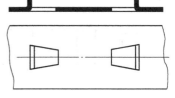

图 2-1-9　带斜度的小脚

⑥ 弯曲件的精度。对弯曲件的精度要求应合理。影响弯曲件精度的因素很多，如材料厚度公差、材质、回弹、偏移等。弯曲件的公差等级一般为 IT13 以下，角度公差最好大于 15′，弯曲件角度公差值见表2-1-7。

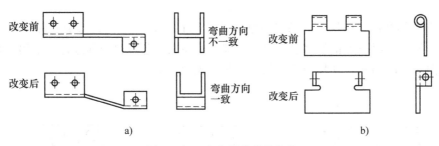

图 2-1-10　改变制件形状结构

表 2-1-7　弯曲件角度公差值

弯角短边尺寸/mm	>1~6	>6~10	>10~25	>25~63	>63~160	>160~400
经济级	±(1°30′~3°)	±1°30′	±(50′~2°)	±(50′~2°)	±(25′~1°)	±(15′~30°)
精密级	±1°	±1°	±30′	±30′	±20′	±10′

6. 拉深工位设计

多工位级进连续拉深的主要特点之一，就是在条料（或带料）上完成全部的拉深工作，但拉深后的半成品不与条料（或带料）分离，仅最后一道工序制件加工完成后才可与条料（或带料）分离。因此，用条料（或带料）连续拉深的空心件，无论有无凸缘，均可视为带凸缘件，都和带凸缘件的拉深相似。连续拉深所用的材料都是成卷的长条料或带料。因此，将所使用的模具称为带料多工位级进连续拉深模，简称带料连续拉深模或连续拉深模。

在多工位级进模中拉深成形，一般用于小型冲压件的大批量生产，其拉深直径也较小，一般在 60mm 以下，材料厚度一般在 0.5~2.0mm 范围内。

在多工位级进模中拉深成形与单工序模拉深不同。单工序模是散件送进；而多工位级进模是通过条料（或带料），由载体与搭边以组件形式自动连续送进，不能进行中间退火，要求拉深材料塑性要好，而且每个工位的拉深变形程度不宜过大。

多工位级进模拉深按材料变形区与条料分离情况可分为整体条料拉深和条料切槽或切口拉深两种方法。

（1）整体条料拉深　与切槽拉深相比，可节省材料，但在拉深过程中，条料边缘易折弯起皱，影响冲压过程的顺利进行。因此，必须增加拉深次数。这种拉深方法仅适宜于冲制材料塑性好的小型制品，并且在第一道拉深时，进入凹模的材料应比制件所需材料多5%~10%，使以后各道拉深不致因材料不足而被拉裂，其多余材料可在以后拉深过程中逐渐转移到凸缘上。图2-1-11所示为整体条料拉深。

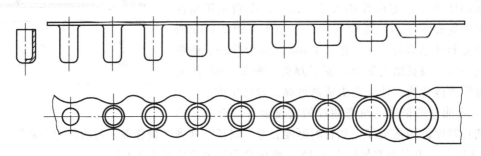

图 2-1-11 多工位级进模整体条料拉深

（2）条料切槽或切口拉深 条料切槽或切口的目的，一方面是形成拉深毛坯，有利于拉深成形，另一方面是防止条料边缘产生折皱，使冲压工艺过程顺利进行。常用的切槽或切口形式如图2-1-12所示。切槽与切口的有关尺寸见表2-1-8。

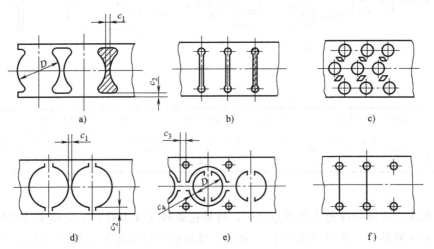

图 2-1-12 多工位级进模拉深切槽与切口形式
a)~c)切槽形式 d)~f)切口形式

表 2-1-8 切槽、切口尺寸 （单位:mm）

材料直径 D	c_1	c_2	c_3	c_4
<10	0.8~2.0	1.0~1.7	1.5~2.0	1.0~1.5
10~30	1.3~2.5	1.5~2.3	1.8~2.5	1.2~2.0
30~60	1.8~3.0	2.0~2.8	2.3~3.0	1.5~2.5
>60	2.2~3.5	2.5~3.8	2.7~3.7	2.0~3.0

多工位级进模切槽与切口拉深如图2-1-13所示。

拉深坯料尺寸、工序尺寸、拉深次数和拉深间隙在此不做赘述。

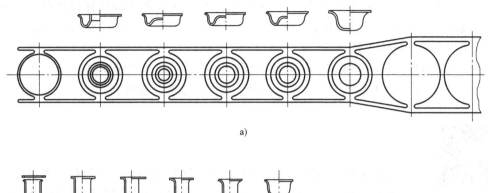

a)

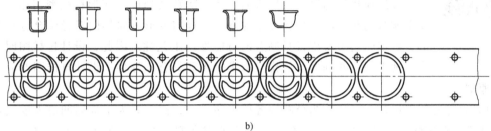

b)

图 2-1-13　多工位级进模切槽与切口拉深示例

a）切槽拉深　b）切口拉深

任务2　多工位级进模的排样设计

级进模的排样是指制件（一个或多个）在条料上分几个工位冲制的布置方法。排样不同，材料的利用率、制件的尺寸精度、生产率、模具结构与制造复杂程度、模具使用寿命长短等都不同。所以排样作为级进模设计的重要步骤，不仅必不可少，而且作用很大。它是多工位级进模设计时的重要依据，是设计模具图之前要做的第一项重要工作。当排样图确定之后，也就确定了如下内容：

1）制件在模具中的冲制顺序。

2）模具上总工位数。

3）模具的每个工位工序性质。

4）冲压一次能出的制件数。

5）制件的排样方式。

6）排样的载体形式与送料方向的设定。

7）导料方式、浮顶器和导正销的设置。

8）材料利用率的高低。

9）工位间步距大小。

10）步距的定位方式。

11）冲压用材料的宽度、厚度、供料形式及有关要求。

12）模具基本结构的组成与特点。

设计多工位级进模时，首先设计条料排样图。排样是模具结构设计的主要依据，排样图设计好坏，直接关系到模具设计质量。因此，在进行多工位级进模排样设计时，一定要仔细、反复思考，确定几种不同方案，再进行分析比较、归纳，与有经验的模具工作者多研讨，得出一个最优化的方案。

多工位级进模工位虽然很多，但只要分段切除考虑周到，工序安排合理（即工位分布合理），条料在连续冲压过程中畅通无阻，便于使用、制造、维修和刃磨，且经济性好，就是好方案。

微课：排样
设计原则

2.2.1 排样图的设计原则

级进模排样与制件冲压方向、变形次数及相应的变形程度密切相关，而变形次数与相应的变形往往是在确定排样与变形方向的同时经综合分析确定的，确定时还要考虑模具制造的可能性与工艺性。因此，设计排样图时，应全面地考虑一些问题，使排样力求完善和具有指导性。设计排样图时应遵循下列原则。

1）合理确定工位数。工位数为分解的各单工序之和，但有时为了提高凹模强度或便于安装凸模，在排样图上设置空工位，在空工位上不对条料进行冲压加工。工位数确定原则是：在不影响凹模强度的原则下，工位数越少越好，这样可以减少累计误差，使冲出的制件精度高。

2）在设计排样图时，要尽可能考虑材料的利用率，尽量按少、无废料排样，以便降低制件成本，提高经济效益。

多排或双排排样比单排排样要节省材料，但模具制造困难，给操作带来不便。

3）合理确定冲裁位置，防止凹模型孔距离太近而影响凹模强度。型孔距离太远又会增大模具外形，既浪费材料又显得笨重，而且还会降低冲裁精度。

4）为保证条料送料步距的精度，必须设置导正孔，其数量及位置前面已述。导正孔尽可能设置在废料上，这样可增大导正孔直径，使工作更为可靠。

5）有冲孔和落料工序时，冲孔在前，有时可以将已冲孔作为导正孔。若制件上没有孔，则可在第一工位上设置工艺孔，作为导正孔用。

6）当制件上孔的位置精度要求高时，在不影响凹模强度的前提下，各孔尽量在同一工位中冲出，以保证制件质量。

7）当工序较多时，如有冲孔、切口、切槽、弯曲、成形、切料等工序时，一般将分离工序安排在前，如冲孔、切口、切槽，接着安排弯曲、拉深等成形工序。对于精度要求较高的拉深件和弯曲件，应在成形工序后再安排整形工序，最后安排切断或落料工序。

8）冲制不同形状及尺寸的多孔时，尽量把大孔和小孔分开安排在不同工位，以便修磨时能确保孔距精度。

9）为提高凹模强度及便于模具加工制造，在冲裁形状复杂的制件时，可采用分段切除方法，即将其分解为单型孔分步进行冲裁。

10）多工位级进模中弯曲件排样与外形尺寸及变形程度有一定关系，一般以制件的宽度方向作为条料的送进方向。当宽度尺寸较小、长度尺寸较大、工位数较多时，这种排样方式有利于送料的稳定，在冲孔落料时较为明显，同时模具也不显得狭长，操作也比较方便。

2.2.2 排样图设计考虑的因素

微课：排
样设计考
虑的因素

根据多工位级进模排样图设计的原则，还应全面细致地考虑其他一些
因素。

1. 企业的生产能力与生产批量

1）企业生产能力（压力机数量及吨位、自动化程度、工人技术水平）
不足，生产批量很大时，可采用双排或多排排样，在模具上提高效率。

2）生产能力与批量相适应时，单排排样较好。模具结构简单，便于制造，模具刚性
好，模具寿命也可延长。

2. 多工位级进模的送料方式与步距的定位方法

级进模的送料方式目前主要有两种，即人工送料和自动送料。

1）人工送料一般用于较简单的、小批量生产的、工位数较少的级进模，常在普通压力
机上冲制时使用，常用侧刃定距。设计排样时，要考虑侧刃的位置和条料的一侧冲切掉窄条
的大小。

2）自动送料可以在普通压力机上使用，但主要是在高速冲压时使用，所用的模具多为
多工位级进模。送料机构一般为压力机的配套装置，也有装在模具上的。利用送料机构实现
条料自动送料，送进距离即步距是可调的，但送料精度有限，需要导正销精确定位。排样时
要确定导正孔与孔位的布置；设计模具时，要设计相应的导正定位装置。

采用自动送料时，对于太薄太软的材料，在模具上应考虑用条式抬料器代替柱式抬料
器，抬料器的数量、在排样图中的位置应有具体安排。

为了送料准确，步距定位可靠，保证多工位级进模能正常生产，排样时必须考虑采用何
种结构形式，才能达到不同精度要求的步距定位。目前常用的步距定位方法有侧刃与侧刃挡
块、导正销等，其形式多种多样。

一般情况下，侧刃与侧刃挡块定距定位，在人工送料级进模中作为预定位而广泛应用。
侧刃与侧刃挡块除了作为条料的首次定位外，主要还是用以控制条料的步距。由于侧刃的尺
寸很难与模具的实际步距尺寸完全一致，所以侧刃定位在大多数情况下是作为预定位来使用
的，或者说是粗定位。

导正销除了在人工送料级进模中可用于对条料的定位外，主要还用于自动送料多工位级
进模中对条料的精确定位。条料的送进是利用可以任意改变送料步距的自动送料机构来完成
的，而条料的定距定位是通过导正销插入到条料上的导正孔来实现的。导正孔一般在载体上
单独设置，也可以利用制件本身的孔，用自动送料机构预送料，导正销最后精确定位。这种
方式广泛用于精密、复杂、高速冲压。

3. 冲压件形状

分析冲压件形状，抓住其主要特点，分析研究工位之间的关系，保证冲压过程顺利进
行。特别是对于那些形状异常复杂、精度要求高、含有多种冲压工序的冲压件，应根据变形
理论分析，采取必要措施给予保证。

由于制件的特殊形状，制件的局部，对凸模、凹模来说，可能就是最薄弱的地方，或者
是难加工之处。为了提高凸模、凹模强度，同时也便于加工，且当凸模、凹模因磨损或损坏
时可以修理，将制件的局部设计在几个工位上分段冲制，排样要适应这种需要而变化。

4. 冲裁力的平衡

1）力求压力中心与模具中心重合，其最大偏移量不超过模具长度的 1/6（或宽度的 1/6）。

2）多工位级进模往往在冲压过程中产生侧向力，必须分析侧向力产生部位、大小和方向，并采取一定措施，力求抵消侧向力。

5. 模具结构

模具结构应尽量简单，制造工艺性好，便于装配、维修和刃磨。

6. 被加工材料

多工位级进模对被加工材料有严格要求。在设计排样图时，对材料的供料状态、物理力学性能、厚度和纤维方向以及材料利用率等均要全面考虑。

（1）材料供料状态　设计排样图时，应明确说明是成卷带料供料还是板料剪切成的条料供料。多工位级进模常用成卷带料供料，这样便于进行连续、自动、高速冲压。否则，自动送料、高速冲压难以实现。

（2）材料的物理力学性能　设计排样图时，必须说明材料的牌号、料厚公差、料宽公差。被选材料既要能够充分满足冲压工艺要求，又要有适应连续高速冲压加工变形的物理力学性能。

（3）材料的纤维方向　弯曲线应该与材料的纤维方向垂直。由于成卷带料的纤维方向是固定的，因此在设计多工位级进模排样图时，由排样方位来解决。有时制件要进行几个方向上的弯曲，可利用斜排使弯曲线与纤维方向成一定角度。当不便于斜排时，应征得产品设计师同意，适当加大弯曲件的内圆半径。

（4）材料利用率　多工位级进模材料利用率较低，所以在设计排样图时应尽最大努力使废料最少。

多排排样能提高材料利用率，但给模具设计、制造带来很大困难。对于形状复杂的、贵重金属材料的冲压件，采用双排或多排排样还是经济的。

7. 冲压件的毛刺方向

冲压件经凸模、凹模冲切后，其断面有毛刺。在设计多工位级进模排样图时，应注意毛刺的方向。原则是：

1）当冲压件图样提出毛刺方向要求时，无论排样图是双排还是多排，应保证多排冲出的制件毛刺方向一致，绝不允许一副模具冲出的制件的毛刺方向有正有反，如图 2-2-1 所示。

2）带有弯曲工艺的冲压件，设计排样图时，应使毛刺面在弯曲件的内侧，这样既可使制件外形美观，又不会使弯曲部位出现边缘裂纹。

图 2-2-1　同一排样图中的毛刺方向
a）两件毛刺方向相反　b）两件毛刺方向相同

3）如果采用分段切除废料法，会出现一个制件的周边毛刺方向不一致的现象，这是不允许的，应十分注意。若在排样图设计时有困难，则可在模具设计时采用倒冲来满足其要求。

8. 正确设置侧刃位置与导正孔

侧刃是用来保证送料步距的。所以侧刃一般设置在第一工位（特殊情况可在第二工位）。对于仅以侧刃定距的多工位级进模，又是以剪切的条料供料时，应设计成双侧刃定距，即在第一工位设置一侧刃，在最后工位再设置一个，如图 2-2-2 所示。如果仅在第一工位设置一个侧刃，那么，每一条料的前后均剩下四个工位无法冲制，造成很大浪费。

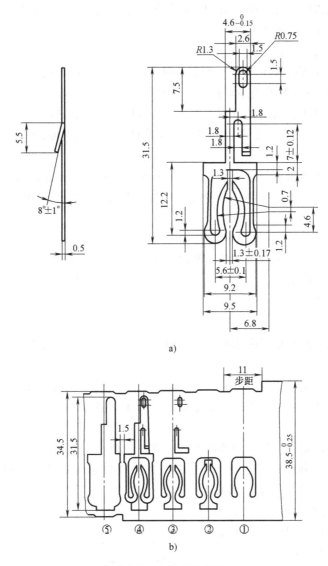

a)

b)

图 2-2-2　双侧刃的设置

a）制件图　b）排样图上侧刃的位置

导正孔与导正销的位置设置，对多工位级进模的精确定位是非常重要的。多工位级进模由于采用自动送料，因此必须在排样图的第一工位就冲出导正孔，第二工位及以后工位，相隔 2~4 个工位在相应位置上设置导正销。在重要工位之前一定要设置导正销。为节省材料，提高材料利用率，多工位级进模中可借用制件上的孔作导正孔，但不能用高精度孔，否则在连续冲压时因送料误差会损坏孔的精度；采用低精度孔作导正孔又不能起导正作用，因此，必须适当提高该孔的精度。

对于圆形拉深件的多工位级进模，一般不设导正孔，这是因为多工位的拉深凸模本身就对条料起定距导正作用。对于拉深成形后再进行冲裁、弯曲等的冲压件，在拉深阶段不设导正孔，拉深后冲制导正孔，冲制导正孔后一工位才开始设导正销。

9. 注意条料在送进过程中的阻碍

设计多工位级进模排样图时，必须注意各种问题产生的可能，应保证条料在送进过程中的畅通无阻，否则就无法实现自动冲压。

影响条料送进的因素：

1）由于拉深、弯曲、成形等工序引起条料平面、上下面凸起或凹下，阻碍条料的送进。

2）多工位级进模一般采用浮动送料。条料在送进时，浮离下模平面一定的高度，也有可能阻碍送进。若浮离机构设计不当而失灵，会造成条料的送进阻碍。

3）下模本身由于冲压工艺需要加工后表面高低不平，引起阻滞。

10. 废料和制件的排出

冲压过程中大量冲切下的废料和制件，需从模具里排出，不能堵塞在模具里，又不能让废料与制件混在一起，排出后再进行分类。所以，排样必须与压力机规格（台面尺寸、漏料孔大小）相适应。

11. 具有侧向冲压时，注意冲压的运动方向

多工位级进模经常出现侧向冲裁、侧向弯曲、侧向抽芯等。为了便于侧向冲压机构工作与整个模具和送料机构动作协调，应将侧向冲压机构放在条料送进方向的两侧，其运动方向应垂直于条料的送进方向。

12. 注意各段间的连接

当制件外缘或型孔采用切废法分段切除时，应注意各段间的连接，要十分平直或圆滑，保证制件的质量。

由于多工位级进模的工位多，模具制造误差、步距间误差的积累，经各工位切废料后，易出现外缘或各型孔的连接处不平直、不圆滑、错牙、尖角、塌角等缺陷，设计排样图时应注意避免。

多工位级进模切废后，各段的连接方式有以下三种：

（1）搭接 它是利用冲压件展开以后，在其折线的连接处进行分断，分解为若干个型孔分别切除，如图 2-2-3 所示。搭接量一般大于 $t/2$（t 为材料厚度）；若不受搭接型孔尺寸限制，搭接量可达（1～2.5）t，最小不能小于 $0.4t$。

（2）平接 平接是在冲压件的直边上先切去一段，然后在另一工位再切去余下的一段。经两次（或多次）冲切后，形成完整的平直直边，如图 2-2-4 所示。这种排样可提高材料利用率，但采用这种方式时，设计制造模具时步距精度、凸模和凹模制造精度要求较高，并且在直线的第一次冲切和第二次冲切的两个工位必须设置导正销导正。

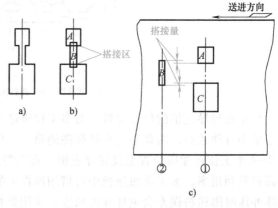

图 2-2-3 型孔的搭接切废

a）冲压件上的型孔 b）搭接区 c）排样图

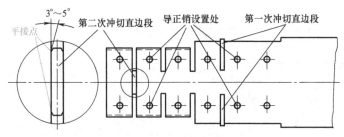

图 2-2-4 平接切废

（3）切接 切接与平接相似，切接是圆弧分段切废，即在前工位先冲切一部分圆弧段，在以后工位再冲切其余的圆弧部分，要求先后冲切的圆弧连接圆滑，如图 2-2-5 所示。设计注意点与平接相同。

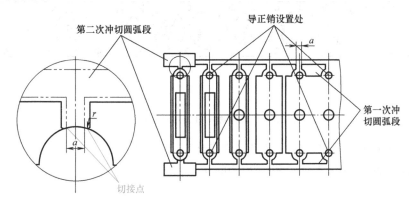

图 2-2-5 切接切废

2.2.3 载体设计

载体的作用主要是消除或减少条料在各工位变形时所产生的相互影响，顺利地将制件运送到各工位进行冲裁、弯曲、翻边、拉深、成形等，保证送进稳定，定位准确。因此，必须保证载体的强度和刚度。要增强条料载体，绝不能单纯地靠增加载体宽度来补救，相反，在设计排样图时应尽量压缩载体部分的材料消耗，以提高材料利用率。因此，要依靠合理选择载体形式来达到既保证送进精度，又提高材料利用率的目的。

微课：载体设计

载体和普通冲模排样中的搭边既相似又不同。搭边主要是为了补偿定位误差使冲裁后的制件外形完整而设置的，所以对于要求较高的制件常采用有搭边的冲裁。搭边值大小以保证冲出合格制件为原则，它与制件形状、大小、料厚、送料方式和模具结构等有关。普通冲裁的排样有"无废料排样"，简单地说就是无搭边排样。而载体在多工位级进模中是绝对不可缺少的，没有载体便不能进行多工位级进模的自动化冲压（一般情况下，都是利用条料的载体和连在其上的制件，浮离凹模平面一定高度，平稳地送进到每一个工位，完成冲压动作）。

根据制件形状、变形性质、材料厚度等情况，载体可有下列形式。

1. 边料载体

这种载体是利用边废料，在上面冲出导正孔，通过导正孔定位进行冲裁、弯曲、拉深、成形等各工序，如图 2-2-6 所示。

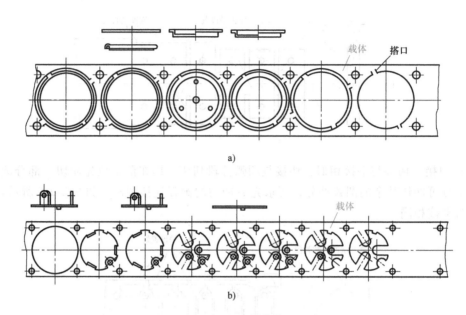

图 2-2-6 边料载体

a) 浅拉深成形边料载体 b) 弯曲成形边料载体

特点：方法简单、可靠、省料（可多件排样），应用较广。

应用范围：料厚 $t \geqslant 0.2$mm；步距 $S > 20$mm。

2. 原载体

原载体是采用撕口方式，从条料上撕切出制件的展开形状，留出载体搭口，依次在各工位冲压成形的一种载体，如图 2-2-7 所示。

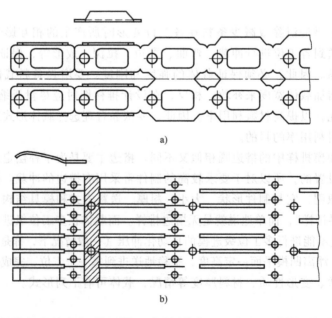

图 2-2-7 原载体

a) 浅拉深成形原载体 b) 弯曲成形原载体

特点：可多件排样，适合薄料，但需采用拉式送料装置或张紧机构。

应用范围：料厚 $t \leqslant 0.2mm$。

3. 单侧载体

单侧载体是指在条料的一侧设置载体，导正孔都设计在这一侧载体上，如图 2-2-8 所示。

特点：载体刚性欠佳。有时在冲制过程中会产生微小变形而影响送料步距精度。对于细长制件，料厚又较薄，为提高条料送进刚度，在每两个制件间的适当位置上用一小部分材料连接起来，这一小段连接部分为桥接部分，称为桥接载体，这部分材料在冲压到一定工位或到最后切去，如图 2-2-8b 所示。

应用范围：料厚 $t = 0.2 \sim 0.4mm$；制件一端有弯曲或几个方向上有弯曲的场合。

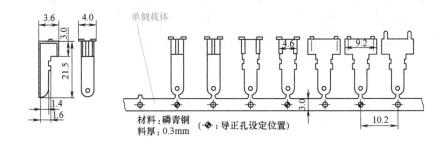

a)

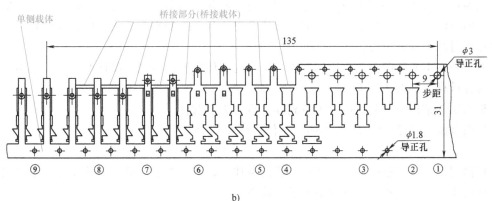

b)

图 2-2-8　单侧载体及桥接载体

a) 单侧载体　b) 单侧载体带有桥接载体

4. 双侧载体

双侧载体是指在条料的两侧都设计有载体，制件连接在两载体之间，如图 2-2-9 所示。

特点：条料送进平稳，定位精度高，材料利用率低。一般均为单排。

应用范围：薄料、制件精度要求高；料厚 $t < 0.2mm$；工位数多（可大于 15 个）。

双侧载体可分为等宽双侧载体和不等宽双侧载体。等宽双侧载体如图 2-2-9b 所示。在双侧均可设置导正孔，且对称分布，所以其定位精度很高，可用于冲裁、弯曲、拉深及成形等多工位级进模。不等宽双侧载体如图 2-2-9a 所示，在较宽一侧设置导正孔，较宽的一侧载体称为

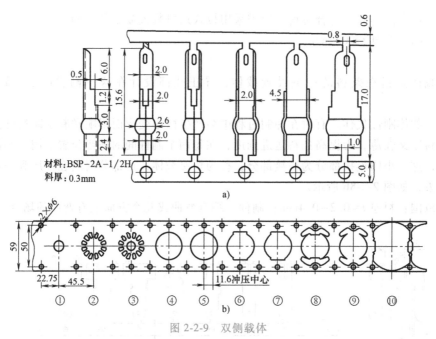

图 2-2-9　双侧载体

a）不等宽双侧载体　b）等宽双侧载体

主载体，较窄的一侧载体称为副载体。副载体可在冲压过程中切去，便于进行侧向冲压。

5. 中间载体

载体在条料的中间称为中间载体，它具有单侧载体和双侧载体的优点，可节省大量的材料。中间载体适合对称性工件的冲制，最适合对称且两外侧有弯曲的制件，这样有利于抵消两侧压弯时产生的侧向力，如图 2-2-10a 所示。

对于一些不对称的单向弯曲的制件，以中间载体将制件排列在载体两侧，可变不对称排样为对称排样，如图 2-2-10b 所示。

根据制件结构，中间载体可为单载体，也可为双载体。

应用范围：料厚 $t=0.5\sim2.0$ mm；工位数可大于 15 个。

6. 载体的其他形式

根据制件特点，选择上述五种较合适的载体后，有时为了后道工序的需要，需对载体进行必要的改造。一般可采取下列措施进行改造。

1）在冲压料厚 $t\leqslant0.1$ mm 的薄料时，可采用压肋和翻边方法加强载体，防止送料时因条料刚性不足而失稳，既影响制件的几何形状或尺寸精度，还会导致送料阻碍，无法实现冲压过程的自动化，如图 2-2-11 所示。

2）在自动冲压时，为了实现精确可靠送料，可以在导正孔之间冲出长方孔，采用履带式送料，如图 2-2-12a 所示。由于多工位级进模工位多，送料的积累误差随工位数增多而增加，为了进一步提高送料精度，可采用误差平均效应的原理来增加导正孔数量，如图 2-2-12b 所示。

2.2.4　排样图的设计步骤

由于制件在条料上的排列方式是多种多样的，要逐一比较材料的利用率，手工计算是比

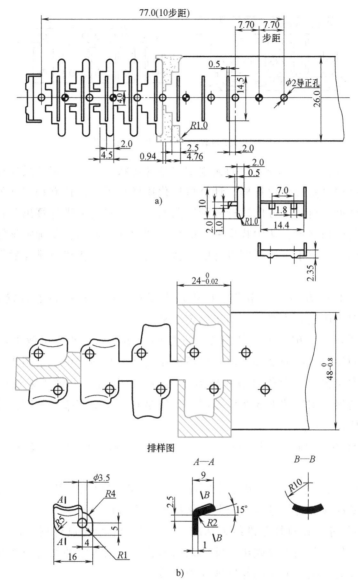

图 2-2-10 中间载体示例

a) 对称制件的中间载体 b) 双排排样变非对称排样为对称排样

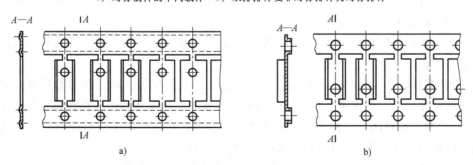

图 2-2-11 加强载体

a) 加强肋载体 b) 翻边加强载体

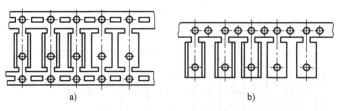

图 2-2-12　提高送料精度的载体

a）履带式送料载体　b）增加导正孔载体

较困难的；单凭经验，要对千变万化的无规则的制件形状，一次确定其最佳排样方案更加困难。利用计算机排样可实现优化排样。计算机优化排样与手工设计有相同之处，即计算机优化排样也是将制件沿条料送进方向进行各种倾角的布置，然后分别计算出各种倾角下制件实际占用面积与条料面积之比，从中找出最大的材料利用率，从而初步确定该倾角状态下的最佳排样方案。下面先介绍手工排样图设计的步骤，然后对计算机优化排样做简单介绍。

1. 手工排样

（1）初步确定排样方案　采用有废料还是少废料排样，在条料上布置采用普通单排、对头单排、普通双排还是对头双排，初步确定下来。

（2）绘制制件图样　按原来制件图样重新绘制。如制件太小，可放大比例。用细实线绘制制件轮廓。制件的各部分全部绘出，但不标注尺寸。此图样用于绘制排样图。

（3）绘制制件展开图　首先计算制件展开图的展开尺寸，并做工艺性试验，然后进行修正确定。制件的展开图应按上述制件图同一比例绘制，用细实线绘制制件轮廓，同样不标尺寸，供绘制排样图使用。

（4）绘制排样图　绘制排样图时最好选用米格透明描图纸，也可选用一般描图纸绘制。绘图顺序如下：

1）画排样基准线。根据已绘制的制件图样、展开图的形状及特点，按已初步确定的排样方案定出排样基准线。排样基准线应与米格线的一个方向平行。

2）确定步距尺寸。以排样基准线为基准，在排样图上绘制制件展开图，这样可确定步距尺寸。在每个制件展开图上反映出切除的余料形状，从而确定冲切每段型孔的形状和具体尺寸，但要求各段间搭接后冲出的轮廓能光滑连接。

3）进行工序分解及有关的工艺计算。分析制件图形，对弯曲、拉深及其他成形加工进行工序分解，分解后确定各工位的加工内容和工位数。拉深工艺需确定拉深次数、每次的拉深直径、拉深高度和圆角半径等。

4）按工位次序和各工位内容，绘出各工位型孔，为保证凸模、凹模安装或凹模强度留有必要的空工位。

5）设计载体，并确定导正孔数量、直径和在条料上的位置，确定侧刃数量和位置，从而确定条料宽度。多工位级进模用条料的宽度公差及导料板与条料的间隙推荐值见表 2-2-1。

6）在绘制好排样图后应检查是否有漏冲部位，即能否获得一个完好制件，其方法是各工位加工内容的型孔或加工项目用阴影线或涂色（红或黑）表示。

检查无漏冲后，在排样图上标注尺寸、工位序号或有效工位代号。

标注的尺寸包括条料宽度及其公差、步距公称尺寸、载体宽度、导正孔直径等。

表 2-2-1　条料宽度公差及导料板与条料的间隙推荐值　　　　（单位：mm）

条料宽度 B	条料厚度 t							
	<0.3		>0.3~0.5		>0.5~1.0		>1.0~1.5	
	宽度公差	间　隙	宽度公差	间　隙	宽度公差	间　隙	宽度公差	间　隙
<30	-0.20	+0.10	-0.30	+0.15	-0.30	+0.15	-0.40	+0.20
30~50	-0.30	+0.10	-0.30	+0.15	-0.40	+0.20	-0.40	+0.25
50~80	-0.30	+0.15	-0.40	+0.20	-0.40	+0.20	-0.50	+0.25
80~120	-0.40	+0.15	-0.40	+0.20	-0.50	+0.25	-0.50	+0.30
120~150	-0.40	+0.20	-0.50	+0.25	-0.50	+0.25	-0.60	+0.30
150~200	-0.50	+0.20	-0.50	+0.25	-0.60	+0.30	-0.60	+0.35
200~250	-0.50	+0.25	-0.50	+0.30	-0.60	+0.30	-0.70	+0.35

（5）方案比较　按上述方法获得不同的排样方案，进行综合分析、比较，如模具体积大小、模具结构复杂程度、型孔及凸模制造难易程度、材料利用率、生产率等，然后归纳得出最佳方案，作为制件的多工位级进模排样图。

方案比较的目的是获得最佳排样图，即制件在条料上的最佳布置，寻找最大的材料利用率。往往会出现材料利用率高的方案不是最佳方案的情况，因为材料利用率受条料宽度、步距、模具合理化设计及弯曲线与条料轧制纤维方向的关系等因素的约束。

手工绘图速度慢，计算又不太精确，进行综合分析和比较都很困难。特别是对于形状十分复杂的制件，要获得十分合理的排样图就更为困难。

2. 计算机排样

冲裁模 CAD 系统中，排样技术的核心主要是排样前处理，即图形的等距放大和排样算法。目前排样算法主要有加密点法和平行线分割一步平移法。加密点法实现简单，但计算精度受加密点的影响大，而平行线分割一步平移法由于计算量的减少和精度提高应用最广。除此之外，函数优化法和人机交互画寻优法应用也较广泛。

（1）排样前处理　排样前处理是排样优化设计的数据准备过程，任务是将制件图形信息转换成便于优化排样运算的数据形式和结构，从而提高运算效率。处理方法是将制件图形外形轮廓沿法线方向等距放大 1/2 的搭边值。在排样时，以等距放大图取代原来的制件外形轮廓图形，使相邻两个图形相切而不相交，也不相离，如图 2-2-13 所示。注意在进行制件外形轮廓图形等距放大前，对外形轮廓图形做适当简化处理。简化处理主要是填平窄小凹

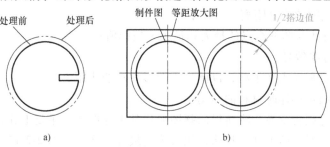

图 2-2-13　制件外形轮廓等距放大
a）填平窄小凹槽　b）等距放大排样图

槽，否则易出现自交现象，在等距放大时产生混乱，同时给简化运算带来麻烦。对于搭边值较大而制件外形轮廓比较复杂的情况，更要注意。图 2-2-13a 所示为填平窄小凹槽的简化处理，图 2-2-13b 所示为制件外形轮廓的等距放大图。

（2）平行线分割一步平移法　平行线分割一步平移法是采用一系列等距线分割制件外形轮廓图形，如图 2-2-14 所示。等距平行线的方向与送料方向一致，求出等距平行线在制件外形轮廓图上截得的最大宽度，以此最大宽度为制件图形之间的步距平移等距放大图，从而满足相邻两图形相切而不相交也不相离的条件。该方法简单，程序设计容易，对于常用的普通单排、对头单排、普通双排、对头双排能基本满足要求。

普通单排的平行线分割一步平移法设计步骤如下：

1）计算图形的最大和最小 y 坐标值，求出条料宽度 B。计算公式为

$$B = (y_{max} - y_{min}) + a \tag{2-2-1}$$

式中　　B——条料宽度（mm）；

y_{max}、y_{min}——制件等距放大图的最大和最小 y 坐标值；

　　a——搭边值（mm）。

2）用等距平行线分割图形，并将每条平行线编号，如图 2-2-14 所示。

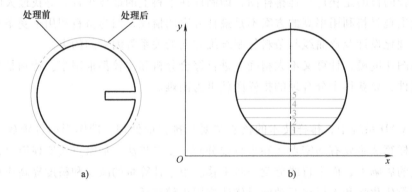

图 2-2-14　平行线分割一步平移法

a）填平凹槽　b）平行线分割及编号

3）分别计算每条平行线与图形交点的最大和最小 x 坐标值。

4）分别计算每条平行线在图形上截得的水平距离，即

$$L_v(n) = x_{max}(n) - x_{min}(n) \tag{2-2-2}$$

式中　　L_v——交点间的水平距离（mm）；

x_{max}、x_{min}——平行线与图形交点的最大和最小 x 坐标值；

　　n——平行线编号。

5）比较并确定最大水平距离，以此作为图形移动的步距。

6）计算在该倾角排样时材料的利用率。

7）对图形进行旋转变换，将所得的新图形代替上述图形，重复上述过程。

8）对各次变换所得结果列表排队，比较确定最佳方案，如图 2-2-15 所示。

平行线分割一步平移法在计算效率和步距计算准确性方面还存在一些不足，可采用过图元端点、驻点等特殊点作为水平线段求步距的方法来解决，在此从略。

多工位级进模的排样，应以凹模最小许用壁厚为刃口间距离的约束，通过对各型孔加权获得工步安排先后的依据，或按不同工艺规则和刃口精度要求排定冲制优先级和同一级别各刃口的冲制次序。同时，将工步排样有关的优化准则进行归纳，总结成排样规则，它要包含冲孔、落料工序（包含切废、冲缺）、定距方式（侧刃刃口应参与工步排样自动运算）等，建立一个完备的数据库，以交互拾取或从特征模型中提取的方式建立制件各刃口工艺信息数据库，最后以一定的推理机制完成工步排样设计。由于级进模工步设计较复杂，还需建立一套有效的交互修改系统，它应包含加与减工步、工步交换、刃口移动等功能。

排样方案的最终选择可采用人机对话方式进行。图形显示器能直观地显示各种方案图，方案图上可分别标出排样方式、倾角、材料利用率等信息，供设计时直观、方便地进行选择。

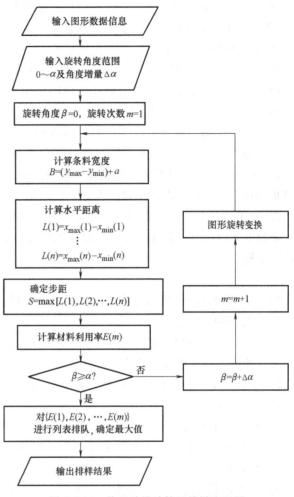

图 2-2-15　普通单排计算机排样流程图

2.2.5　吸尘器电动机定、转子冲片的排样设计

1. 影响吸尘器电动机定、转子冲片排样的因素

吸尘器电动机定、转子冲片排样图设计直接影响模具设计，因此在设计过程中，应注意如下几个方面。

（1）生产能力和生产批量　在设计时力求使之平衡。可采用单排排样。

（2）送料方式　因为采用了高速压力机，所以选用自动送料方式。

（3）冲压力的平衡　在设计时考虑到冲压力的平衡，使冲压加工的压力中心和模具中心一致。

（4）模具的具体结构和加工工艺性　在设计排样图时，要考虑到模具的具体结构，还要考虑到每一个环节，每一个具体部分的装配关系、装配顺序以及每部分的加工方案等。

（5）所用材料　多工位级进模对制件材料的要求很严格，在设计排样图时，要考虑材料的力学性能、材料厚度、条料宽度、材料纹向及材料利用率等。该材料供料为成卷的带料，可以进行连续、自动、高速冲压。

微课：吸尘器电动机定转子排样设计

（6）制件的毛刺方向 定、转子冲片的毛刺方向是一致的。

（7）正确安排导正孔 导正孔与导正销的位置安排对于多工位级进模的精确定位很关键。多工位级进模在采用自动送料机构送料时，必须在排样图的第一工位冲出工艺性导正孔，在第二工位及在以后每隔二至四个工位的相应位置设置导正销。

（8）凹模应有足够的强度 型孔之间的最小间隙应适当，在设计排样图时应避免型孔有尖凸角、狭槽、细腰等薄弱环节，以保证凹模的强度，便于制造。

（9）工位的确定与空工位 在制件的排样图设计中，首先考虑制件在全部冲压过程中共分几个加工工位，是否设有空位以及各工位的加工内容和各工位主要加工尺寸与精度。

1）工位的确定。应保证制件精度要求和几何形状的正确。对精度要求比较高的部位应尽量集中在一个工位一次冲压完成为好，以避免步距误差影响精度。

2）空工位。当带料每送到空工位时不进行任何加工，以进入下一工位。在排样图设计中，增设空工位的目的是保证模具有足够的强度，确保模具的使用寿命或是为了便于模具设置特殊结构。

2. 定、转子冲片排样图的设计步骤

（1）绘制制件图 依据所给的制件图重新绘制成比例的制件图。

（2）绘制冲片的排样图

1）根据已绘制的制件图的形状特点和已确定的排样方案定出排样基准线；初步预计步距，力求各段之间以搭接方式连接。

2）综合考虑制件各内孔的形状和各分解加工成形内容，确定共分多少工位以及各工位的具体加工内容。

3）按工位分布及内容，绘出各工位型孔图。

4）按估计的工位数，以排样基准线为基准画一排制件图。

5）设置必要的空工位。

6）应考虑载体形式，导正孔的数量与直径及其在带料上的位置，侧刃位置与数量，从而确定带料宽度。

7）在绘制好的制件排样图上标注出必要的尺寸，如带料宽度、步距公称尺寸、导正销直径等。标注出工位序号或者个别的进行文字备注。

8）按上述方法得到几种不同方案，进行综合比较归纳后得出一个最佳方案，作为多工位级进模的排样图。

3. 材料利用率的计算

材料利用率 η 的计算式为

$$\eta = \frac{nA}{BS} \times 100\%$$

式中 η——单个制件的材料利用率；

n——一个步距的制件数；

A——制件面积（mm^2）；

B——带料宽度（mm）；

S——送料步距（mm）。

考虑到吸尘器电动机上使用的定、转子冲片的形状及其特点，进行多种不同的排样方案的设计。一共设计了三种排样方案，下面是各排样方案的情况。

1) 第一种排样方案如图 2-2-16 所示。

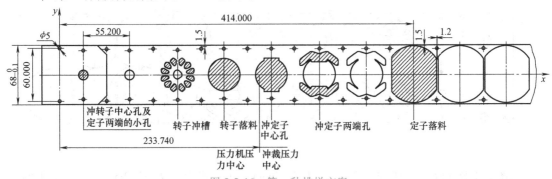

图 2-2-16 第一种排样方案

由图 2-2-16 可知，带料的宽度 B 为 68mm，送料步距 S 为 55.2mm，一个步距的制件数 n_I 为 1 个。同时，经过测量可知，制件 1 的面积 A_1 为 1180.33mm^2，制件 2 的面积 A_2 为 541.08mm^2，则计算结果如下。

制件所用板料面积：
$$A'_I = BS = 68 \times 55.2 \text{mm}^2 = 3753.6 \text{mm}^2$$

制件实际面积：
$$A_I = n_I(A_1 + A_2) = 1 \times (1180.33 + 541.08) \text{mm}^2 = 1721.41 \text{mm}^2$$

根据计算所得的数据，得到第一种排样方案的材料利用率为
$$\eta_I = (A_I / A'_I) \times 100\% = (1721.41 / 3753.6) \times 100\% = 45.86\%$$

2) 第二种排样方案如图 2-2-17 所示。

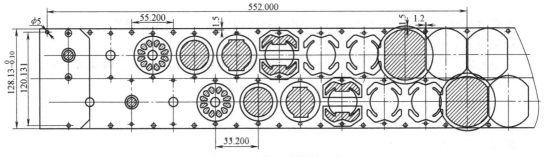

图 2-2-17 第二种排样方案

由图 2-2-17 可知，带料的宽度 B 为 128.13mm，送料步距 S 为 55.2mm，一个步距的制件数 n_{II} 为 2 个。同时，经过测量可知，制件 1 的面积 A_1 为 1180.33mm^2，制件 2 的面积 A_2 为 541.08mm^2，则计算结果如下。

制件所用板料面积：
$$A'_{II} = BS = 128.13 \times 55.2 \text{mm}^2 = 7072.776 \text{mm}^2$$

制件实际面积：
$$A_{II} = n_{II}(A_1 + A_2) = 2 \times (1180.33 + 541.08) \text{mm}^2 = 3442.82 \text{mm}^2$$

根据计算所得的数据，得到第二种排样方案的材料利用率为
$$\eta_{II} = (A_{II} / A'_{II}) \times 100\% = (3442.82 / 7072.776) \times 100\% = 48.68\%$$

3）第三种排样方案如图 2-2-18 所示。

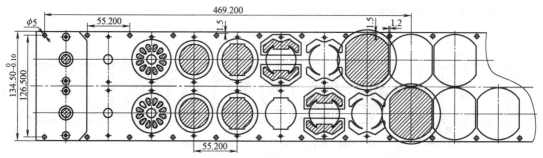

图 2-2-18 第三种排样方案

由图 2-2-18 可知，带料的宽度 B 为 134.50mm，送料步距 S 为 55.2mm，一个步距的冲件数 n_{III} 为 2 个，同时，经过测量可知道，制件 1 的面积 A_1 为 1180.33mm^2，制件 2 的面积 A_2 为 541.08mm^2，则计算结果如下。

制件所用板料面积：

$$A'_{\mathrm{III}} = BS = 134.50 \times 55.2 \mathrm{mm}^2 = 7424.4 \mathrm{mm}^2$$

制件实际面积：

$$A_{\mathrm{III}} = n_{\mathrm{III}}(A_1 + A_2) = 2 \times (1180.33 + 541.08) \mathrm{mm}^2 = 3442.82 \mathrm{mm}^2$$

根据计算所得的数据，得到第三种排样方案的材料利用率为

$$\eta_{\mathrm{III}} = (A_{\mathrm{III}}/A'_{\mathrm{III}}) \times 100\% = (3442.82/7424.4) \times 100\% = 46.37\%$$

按照三种排样方案所计算出来的结果，材料利用率分别为 $\eta_{\mathrm{I}} = 45.86\%$、$\eta_{\mathrm{II}} = 48.68\%$、$\eta_{\mathrm{III}} = 46.37\%$，对三个方案进行比较得出，$\eta_{\mathrm{II}} > \eta_{\mathrm{III}} > \eta_{\mathrm{I}}$。根据材料利用率进行对比选择，应选择第二种排样方案，但考虑到模具的大小以及加工的方便性，选择第一种排样方案。

4. 排样图各工位的加工内容

由吸尘器电动机上使用的定、转子冲片的排样图可知，采用单排排样。

吸尘器电动机上使用的定、转子冲片的排样图中工位安排如下。

第一工位：冲 2 个 $\phi5$mm 的导正孔；同时冲转子的 $\phi12$mm 以及定子两端 $\phi4$mm 的孔。

第二工位：第一个空工位。

第三工位：冲转子的槽形孔。

第四工位：转子冲片落料。

第五工位：冲定子中心孔。

第六工位：冲定子两端的孔。

第七工位：第二个空工位。

第八工位：定子冲片落料。

2.2.6 其他冲压件的排样设计

1. 硅钢片无废料排样

图 2-2-19a、b 所示为硅钢片制件，排样图如图 2-2-19c 所示，一次可冲制配套用制件两件。该排样为无废料排样，材料利用率达 100%。采用双侧刃定距，工位①冲下的两长方条即为图 2-2-19a 所示制件，山字形制件则分别由落料和切断工位同时获得。排样共设 4 个工位，第二工位为空工位。

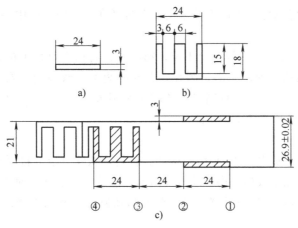

动画：硅钢片
无废料排样

图 2-2-19　硅钢片无废料排样

2. 铁心片混合排样

图 2-2-20a、b 所示为铁心冲片 Ⅰ、Ⅱ，材料都是硅钢片，料厚 $t = 0.5\text{mm}$。由于两个制

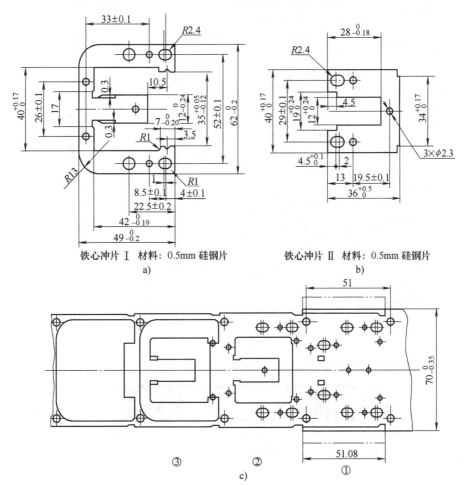

铁心冲片 Ⅰ　材料：0.5mm 硅钢片
a)

铁心冲片 Ⅱ　材料：0.5mm 硅钢片
b)

c)

图 2-2-20　铁心冲片混合排样

a)、b)　制件图　c)　排样图

件尺寸的特殊关系，将制件Ⅰ和制件Ⅱ采用混合排样在一副级进模中冲出比较理想，材料利用率达到 75%。

排样如图 2-2-20c 所示，共设 3 个工位，第①工位将两个制件上的大小孔（含导正孔共 20 个）都冲出，虽然孔不少，但都是圆孔，孔间距离都比较适当，安排在同一工位不但对提高制件质量有好处，而且对模具制造与装配影响不大。第②、③工位分别冲落两个制件。模具采用对称双侧刃和两个导正销定距。

3. 集成电路引线框排样

图 2-2-21a 所示为集成电路 16 脚引线框架，材料为铁镍合金，料厚 $t = (0.254 \pm 0.01)$ mm。图 2-2-21b 所示为排样图引线框由内、外引线两部分组成。外引线相对于内引线较简单，内引线比较复杂，其状细而长，且呈悬臂，尺寸公差和几何公差要求很严，如要求内引线的共面

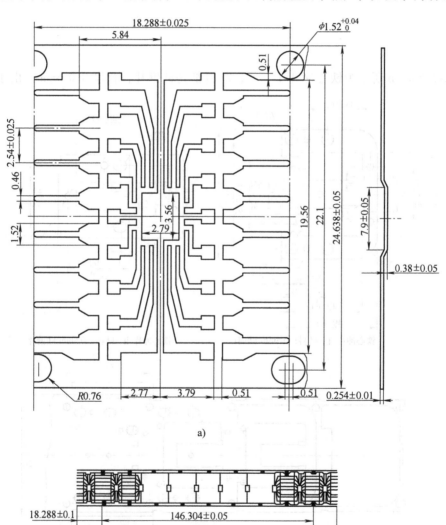

a)

b)

图 2-2-21　集成电路 16 脚引线框架

a) 16 脚引线框形状尺寸　b) 排样图（10 个引线框为一单元）

性，内引线的头部与中间的小方形 2.79mm×3.56mm 装置芯片部位的平行性等，这些都比半导体器件的引线框要求更严。集成电路引线脚越多，排样也越复杂，模具制造难度也越大。

4. 步进电动机定、转子铁心冲片带回转自动叠片排样

图 2-2-22 所示为冲制步进电动机定、转子铁心冲片的排样图，材料为硅钢片 50W470，材料厚度 $t=0.5$mm。该制件的排样方式是在一副模具上冲制出转子冲片和定子冲片（套冲），模具是带有转子冲片落料旋转 72°自动叠片和定子冲片落料旋转 90°自动叠片技术功能的高难度、高精度级进模。转子冲片落料外形带有冲齿形槽进行回转，定子冲片落料外形要求带方形形状进行回转。该排样方案是在高速压力机上进行自动冲压，冲压速度为 280

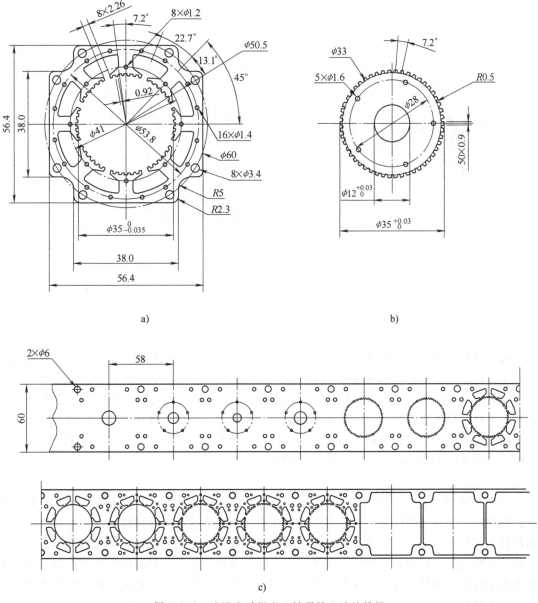

a)　　　　　　　　　　　　　　　b)

c)

图 2-2-22　步进电动机定、转子铁心冲片排样

a）定子冲片　b）转子冲片　c）排样图

次/min，步距定位采用导正销。

5. 接插簧片单侧载体和有桥接载体排样

图 2-2-23 所示接插簧片，材料为锡磷青铜，料厚 $t = 0.35$mm，排样设有 20 个工位，其中冲压工位 11 个，其余为空工位。条料的送进采用导正销定位，自动送料，冲压速度为 250 次/min。

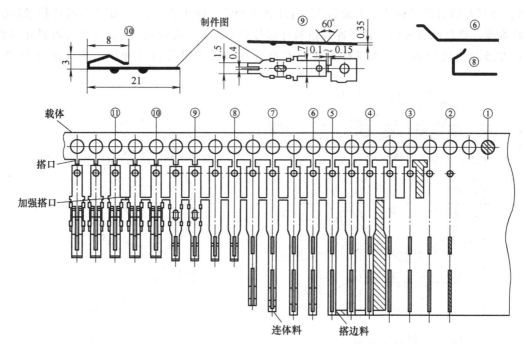

图 2-2-23　接插簧片排样

①—冲导正孔　②—冲圆孔和槽孔　③—冲丁字槽孔　④—冲长槽孔　⑤—切搭边料　⑥—首次弯曲　⑦—切连体料（二次弯曲）　⑧—冲长圆孔、压肋、压搭口 60°槽　⑨—压弯成形　⑩、⑪—切加强搭口

接插簧片具有弹性接触特性，要求在产品装配线上采用同步装配方法，因此冲压后的各个有序单件仍留在载体上并垫上纸卷成特定的圆筒，送到下道工序加工或装配使用。由图 2-2-23 可知，制件细长，长宽比和一头的弯曲变形大是该制件的特点，冲压加工中容易产生偏移，排样时应重点考虑如何防止和减小这种不利因素。为此，载体的宽度取得较大，同时在工序⑪之前，为了提高条料的运载刚性，排样中设有加强搭口（辅助桥接载体），工序⑨中的搭口处 60°压槽是为从条料上便于取下制件而设。

6. 弹性簧片排样

图 2-2-24 所示是一种包容型弹性簧片，其特点是包容部分尺寸精度高，表面粗糙度值低，弹性好。包容型弹性簧片为许多弹性簧片中的一种，这类制件排样时需要特殊考虑。例如制件上有字母标记，若按多工位级进模的常规，在第一、二工位冲导正孔后再压字，容易造成导正孔变形，影响步距精度，因此，须先压字再冲导正孔。与载体相连的搭口，常选在制件既无弯曲又无任何变形的 A 处，即平面部分，使整个冲压过程稳定，相对位置准确。

此类制件由于工位多，而且不少工位属于单边弯曲成形，整个送料过程基本上都是在单边载体的运载过程中进行的，步距的定位全靠导正销控制。

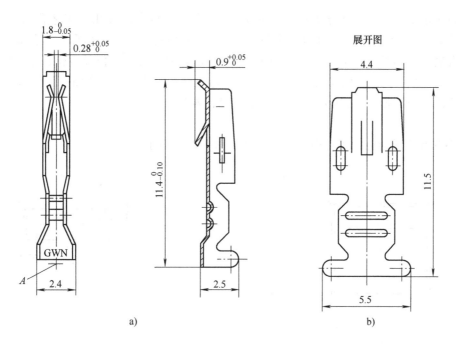

a) b)

图 2-2-24 弹性簧片

a) 制件图 b) 制件展开图

图 2-2-25 所示为弹性簧片的排样图,设有 39 个工位。各工位的冲压性质如下:

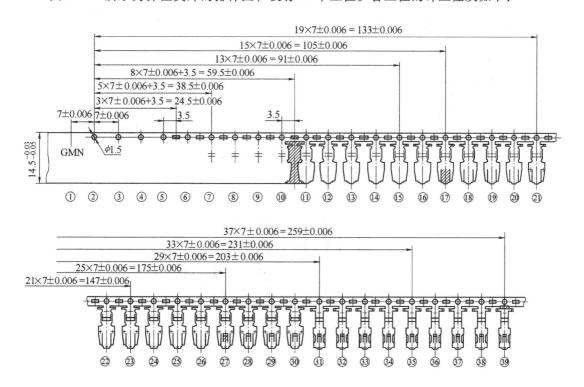

图 2-2-25 弹性簧片排样图

工位①压字；工位②冲导正孔；工位③~⑤空位；工位⑥冲方孔（工艺孔）；工位⑦压肋；工位⑧~⑩空位；工位⑪冲外形余料；工位⑫~⑭空位；工位⑮压印；工位⑯空位；工位⑰撕开制件包容部分；工位⑱~⑳空位；工位㉑压包并首弯；工位㉒空位；工位㉓二次弯曲；工位㉔~㉖空位；工位㉗撕倒刺；工位㉘~㉚空位；工位㉛三次弯曲；工位㉜~㉞空位；工位㉟末次弯曲成形；工位㊱~㊳空位；工位㊴载体分离。

7. 电极零件拉深排样图

图 2-2-26 所示为电极零件图，其排样图如图 2-2-27 所示。

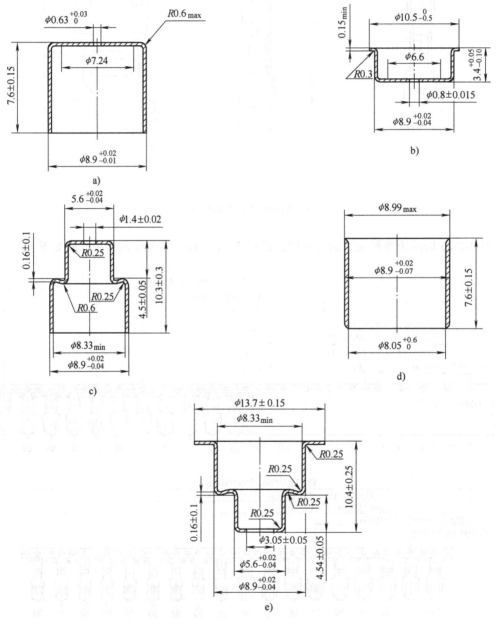

图 2-2-26　电极零件图

a) 第一阳极　b) 第二阳极　c) 第三阳极　d) 第四阳极　e) 第五阳极

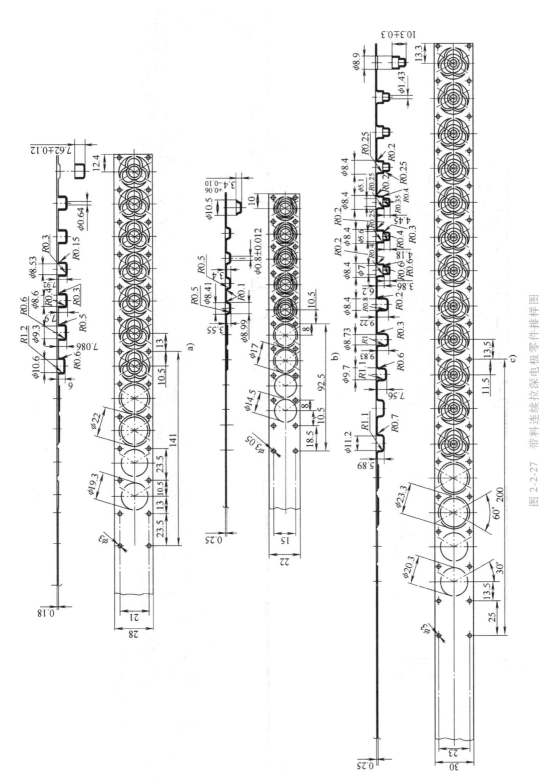

图 2-2-27　带料连续拉深电极零件排样图

a) 第一阳极工序排样图　b) 第二阳极工序排样图　c) 第三阳极工序排样图

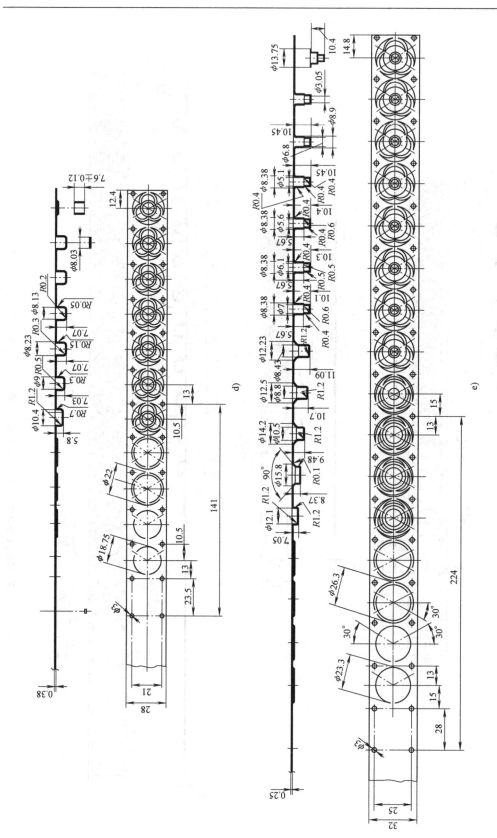

图 2-2-27　带料连续拉深电极零件排样图（续）

d）第四阳极工序排样图　e）第五阳极工序排样图

微课：冲裁力
的计算及压
力机的选择

任务3　多工位级进模的冲压工艺计算

2.3.1　冲裁力的计算及压力机的选择

冲裁力的大小主要与材料的性质、板料的厚度以及制件的展开长度有关，冲裁力的计算公式为

$$F = KLt\tau \tag{2-3-1}$$

式中　F——冲裁力（N）；

K——系数，考虑到模具刃口磨损、间隙不均匀、材料力学性能及厚度的波动等实际因素而给出的修正系数，一般取 $K = 1.3$；

L——冲裁件的周长（mm）；

t——板料的厚度（mm）；

τ——材料的抗剪强度（MPa）。

对于吸尘器电动机定、转子冲片，根据已知条件，查阅相关的资料可知 50W470 材料的抗剪强度 $\tau = 549\text{MPa}$，材料厚度 $t = 0.5\text{mm}$。

制件的冲裁周长分别为：

$\phi 5\text{mm}$ 孔 $L_1 = 15.71\text{mm}$，$\phi 4\text{mm}$ 孔 $L_2 = 12.57\text{mm}$，$\phi 12\text{mm}$ 孔 $L_3 = 37.70\text{mm}$，转子中间槽形孔 $L_4 = 314.88\text{mm}$，转子落料 $L_5 = 119.38\text{mm}$，定子中心孔 $L_6 = 129.42\text{mm}$，定子两端孔 $L_7 = 124.81\text{mm}$，定子落料 $L_8 = 199.42\text{mm}$。

制件的冲裁工艺力计算如下：

$$\begin{aligned} F_{落料} &= KL_{落料}t\tau \\ &= 1.3 \times (119.38 + 199.42) \times 0.5 \times 549\text{N} \\ &= 113763.8\text{N} \end{aligned}$$

$$\begin{aligned} F_{冲孔} &= KL_{冲孔}t\tau \\ &= 1.3 \times (15.71 \times 2 + 12.57 \times 2 + 37.70 + 314.88 + 129.42 + 124.81 \times 2) \times 0.5 \times 549\text{N} \\ &= 281262.0\text{N} \end{aligned}$$

$$F_{冲裁力} = F_{落料} + F_{冲孔} = (113763.8 + 281262.0)\text{N} = 395025.8\text{N}$$

推件力计算公式为

$$F_{T} = nK_{T}F_{冲裁力} \tag{2-3-2}$$

式中　F_{T}——推件力（N）；

K_{T}——推件力的系数（见表 2-3-1）；

$F_{冲裁力}$——总冲裁力（N）；

n——表示同时卡在凹模孔内的条料的件数；计算公式为

$$n = h/t \tag{2-3-3}$$

式中　h——凹模刃口的直壁高度，通常为 4mm、5mm、6mm、8mm、10mm、12mm；

t——条料的厚度。

对于定、转子冲片，由已知条件可知，$t = 0.5\text{mm}$，而 h 一般取 6mm，所以取 $n = 6/0.5 = 12$。

表 2-3-1 K_T 的值

条料的厚度/mm	K_T
≤0.1	0.1
>0.1~0.5	0.065
>0.5~2.5	0.05
>2.5~6.5	0.045
>6.5	0.025

（钢）

查表 2-3-1 可知，K_T 取 0.065，因而推件力的大小为

$$F_T = nK_T F_{冲裁力}$$

$$= 12×0.065×395025.8N$$

$$= 308120.1N$$

定、转子冲片的合力为：

$$F_{总} = F_{冲裁力} + F_T \qquad (2-3-4)$$

$$= (395025.8+308120.1)N$$

$$≈ 703kN$$

以所计算得的相关数据为依据进行压力机的选择，初步选择 80t 的高速压力机。高速压力机的参数描述见表 2-3-2。

表 2-3-2 高速压力机的参数描述

装模的高度范围	300~350mm
送料线的高度范围	175~205mm
行程的大小	25mm

微课：压力中心的计算

2.3.2 压力中心的计算

对于多凸模冲裁，压力中心可根据"合力对于某轴的力矩等于各分力对同轴力矩之和"的原理进行计算。由图形自身的轮廓而产生的线段的各自的冲裁力与每个线段的自身的长度大小具有一定的关系（正比），因此，就可采用各个线段的长度来代替各个线段的冲裁力，因而，压力中心的坐标的计算公式可以表示为

$$x_0 = \frac{S_1x_1 + S_2x_2 + \cdots + S_nx_n}{S_1 + S_2 + \cdots + S_n} = \frac{\sum\limits_{i=1}^{n} S_i x_i}{\sum\limits_{i=1}^{n} S_i} \qquad (2-3-5)$$

$$y_0 = \frac{S_1 y_1 + S_2 y_2 + \cdots + S_n y_n}{S_1 + S_2 + \cdots + S_n} = \frac{\sum\limits_{i=1}^{n} S_i y_i}{\sum\limits_{i=1}^{n} S_i} \tag{2-3-6}$$

对于定、转子冲片，压力中心计算如下。

设 x、y 轴原点位置如图 2-3-1 所示，根据排样图计算每个凸模的周边的长度大小，分别表示为 S_1，S_2，S_3，$\cdots$，S_n，其相应的凸模的冲裁力作用点到 x、y 轴的距离大小即为 y_1，y_2，y_3，$\cdots$，y_n 和 x_1，x_2，x_3，$\cdots$，x_n。通过计算得到每个凸模的合力作用点，即压力中心的坐标（x_0，y_0）。

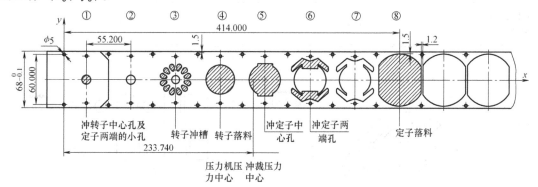

图 2-3-1　吸尘器电动机定、转子冲片排样图

由排样图可测得的数据如下：

S_1：15.71mm^2×2　S_2：12.57mm^2×2+37.70mm^2　S_3：314.88mm^2　S_4：119.38mm^2

S_5：129.42mm^2　S_6：124.81mm^2×2　S_7：199.42mm^2

x_1：0　x_2：27.60mm　x_3：138.00mm　x_4：193.20mm　x_5：248.40mm　x_6：303.60mm

x_7：414.00mm

将所测得的数据代入相应的公式计算可得

$$x_0 = \frac{S_1 x_1 + S_2 x_2 + \cdots + S_8 x_8}{S_1 + S_2 + \cdots + S_8}$$

$$= 233.74\text{mm}$$

因为 x 轴正好位于排样图的中间部位，图样对称，因此 y 轴的数值可不必进行相关的计算，即 y_0 的值为 0，因而取的压力的中心坐标值为（233.74，0）。它与压力机自身的压力中心重合。

2.3.3　步距精度的计算

步距是指级进模中相邻两工位间的距离，单位为"mm"。每一副级进模，一旦排样的步距确定后，在该模具上相邻两工位间的距离必须相等。即在一副模具内，步距是个等值。步距的大小与平行于送料方向上的制件外形尺寸、排样的排列类别和条料上制件之间的搭边大小等不同情况有关。

微课：步距精度的计算

设计多工位级进模时，要合理地确定步距的公称尺寸和步距精度。

1. 常见排样的步距公称尺寸（表 2-3-3）

表 2-3-3 步距的公称尺寸

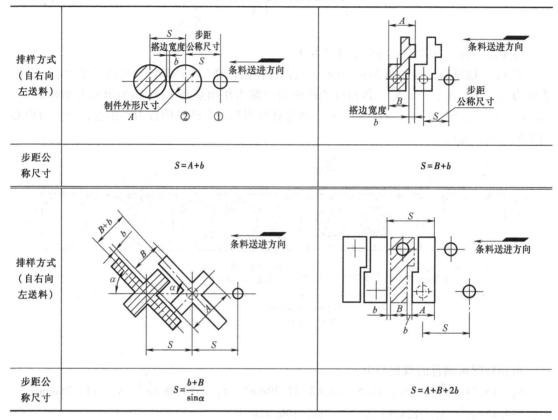

排样方式（自右向左送料）	$S=A+b$	$S=B+b$
步距公称尺寸		
排样方式（自右向左送料）	$S=\dfrac{b+B}{\sin\alpha}$	$S=A+B+2b$
步距公称尺寸		

　　吸尘器电动机上使用的定、转子冲片采用单列排样，且排列方向和送料方向平行，因此步距的公称尺寸为

$$S=A+b \tag{2-3-7}$$

式中　S——冲片步距的公称尺寸；

　　　　A——冲片外形尺寸；

　　　　b——冲片排样图的搭边宽度。

　　由排样图可知，A 的大小为 54mm，b 的大小为 1.2mm，因此，步距公称尺寸为

$$S=A+b$$
$$=(54+1.2)\text{mm}$$
$$=55.2\text{mm}$$

2. 步距精度

　　对于多工位级进模来说，工位数不论多少，要求其工位间距离（即步距）大小的绝对值，在一副模具内都相同，这是级进模设计的原则。然而实际情况和理论往往有出入，使步距产生偏差，这样在冲压过程中制件的内外形相对位置不到位，分段切除余料时，导致外形尺寸偏移。因此，步距的精度直接影响制件精度。步距精度越高，制件精度也越高。但步距精度过高，将给模具制造带来困难。影响步距精度的主要因素有：制件的公差等级、制件形状的复杂程度、制件的材质、材料厚度、模具的工位数，以及冲压时条料的送进方式和定距

方式等。

　　由实践经验总结出多工位级进模的步距公差可由下式确定，即

$$\delta = \pm \frac{\beta}{2\sqrt[3]{n}}k \qquad (2\text{-}3\text{-}8)$$

式中　　δ——多工位级进模步距对称公差值；

　　　　β——制件沿条料送进方向最大轮廓基本尺寸（指展开后）精度提高三级后的实际公差值；

　　　　n——模具设计的工位数；

　　　　k——修正系数，见表2-3-4。

表2-3-4　修正系数 k 值

冲裁间隙 Z（双边）/mm	k 值	冲裁间隙 Z（双边）/mm	k 值
0.01～0.03	0.85	>0.12～0.15	1.03
>0.03～0.05	0.90	>0.15～0.18	1.06
>0.05～0.08	0.95	>0.18～0.22	1.10
>0.08～0.12	1.00		

注：1. 修正系数 k 主要考虑料厚和材质因素，并将其反映到冲裁间隙中去。

　　2. 多工位级进模因工位的步距累积误差，所以标注模具每步尺寸时，应由第一工位至其他各工位直接标注其长度，无论长度多大，其步距公差均为 δ。

　　吸尘器电动机定、转子冲片沿送料方向的最大轮廓尺寸是54mm，其在排样图中的工位数为8。根据制件图所标注的极限偏差可得其精度等级为IT8，将IT8提高三个等级后，尺寸54mm的IT4公差值为0.008mm。模具的双边冲裁间隙 Z 的大小通过经验确定法选取为（0.05～0.075）mm。修正系数 k 值通过表2-3-4可取为0.95。将相关数据代入公式计算级进模的步距公差为

$$\delta = \pm \frac{\beta}{2\sqrt[3]{n}}k$$

$$\delta = \pm \frac{0.008}{2\times\sqrt[3]{8}}\times 0.95\,\text{mm}$$

$$= +0.0019\,\text{mm}$$

$$\approx \pm 0.002\,\text{mm}$$

即多工位级进模的步距公差为±0.002mm。

任务4　多工位级进模的定距设计

2.4.1　侧刃与侧刃挡块

1. 侧刃

　　应用侧刃定距在级进模中是比较常用的一种定距方法。它是在条料的一侧（图2-4-1）或两侧的边缘上，用侧刃凸模（简称侧刃）先冲切去一窄边

微课：侧刃与侧刃挡块

料（图中为 $A \times e$，A 的大小等于步距尺寸，e 为条料宽度尺寸减小部分），形成一缺口，被冲过的料宽由 B 变成 B_1（$B_1 = B - e$）。在送料过程中，利用缺口端面 E 被侧刃挡块的 F 面挡住，阻止送料，从而起到定距定位作用。侧刃定距适用于人工送料，也可以在自动送料中应用。侧刃定距的定距可靠，能正确地控制步距，定距精度比用挡料钉定距高，适用于公差等级为 IT11～IT14，高时能达 IT10 的制件，但工位不宜太多，人工送料 3～6 个工位较多。

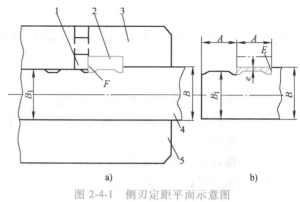

图 2-4-1 侧刃定距平面示意图

a）侧刃定距平面示例 b）条料的一侧经侧刃冲切后的情况

1—侧刃挡块 2—侧刃 3—前导料板

4—条料 5—后导料板

侧刃定距适用于料厚 $t = 0.1 \sim$ 1.5mm；太厚（$t > 1.5$mm）和太薄（$t < 0.1$mm）的料则不宜采用。

侧刃作为唯一的定距方法使用时，侧刃刃口长度"A"一般等于送料步距。

侧刃定距虽然稳定可靠，定位精度也不低，但它仍属于一般定位。在多工位级进模中，除用侧刃定距外，有的还要用导正销进一步定位，此时的侧刃一般作为粗定位，导正销用于精定位。这时，侧刃刃口切料长度尺寸应略大于送料步距尺寸 0.05～0.1mm，以便导正销导入定位孔时，条料能有一定微量的后退，获得良好的定距效果。

通常使用的普通侧刃在相关机械标准中均有规定，可供设计时选用，一般只能进行有沿边和有搭边的有废料冲裁。

在下述情况下推荐优先选用标准给定的普通侧刃作为多工位级进模的步距定位装置：

1）成批或大量生产的料厚 $t = 0.1 \sim 1.5$mm 的各种金属板冲压件，并要求冲模有更高的生产率。

2）冲压件的几何精度，尤其是对称度、同轴度要求较高时，若用导正销对送料步距定位，由于料薄，易把孔缘压变形、折弯，甚至翻边，此时应采用侧刃定位。

3）冲压件尺寸公差等级在 IT10 以上，步距 ≤50mm，要求送料步距误差 ≤±0.15mm。

4）送料步距小，采用其他送进限位装置有困难。

5）采用卷料进行高速连续冲压。

多工位级进模中常采用非标准侧刃冲切冲裁件，或采用成形冲切展开平毛坯的边缘，既可以作为落料与切口凸模，冲切出冲件侧边的任意形状轮廓，又可对送入多工位级进模的材料进行正确、可靠的步距定位，使多工位级进模能不间断地冲压，从而提高生产率。这样做不仅发挥了普通侧刃的优点，还能减少普通侧刃的冲切废料，提高材料利用率。图 2-4-2 所示为应用成形侧刃冲切的排样图。图 2-4-2a 所示为单列直排无搭边排样，用成形侧刃一次冲切制件两端的凹口，实现少废料冲裁。图 2-4-2b、c 所示为多列与单列直排无搭边排样的少废料冲裁排样。图 2-4-2d 所示为采用双列直排有搭边排样，可实现对称弯曲、一模两件，使模具结构简化，便于制造，提高了生产率。

利用冲切沿边，获取冲裁件边缘部分外形轮廓是设计成形侧刃的原则。条件是：只能进行有沿边和搭边的有废料冲裁，或有沿边但无搭边的少废料冲裁。多工位级进模中往往采用

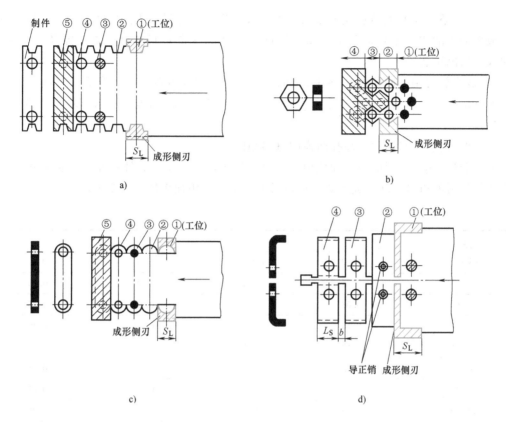

图 2-4-2 成形侧刃冲切排样图

导正销与成形侧刃组合定距。所以，成形侧刃的冲切刃口长度 S_L 比送料步距 S 大 $0.05 \sim$ $0.1mm$，以便导正销校准送料的正确位置。由图 2-4-2 可看出，用成形侧刃冲切复杂外形的制件外形轮廓时，多采用对称布置的双侧刃。成形侧刃垂直冲切条（带）料边缘，且超出条（带）料最大宽度边缘 $2 \sim 4mm$，以确定成形侧刃宽度的外形轮廓尺寸。由此，用成形侧刃冲切条（带）料一边或两边作为制件的部分轮廓时，有

$$S_L = S + (0.05 \sim 0.1) mm + 中间搭边宽度 \tag{2-4-1}$$

当无搭边时，则

$$S_L = S + (0.05 \sim 0.1) mm \tag{2-4-2}$$

当有搭边时，必须在成形侧刃刃口长度 S_L 内包含中间搭边宽度 b，如图 2-4-2d 所示，则

$$S_L = L_S + b \tag{2-4-3}$$

式中　L_S——制件沿送进方向的长度。

　　成形侧刃高度方向的总尺寸及其在固定板上的固定方法，与同一模具上的冲孔、落料凸模相同。

　　应用成形侧刃时应注意下列问题：

　　1）非标准成形侧刃，一般在多工位级进模上使用，为此侧刃厚度还需在上述计算结果上加一制件切口的深度值（即侧刃凸台高度）。

2）由于条（带）料宽度偏差较大，加上条（带）料与导料板间的间隙较大，易造成偏斜，成形侧刃的刃口不均匀磨损严重。因此需限制条（带）料宽度公差，提高剪切质量，且建议采用侧压装置。

3）成形侧刃用于冲制料厚 $t \leqslant 1.5$mm，步距 $S \geqslant 5 \sim 50$mm 的制件较合适；当 $t>1.5$mm 及步距 $S>50$mm 时，为保证冲模平稳工作，成形侧刃应对称布置且与冲孔或落料工位错开 $2 \sim 3$ 个工位。

4）侧刃的材料与通常的冲孔凸模的材料相同。

5）当导正销与成形侧刃搭配使用对步距限位导正时，应按制件料厚、导正销直径适当加大成形侧刃的刃口长度。成形侧刃刃口长度与送料步距加大值见表2-4-1。

表2-4-1　成形侧刃刃口长度与送料步距加大值　　　　　　（单位：mm）

导正销直径 d(h6)	制件料厚 t			
	<0.3	0.3~0.5	0.5~1.0	1.0~1.5
<3	0.05	0.05	0.08	0.10
3~6	0.08	0.10	0.12	0.15
6~8	0.10	0.15	0.20	0.20
8~10	0.12	0.15	0.20	0.22
10~12	0.13	0.15	0.22	0.25
12~14	0.14	0.20	0.22	0.25
14~18	0.14	0.20	0.25	0.28
18~22	0.15	0.20	0.25	0.28
22~26	0.15	0.22	0.28	0.30
26~30	0.16	0.22	0.28	0.40

2. 侧刃挡块

侧刃将条料冲出缺口，条料上形成小台阶，送料时利用小台阶被导料板挡住定位（图2-4-1），实现级进送料。一般情况下，导料板是不淬硬的，为了提高挡料部分的硬度和耐磨性，在导料板的侧刃旁局部镶嵌挡块，称之为侧刃挡块。图2-4-3所示为常用的几种侧刃挡块结构形式。图2-4-3a所示结构最简单，但松动后容易跳出来。图2-4-3b、c所示结构稍复杂些，但可靠稳定，不会出现松动后跳出来的缺陷。侧刃挡块要求耐磨，常用45钢或Cr12钢经热处理淬火处理制成，硬度不低于45HRC。挡块与导料板采用H7/k6过渡配合。

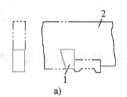 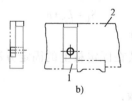 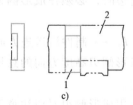

a)　　　　　　　　　　b)　　　　　　　　　　c)

图2-4-3　侧刃挡块的结构形式

1—侧刃挡块　2—导料板

2.4.2　导正销

微课：导正销

条料的导正定位，一般是通过导正销插入条料中的圆孔或其他形状的孔完成的。被插入的圆孔或其他形状的孔，可以利用制件的结构孔，也可以在条料上加工出工艺孔，专供导正用。导正定距定位，一般属于最后定位，是精定位，主要用于自动送料的多工位级进模中，一般在制件精度要求高时使用。根据使用场合不同，导正定位可分为凸模上导正销和独立式（凸模式）导正销两类。

（1）凸模上导正销　凸模上导正销又称为导头、导正钉。在级进模中，如果制件的同轴度或外形对中心的相对位置要求较高时，只用定位钉、挡料钉定位是不够的，通常还应采用导正销来保证孔与外形的相对位置。最简便的方法是在落料凸模上装有导正销导正。

凸模上导正销一般装在紧靠冲孔工位后的落料凸模上。当上模下行时，导正销先进入已冲出的孔内，将条料位置导正，然后进行落料，这样可以消除送料步距误差，起精确定位的作用。

按在凸模上的装配方法和导正孔径大小不同，凸模上导正销的结构形式如图 2-4-4 所示。图 2-4-4a 用于导正 $\phi6mm$ 以下的孔；图 2-4-4b 和图 2-4-4c 用于导正 $\phi10mm$ 以下的孔；图 2-4-4d 用于导正 $\phi10\sim\phi30mm$ 的孔；图 2-4-4e 用于导正 $\phi20\sim\phi50mm$ 的孔。图 2-4-4a、b 所示导正销装拆方便，便于凸模刃磨，但导正销固定不牢会下落，故建议与凸模采用 H7/r6 过盈配合；图 2-4-4c 所示导正销的后端有螺纹，用螺母锁紧；图 2-4-4d、e 所示导正销用螺钉固定在凸模上，这样导正销不会下落，但刃磨和拆装比较麻烦。

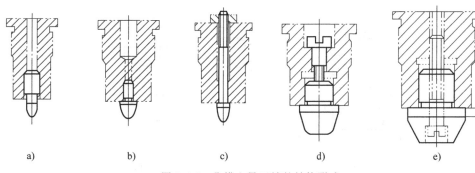

a)　　　b)　　　c)　　　d)　　　e)

图 2-4-4　凸模上导正销的结构形式

（2）独立式导止销　因与普通凸模一样独立地固定在固定板上，故独立式导正销又称为凸模式导正销。其基本形状与冲导正孔的凸模形状相似，不同点只是头部是导正部分，利用它对条料上的工艺孔进行导正定位。

1）独立式导正销导正定位的工作过程如图 2-4-5a 所示。当条料按箭头方向送进，每一次送进的实际步距比理论的步距略有增加，其增

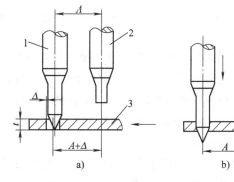

图 2-4-5　条料导正定位过程

a）导正销开始进入导正孔　b）导正销已进入导正孔

1—导正销　2—冲孔凸模　3—条料

加值 Δ 取 0.04~0.05mm。送料停止后，上模随即下行。导正销的头部先进入导正孔内，上模继续下行，条料在导正销的作用下，沿 F 向（逆送料方向）后退到正确位置，如图 2-4-5b 所示，此时导正定位完成。上模再下行，冲孔凸模 2 就可以冲孔了。需要指出的是：这种导正定位方法的应用，在导正销进入条料孔内进行导正定位之前，条料不能被卸料板压住，应完全处于自由状态，当导正销的工作直径部分进入导正孔之后，定位已达到目的，才能进行冲压工作。

2）图 2-4-6 所示为独立式导正销的几种结构形式。根据其结构不同，独立式导正销分为固定式和活动式两类。固定独立式导正销如图 2-4-6a~d 所示，其精度高，定位准确；活动独立式导正销如图 2-4-6e~h 所示，其结构稍复杂，精度差些，但不易损坏。

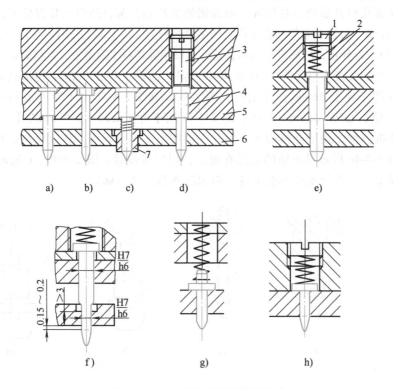

a) b) c) d) e)

f) g) h)

图 2-4-6 独立式导正销的结构形式

1—螺塞 2—弹簧 3—小圆柱 4—导正销 5—固定板 6—卸料板 7—卸料块

图 2-4-6a 所示为标准型独立式导正销，其形状除导正部分为子弹头形外，其余部分和冲孔凸模的结构完全一样，它与凸模固定板一般按 H6/m6 或 H7/m6 过渡配合。导正销的固定部分和工作直径可以做成相同形式，这样便于加工。图 2-4-6b 所示导正销与凸模固定板可按 H7/js6 过渡配合。图 2-4-6a、b 所示导正销一般用于导正较小的孔径，在多工位级进模中独立地安装在固定板上。

图 2-4-6c 所示导正销带有弹性卸料块，主要用于薄料的大型制件。在导正销未插入导正孔之前，先由弹性卸料块将条料压住，再由导正销进行导正。它能防止导正销与导正孔之间因间隙小而把材料带在导正销上。在卸料板有安装余地的情况下，常采用此种形式。

图 2-4-6d、a 所示导正销的作用相同，装卸和调整都比较方便。为了保证导正销在凸模刃磨后伸出的长度能得到控制，可以在导正销固定端的凸缘下加垫圈进行调整。

图 2-4-6e、f 所示都是活动导正销，其共同之处是导正部分的直径与固定板可动部分的直径相差较大。图 2-4-6f 中的卸料板较厚，导正部分的圆柱长度较小，因此在卸料板的反面加工成空穴。

图 2-4-6g、h 所示导正销直接与卸料板成动配合，这在卸料板有一定厚度的情况下也是可以采用的一种结构。

上述几种活动导正销采用的是柔性结构，这样在送料不到位的情况下不会损坏导正销结构。还有一个优点是装拆比较方便，但定位精度不如固定式导正销，它适用于较厚条料的定位。

2.4.3 吸尘器电动机定、转子冲片级进模的定距

微课：吸尘器电动机定转子级进模定距

1. 定距方式的确定

考虑定、转子冲片的各项要求，选用自动送料装置与导正销联合定距。

2. 导正销

（1）导正孔直径的确定 冲孔凸模按照规定的式样冲制，故销与孔的关系是销的直径与冲孔凸模的直径的关系，而导正孔的大小可按冲片材料的厚度进行选取。根据实际经验，导正孔径应大于或等于四倍的材料厚度。由于定、转子冲片的材料厚度为 0.5mm，则可选取导正孔直径为 5mm。

（2）导正销工作直径与导正孔径的关系 考虑到制件的精度及所使用材料的厚度，对于一般小型冲压件，导正销的工作直径与冲导正孔凸模直径的关系见表 2-4-2。

表 2-4-2 导正销工作直径 d 与冲导正孔凸模直径 d_p 的关系

料厚 t/mm	d/mm
0.06~0.2	$d_p-(0.008~0.02)t$
0.2~0.5	$d_p-(0.02~0.04)t$
0.5~1.0	$d_p-(0.04~0.08)t$

因为制件所使用材料的厚度为 0.5mm，导正销的工作直径可按以下公式计算，即

$$d = d_p - 0.04t \qquad (2-4-4)$$

因此导正销的工作直径为

$$d = d_p - 0.04t$$
$$= (5 - 0.04 \times 0.5)\,mm$$
$$= 4.98mm$$

3. 模具导正销的安装方式

导正销的安装形式根据导正销直径大小和使用情况及需要的不同而不同。

对于小直径容易折断的导正销，为了便于更换、维修、刃磨，选用图 2-4-7 所示安装形式。

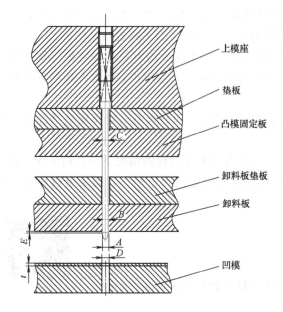

A—导正销直径

B—卸料板的孔径

C—固定板的孔径

D—凹模工作孔径

E—导正销安装后，直臂部分露出卸料板下平面的高度

t—制件的料厚

图 2-4-7　导正销与各部分的配合

导正销与各部分的配合关系为：A 与 B 为 H7/h6 配合；A 与 C 为 H7/n6 配合；如果卸料板有辅助导向装置，A 与 C 则可为 H9/f9 配合。一般 B、C 两件均采用同时加工严格同心的工艺方案；A 与 D 在送料有严格精度要求时，为防止导正销弹性变形，D 孔与 A 保持 H7/k6 配合，如严格要求时，则

$$D = A + (0.03 \sim 0.12) \text{mm} \qquad (2\text{-}4\text{-}5)$$

$$E = (0.5 \sim 1)t \qquad (2\text{-}4\text{-}6)$$

E 太长时，影响连续作业，太短时，将影响送料精度。

任务 5　多工位级进模凸模、凹模设计

多工位级进模工位数目多，凸模、凹模尺寸小，使凸模、凹模的装配及相互位置尺寸的调整比常规冲模要复杂和困难。同时，多工位级进模用于大批量生产，要求模具使用寿命长，易损件的更换和模具维修要方便。

多工位级进模一般都含有两种以上的冲压工艺，所以，凸模、凹模数量多，且要适应高速连续冲压，必须满足各种特定的技术条件，不能用设计一般冲模的凸模、凹模的方法进行设计。凸模、凹模设计应遵循下列原则：

（1）凸模和凹模要有足够的强度、刚度和硬度　多工位级进模的凸模、凹模工作条件恶劣，由于高速连续作业，振动极大，所以磨损也特别快；凸模、凹模受力状态不均匀、不对称、不垂直，所以损坏可能性也极大。为此，设计凸模、凹模时应选择强度较好的材料，选择合理的热处理工艺和规范；在条件许可时减少凸模长度，增加凹模厚度，在结构工艺上增加它们的强度和刚度。

（2）凸模和凹模结构要简单可靠，制造方便，便于测量和组装　一般情况下，复杂的凸模、凹模结构或结构薄弱的地方，最容易损坏，损坏后就需修理或更换新的。如果凸模、凹模的结构设计得比较复杂，必然制造困难，加工周期长，不仅直接增加模具成本，还会延误正常生产。多工位级进模中的凸模、凹模要经得住高速、长时间连续冲压工作状态下的考验，因此要求其结构简单，制造和维修方便，这也是衡量模具结构好坏的一个重要内容。

多工位级进模凸模、凹模的结构与排样有关，排样确定之后，凸模、凹模的工作内、外型面基本上被确定下来，此时凹模的型孔如果非常容易磨损或损坏比较快，常常要更换新的，可以采用镶嵌式凹模结构，将局部易损部分设计成单件镶嵌入凹模体内，当该部分损坏了，可以迅速地换上一个与原来一样的新件，继续发挥它的原有功能。

如果凹模的型孔比较复杂，不便加工，则可以采用镶拼式结构，将凹模的型孔内形加工变为外形加工。一般情况下，外形加工的方法比较多，尺寸的控制与检测容易，加工精度比较高，加工成本低，而内形加工相对来说困难一些，尤其是遇到尖角、细缝、窄槽、曲面等特殊地方，困难就更大了，加工成本也高。采用镶拼式结构也便于维修。

对于凸模来说，其工作型面随凹模而定，一般采用整体式结构，因为它属于外形加工，相对而言比凹模容易加工，容易获得高精度尺寸。对于易损的凸模，则要考虑如何设计得便于安装、固定和更换，而且在固定后要有足够的稳定性，不但做到和凹模间保持稳定的合理间隙，更要做到在长时间高速冲压下凸模不能脱落，例如带台阶固定凸模比铆接固定凸模更可靠，但铆接固定凸模制造方便。

（3）凸模和凹模必须安装牢固，便于维修和更换　多工位级进模是集冲裁、弯曲、成形等多种冲压工序于一体的多功能模具，使用过程中凸模、凹模工作部分磨损、微量尺寸变化和制件材料变形不到位等现象不可避免，这就需要及时进行调整、维修和保养。凸模、凹模的设计应便于拆装，更换方便，固定可靠。对于一般的冲裁部分刃口重磨，不能次次大卸大拆，因为模具零件的装拆次数多了会影响定位精度。由于级进模的高速连续作业，振动极大，所以牢固安装显得特别重要。在多工位级进模中，制件外形大多是采用逐次分段冲裁法实现的，在不同工位上冲切制件外形的不同部位，待数个工位完成后才冲切出完整的制件外形。这样，就需保证各工位间凸模的位置精度，且各工位的凸模、凹模间隙要均匀一致，保持稳定，这给凸模、凹模的牢固安装又带来一定困难。由于凸模、凹模的工作条件恶劣，容易损坏失效，因而还需考虑其损坏后的修理与更换的方便。

（4）多工位级进模的凸模和凹模应有统一的基准　对于各种不同冲压性质的凸模、凹模，应尽可能使其基准协调统一。一般在设计多工位级进模时，以凹模各型孔坐标为基准，以第一工位定出坐标原点，以此确定各工位型孔的坐标关系。凸模的安装位置、卸料板各型孔位置，均要与凹模一致，不得混乱。凸模的工作形状与对应的凹模型孔形状及卸料板的型孔形状也应对应一致。这样，既便于加工，又不容易出现差错。

（5）要考虑刃磨后的凸模和凹模的相对位置对其他工位凸模和凹模相对位置的影响　每一副多工位级进模，工位数一般都在两个或两个以上，除纯冲裁的多工位级进模以外，其他性质的多工位级进模一旦冲裁部分刃口重磨之后，凸模、凹模之间闭合高度尺寸即发生了变化而比原始状态减小，此时，其他工位凸模、凹模之间的闭合高度尺寸也应做相应调整，否则便无法达到正常生产要求，或无法进行正常生产。凸模、凹模设计时要根据该模具的冲压特点，综合考虑每个工位的具体结构，如采用活动凸模、可调凸模、凹模等。

（6）要考虑余料排除及时畅通和防止浮料　多工位级进模在高速冲压过程中，如果被冲下的制件或废料在上模回程（即上升）时被凸模带走，或落到凹模上不能及时清除，有可能损坏模具，这是绝对不允许的。同样，冲下的制件或废料不能畅通地从凹模的后端出件孔自由落下，而被堵死在里面，严重时将凹模胀裂，这也是绝对不允许的。因此，要在凸模上考虑设置小顶杆装置或者通高压空气的孔，便于及时清除废料或制件；在凹模上要考虑设置吸件或吸废料的通气孔，保证冲落下来的制件及废料及时排出，不留在凹模内。

2.5.1　凸模设计

微课：凸模结构

1. 凸模的种类

在冲压过程中，被制件或废料所包容的模具工作零件称为凸模。凸模的种类繁多，可以按如下情况分类：

1）按级进模的冲压性质分，有冲裁凸模、弯曲凸模、拉深凸模、成形凸模等。

2）按凸模的工作断面分，有圆形、方形、矩形和异形凸模等。

3）按凸模的结构分，有整体式、镶拼式、组合式等。

4）按凸模的固定方法分，有带台阶式、铆接式、浇注或粘接固定式、压块式等。

2. 凸模的标准结构

冲模中的凸模，不论其断面形状如何，其基本结构都是由工作部分和安装（固定）部分组成的，如图 2-5-1a 所示。对于冲小孔的凸模，为了增加强度，在这两大部分之间增设过渡段，如图 2-5-1b 所示。有些用线切割加工或直接用精密磨削加工的直通式（断面常为异形）凸模，从外形看分不清哪是工作部分，哪是安装（固定）部分，但实际情况是工作部分和固定部分总

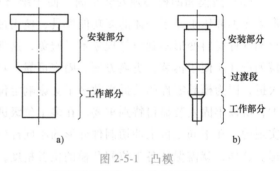

图 2-5-1　凸模

a）普通标准型凸模　b）带有过渡段的小凸模

是存在的。标准的圆凸模结构要素及各部分名称见表 2-5-1。

3. 常见凸模的形式与固定方法

（1）圆凸模

1）固定式圆凸模。固定式圆凸模一般在冲裁工序的多工位级进模和以圆筒形件拉深为主的冲裁拉深多工位级进模中经常使用，工作直径也较大（$\phi6$mm 以上），多用凸台式过盈配合固定。$\phi5$mm 以下的凸模可用凸台式，也可用直通式铆接固定，其配合可选用 H7/u7，也可选用 H7/n6。一般当固定位置较小、不宜用凸台式固定时，选用直通式铆接固定。在具有弯曲、成形、冲裁工序的多工位级进模中，为便于模具刃磨，采用 H7/n6 配合或可卸式固定凸模。图 2-5-2 所示为常用固定式圆凸模。

表 2-5-1　标准的圆凸模结构要素及各部分名称

简　图	代号	名　称	含　义
	①	头部	凸模上比杆直径大的圆柱部分
	②	头厚	头部的厚度(或称台肩厚)
	③	头部直径	圆柱头最大直径
	④	连接半径	为防止应力集中,用来连接杆直径和头部直径的圆弧半径
	⑤	杆	凸模上与固定板孔配合的部分
	⑥	杆直径	与固定板孔配合的杆部直径
	⑦	引导直径	为便于凸模压入固定板,在杆的压入端标出的直径尺寸
	⑧	过渡半径	刃口直径与圆柱引导直径的光滑圆弧半径
	⑨	刃口	凸模直径前端对板料进行加工的部分
	⑩	刃口直径	凸模的刃口端直径
	⑪	刃口长度	凸模穿透进入制件的长度,简称工作长度
	⑫	凸模总长度	凸模的全部长度

2) 可卸式圆凸模。图 2-5-3 所示为多工位级进模中常用的可卸式圆凸模,其配合可采用过渡配合 H7/m6 或 H6/m5。对于小直径凸模,卸料板有导向和保护套时,可采用 H7/h6 或 H6/h5 配合。

图 2-5-3a 所示圆凸模用螺钉与凸模垫板固定,一般工作直径 $d>10\text{mm}$。图 2-5-3b 所示凸模的工作直径一般为 $\phi6\sim\phi10\text{mm}$,由凸模尾

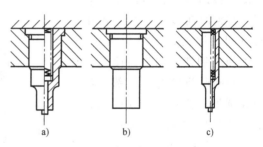

图 2-5-2　常用固定式圆凸模

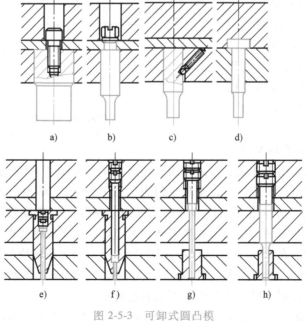

图 2-5-3　可卸式圆凸模

部螺纹用螺母与凸模固定板紧固成一体。图2-5-3c所示结构拆卸方便。图2-5-3d所示凸模由过渡配合产生的摩擦力来固定。图2-5-3c、d所示凸模主要用于冲压薄料和卸料力很小的场合。图2-5-3e~h所示为小直径凸模，即工作直径在$\phi0.8~\phi2.0$mm之内。图2-5-3e采用螺塞固定，图2-5-3f~h采用滑柱和螺塞固定。小直径凸模的保护套可装在凸模固定板中，如图2-5-3e、f所示，保护套的内孔与外圆应有很高的同轴度精度，小凸模露出保护套2.0~3.5mm。图2-5-3g和图2-5-3h中的保护套装在卸料板中，保护套除了有高的内外圆同轴度精度外，卸料板与上模和下模具有良好的导向，一般选用高精度的滚珠导柱模架。

（2）非圆形凸模

1）具有安装凸台的非圆形凸模。在多工位级进模中，较少采用压入式凸模，因为很难做到使工作部分与安装部分相对位置准确无误，制造加工也很困难，也不便于拆卸维修，但由于安装牢固，在纯冲裁多工位级进模中安装空间足够的情况下仍可采用。为了便于制造、测量，使基准统一，非圆形凸模的安装部分尽量做成圆形、长圆形、方形或长方形（矩形），如图2-5-4所示。

图2-5-4a、b所示为具有同心回转面或对称形的凸模，严格要求工作部分中心与安装圆柱中心同轴，压装后，需加定位销或定位键。还可以将安装部分做成图2-5-4c~e所示凸模形状，或者做在小固定板上，用螺钉和销紧固在上模座并套入大凸模固定板内，如图2-5-4f所示。

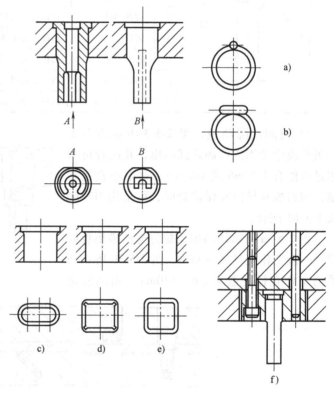

图2-5-4 压入式凸模的安装

a）定位销 b）定位键 c）长圆形
d）矩形 e）方形 f）小固定板

2）具有凸缘或安装斜面的非圆形凸模。这种结构常用于冲裁、弯曲和成形冲压加工，如图2-5-5所示。特点是安装牢固可靠，装卸方便，但结构工艺性差，安装空间大。图2-5-5a、b所示凸模采用螺钉和销固定在凸模固定板上，这种结构用于工作部分形状简单、制件加工精度较低的场合。图2-5-5c所示为在凸模和楔块的斜面上均加工有半圆槽，用螺钉穿过半圆槽使楔块压紧凸模，一般楔块与凸模的斜度较大，在25°~30°范围内。图2-5-5d所示为仅在楔块上加工长圆孔或槽，楔块与凸模的斜度在15°~20°范围内。图2-5-5c、d中的凸模必须具备基准直边或侧面，且凸模与楔块斜度一致，否则凸模安装会出现不垂直的现象。

3）直通式非圆形凸模。直通式非圆形凸模又称为等截面凸模，生产中常用成形磨、坐

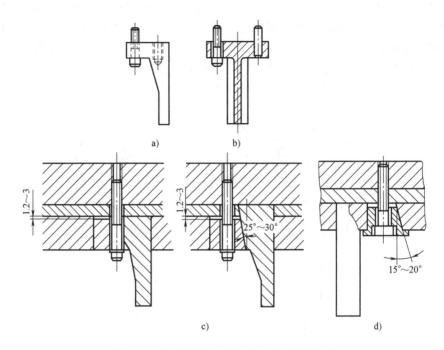

图 2-5-5　具有凸缘或安装斜面的非圆形凸模

a）正反吊紧　b）螺钉、销固定　c）大斜面　d）小斜面

标磨或线切割加工而成，所以在多工位自动级进模中应用十分广泛，其安装形式如图 2-5-6 所示。凸模与凸模固定板的配合一般选用 H7/m6、H6/h6 或 H6/m5、H6/h5 配合。

4）其他形式。若多工位级进模上的凸模尺寸小、距离近，则可以采用组合式安装，如图 2-5-7 所示。也可用粘接式（尽量不采用）安装。为了提高模具寿命，适应自动化作业，凸模（或凹模）常采用硬质合金材料，它的安装方式如图 2-5-8 所示。

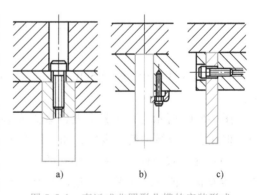

图 2-5-6　直通式非圆形凸模的安装形式

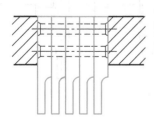

图 2-5-7　组合式凸模的安装

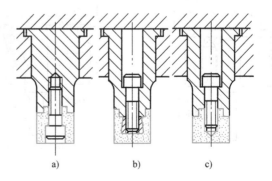

图 2-5-8　硬质合金凸模的安装与固定

（3）压板式凸模 图 2-5-9 所示为异形凸模压板式固定的形式。通过凸模的台阶或槽，靠压板和螺钉将异形凸模固定。需说明的是异形凸模与固定板的配合，图 2-5-9a 和图 2-5-9b 所示为采用间隙配合，凸模处于浮动状态，这种方式有利于凸模自然导入卸料板内，凸模与凹模的相对位置靠卸料板和辅助导向装置保证。拆卸或更换凸模时，松开螺钉后凸模很方便取出。此结构在不少多工位高速级进模中被采用。

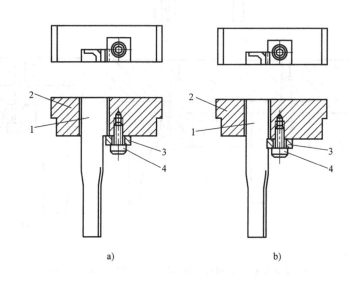

图 2-5-9 压板式凸模

1—凸模 2—凸模固定板 3—压板 4—螺钉

（4）插入式凸模 图 2-5-10 所示为采用钢球顶住凸模防止脱落的一种插入式凸模安装方法。

图 2-5-11 所示为采用紧定螺钉紧固安装凸模的一种方法。此方法一般在单工序模中常用，但在多工位级进模中也用，如应用在多工位连续拉深模中的整形凸模中。

（5）保护式凸模 一些冲小孔的圆凸模，大多数直径在 2mm 以下，为了提高强度，往往对其采取多种形式的保护措施，如图 2-5-12 所示。

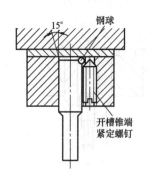
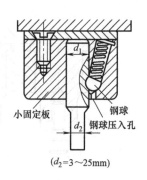
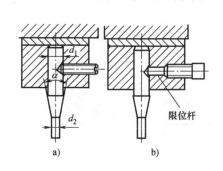

图 2-5-10 插入式凸模结构（一）　　　　　图 2-5-11 插入式凸模结构（二）

（6）凸模固定示例　凸模固定示例如图 2-5-13～图 2-5-16 所示。

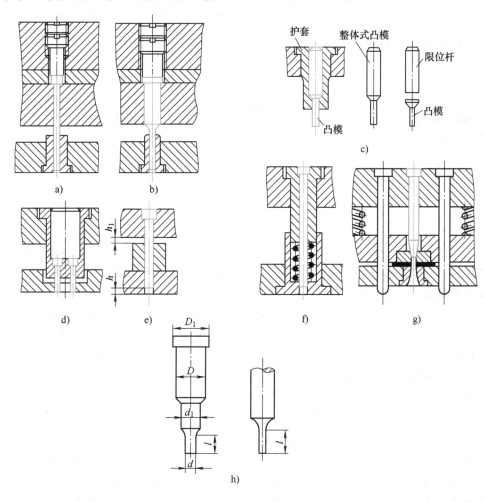

图 2-5-12　保护式凸模

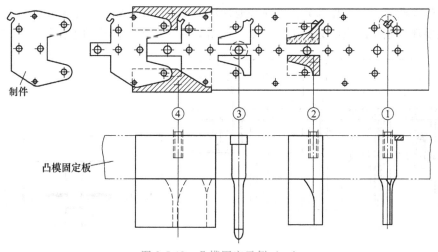

图 2-5-13　凸模固定示例（一）

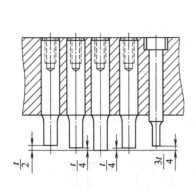

图 2-5-14　凸模固定示例（二）

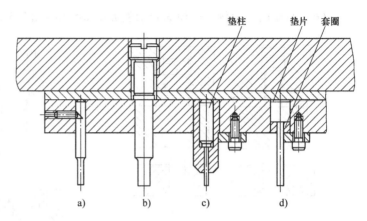

图 2-5-15　凸模固定示例（三）

（7）凸模工作部分长度的确定　凸模的长度一般根据模具结构需要而确定。纯冲裁级进模的上模，只安装有冲裁凸模，其长度基本上都一致，即使有差异也不太大，对凸模的长度要求也不是很严；而弯曲或拉深级进模的上模，安装有多种作用的凸模，如冲裁凸模、弯曲凸模或拉深凸模等，还有一定数量的定位件，如导正销及斜楔等其他模具零件。这些凸模和定位件，有的不是同一时间工作，有的因冲压性质和冲压工艺的要求，不能设计成同样的长度。特别是压弯成形凸模、拉深凸模的长度要求很严，它们的工作顺序一般是先定位，冲切余料，然后开始压弯或拉深，往往要经过多次，最后进行冲裁（一般是落料，将制件从载体上分离）。

由于冲裁凸模是经常要刃磨的，而且刃磨时常常需要将进行刃磨的弯曲或拉深凸模、导正销等零件拆卸下，在设计模具结构时，不但要考虑这些零件拆卸方便、安装迅速和保证精度，还要考虑冲裁凸模刃磨后对其他凸模长度的影响。为此，当冲裁凸模刃磨时，应修磨弯曲或拉深凸模的基面，或者设计时适当增加冲裁凸模工作时进入凹模的深度，这样可以在一定的刃磨次数内不需修磨弯曲或拉深凸模的安装基面。一般情况下，各凸模长度均有一定值，相互关系或长短差值根据不同情况而定。

对于较大凸模，其工作部分长度在普通冲压模具中已做介绍，这里不再赘述。多工位级进模中主要涉及细小凸模的必要工作长度，如图 2-5-17 所示。凸模的工作长度 L_1 为

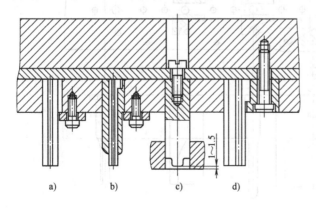

图 2-5-16　凸模固定示例（四）

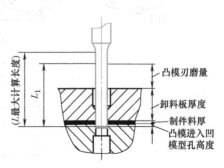

图 2-5-17　细小凸模工作部分长度的计算

$$L_1 = k(凸模刃磨量+卸料板厚度+制件料厚+$$
$$凸模进入凹模型孔高度) \qquad (2-5-1)$$

式中　k——安全系数，取 $1.15\sim1.3$。

当 $L \geqslant L_1$，取 L_1（L 为按强度计算的最大长度，计算公式见普通冲模）。

当 $L < L_1$，尽量取 L，但需采取保护，或者在卸料板上扩大孔径，以满足要求。

在确定凸模工作部分长度时，应注意以下问题：

1）在同一副模具中应确定一基准凸模的工作长度，基准长度为 35mm、40mm、45mm、…、65mm，其他凸模按基准长度计算。凸模工作部分基准长度由制件料厚和模具结构大小等因素决定。在满足多种凸模结构的前提下，基准长度力求最小。

2）应有足够的刃磨量。图 2-5-18 所示为同一模具中的一组凸模。图 2-5-18c 所示小凸模到达水平线Ⅰ时，就不能继续刃磨了，而图 2-5-18a、b 所示凸模仍可刃磨，并可以到达水平线Ⅱ。为了使图 2-5-18c 所示小凸模能及时更换，应具有足够的备件。所以，设计时还需计算Ⅰ线到Ⅱ线的高度尺寸，以供制作备件时使用。

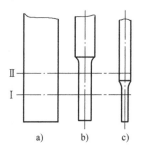

图 2-5-18　小凸模的刃磨量

3）各种凸模加工的同步性。图 2-5-19 所示为冲裁、弯曲凸模和导正销的相互高度关系。

图中　L——弯曲模工作长度（mm）；

t——板料厚度（mm）；

H——卸料板的活动量，$H = L+t$；

M——导正销工作部分进入条料的长度（mm），$M = H+(0.5\sim1)t$；

N——冲裁凸模进入凹模的深度（mm）。

必须注意的是多工位级进模有些凸模的高度与其他凸模高度有一定的差量，有时甚至要求很严，此时应考虑凸模高度能够可调，以满足其同步性，如图 2-5-20 所示。

确定刃磨量大小时，应和凸模有足够的使用寿命结合起来。若刃磨量留得少了，没有刃磨几次，凸模的长度太短便不能用了；若刃磨量留得多了，使凸模的全长设计得很长，模具闭合高度太大，整个模具很笨重，甚至出现模具已该报废时，凸模的刃磨量仍还有余的情况，这是不可取的。

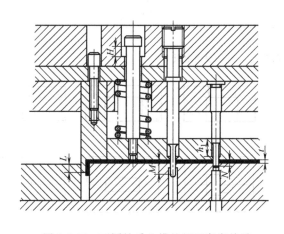

图 2-5-19　不同性质凸模的相互高度关系

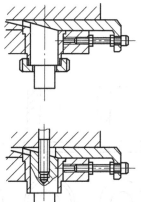

图 2-5-20　凸模高度的可调装置

2.5.2 凹模设计

1. 凹模种类

在冲压过程中，与凸模配合并直接对制件进行分离或成形的工作零件称为凹模。凹模和凸模一样，种类也很多，可按如下情况分类：

1）按凹模的工作性质分类，有冲裁凹模、压弯凹模、成形凹模和拉深凹模等。

2）按凹模的结构分类，有整体式凹模、镶套式凹模、拼合型孔凹模、分段拼合凹模、综合拼合凹模等。除整体式凹模外，其他凹模可统称为镶拼式凹模，如图 2-5-21~图 2-5-41 所示。

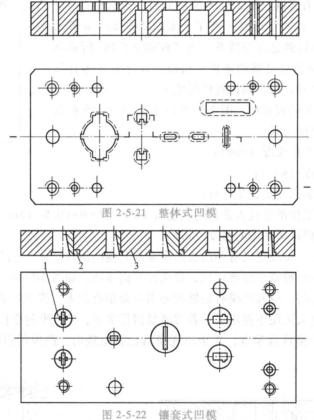

图 2-5-21 整体式凹模

图 2-5-22 镶套式凹模

1—镶件 2—防转键 3—凹模固定板

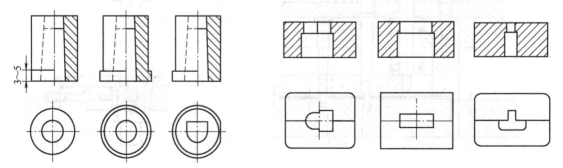

图 2-5-23 圆形凹模镶件　　　　　　图 2-5-24 方形凹模镶件

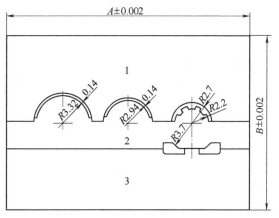

图 2-5-25　拼合型孔凹模

1、2、3—拼块

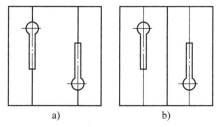

图 2-5-26　不同拼合形式的比较

a）不好　b）好

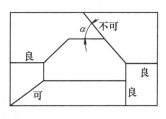

图 2-5-27　拼合凹模分割示例

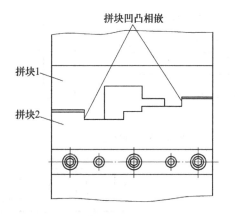

图 2-5-28　凹、凸槽相嵌的拼块

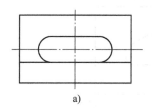

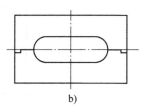

图 2-5-29　圆弧拼缝的比较

a）错误　b）正确

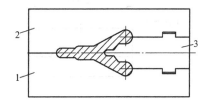

图 2-5-30　沿对称线分割的镶拼形式

1、2、3—拼块

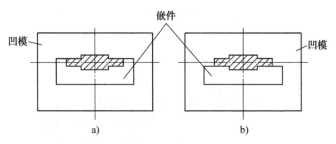

图 2-5-31 不同镶嵌形式的比较

a) 正确 b) 不正确

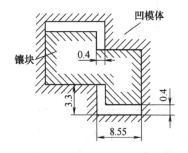

图 2-5-32 狭长孔凹模的镶嵌

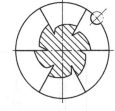

图 2-5-33 拼块按径向线分割

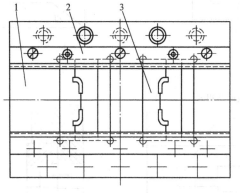

图 2-5-34 凹模拼块嵌入结构（一）

1—凹模固定板 2—导料板 3—凹模拼块

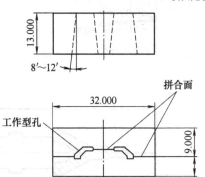

图 2-5-35 凹模拼块

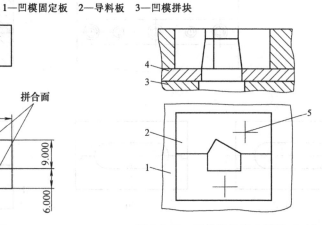

图 2-5-36 凹模拼块嵌入结构（二）

1—整体凹模 2—凹模拼块 3—下模座 4—垫板 5—螺钉

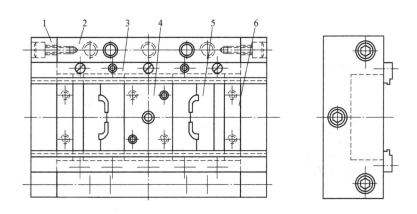

图 2-5-37　凹模拼块的直槽式固定

1—左右挡块　2—凹模固定板　3—导料板　4—中心块　5—凹模拼块　6—左右楔块

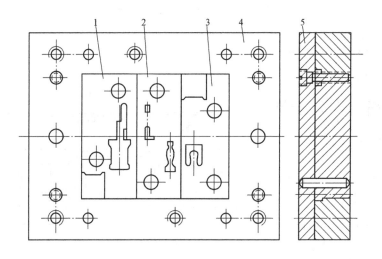

图 2-5-38　分段拼合凹模结构示例（一）

1、2、3—拼块　4—凹模固定板　5—垫板

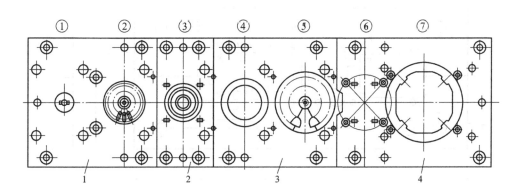

图 2-5-39　分段拼合凹模结构示例（二）

1~4—拼块

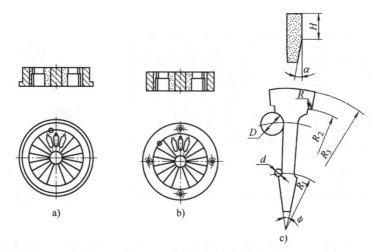

图 2-5-40 转子镶嵌凹模

a）带台固定式 b）螺钉固定式 c）凹模拼块

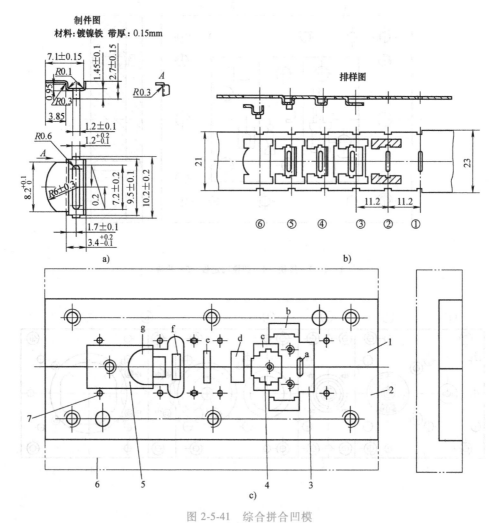

图 2-5-41 综合拼合凹模

1、2—凹模拼块 3、4、5—镶件 6—凹模固定板 7—装小圆弹顶器孔

整体式凹模的结构特点是凹模的易损部分和非易损部分组成一体，用一整块板料制成。因此当局部损坏时，须整体凹模更换，但因设计和制造、装配方便，故在工位数不多的级进模或在纯冲裁的级进模中仍常常被使用。

镶套式凹模常常在不宜采用整体式凹模时使用，其结构特点是将凹模的易损部分与非易损部分分开，凹模型孔采用独立的镶套状结构，这样凹模的局部损坏时，可以局部刃磨或更换，而且更换不影响定位基准。易损件定位可靠、互换性好、装拆快，此外易损件可用优质材料制造，非易损部分可用普通钢材制造。

拼合型孔凹模是指个别凹模型孔由几个小段拼合而成。采用这样的结构，凹模的型孔可以获得较高的加工精度，因此拼合型孔凹模主要用于型孔大而复杂的场合。

分段拼合凹模在多工位级进模中是比较常用的一种结构。它是为了保证各工位型孔间的间距精度，将模具的凹模分成几段（每段中的型孔数不等，每段的大小也不一定相同），然后将这几段凹模的结合面研合镶入到凹模固定框内，构成一个整体凹模。

分段凹模的制作，一般是在先加工好该段上工作型孔尺寸后，再以内孔为基准加工外形尺寸，并留研磨量，最后通过研合装配达到高精度的质量要求。

综合拼合凹模是以上各种镶拼结构的组合和综合应用，对于精度要求较高的各种多工位级进模，是常采用的一种凹模结构。

2. 凹模板及其组件设计

在级进模中，凹模板的设计与制造比凸模更为复杂和困难，一般加工工时要比加工凸模多30%左右。凹模板及凹模板组件是否合理，直接影响制件的精度及模具制造、维修的复杂程度。

由于多工位级进模的工位多，模具的平面尺寸大，通常凹模不采用整体形式，而是由数个凹模块组装在凹模容框内，达到凹模的功能。

目前生产中，凹模组件常用两种组配方法，第一种组配方法首先在一模块上分别加工（常用线切割）出一个或几个封闭形状的凹模刃口，作为凹模组件，然后将这些凹模组件按要求的位置关系，装配在凹模容框内，这种方法称为拼合组配法，如图2-5-42所示。另一种组配方法称为成形磨削组配法，它充分利用成形磨削加工工艺，即用高精度的光学坐标成形磨床、程序控制成形磨床、高精度平面磨床、高精度工具磨床等加工各模块的外形，由这些模块的外形组成各冲切工位的凹模刃口（即将凹模刃口的内形加工变为各模块的外形加工），这些加工好的模块，也按一定的位置要求装在容框内。这种组配方法制造方便，加

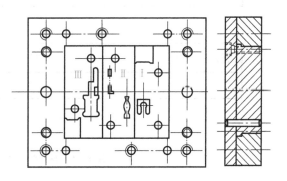

图 2-5-42 凹模拼合组配法

工精度高，无论是型孔精度还是孔距精度都很高，且模具使用寿命也长，这种组配方法在目前生产中应用广泛，如图2-5-43所示。

应该注意的是组配方法已典型化、标准化，所以在设计排样图时，应充分考虑条料分断切除过程中，各分断切除型孔的形状及其组配方式和结构。

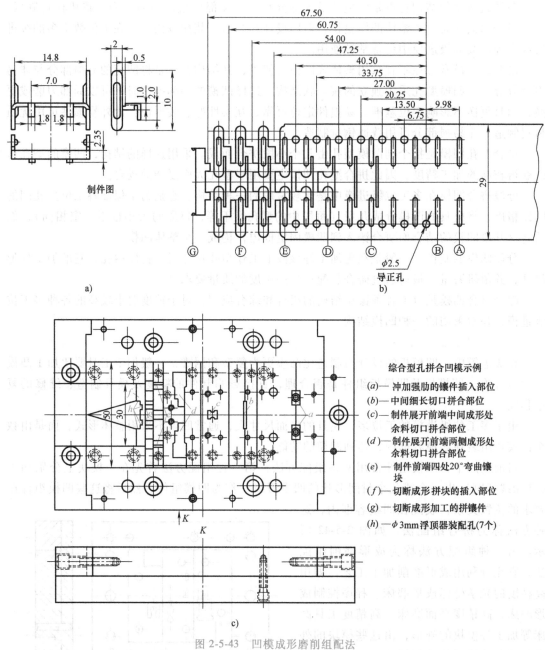

图 2-5-43 凹模成形磨削组配法

a）制件图 b）排样图 c）成形磨削组配凹模图

综合型孔拼合凹模示例

(a)—冲加强肋的镶件插入部位

(b)—中间细长切口拼合部位

(c)—制件展开端中间成形处余料切口拼合部位

(d)—制件展开端两侧成形处余料切口拼合部位

(e)—制件前端四处20°弯曲镶块

(f)—切断成形拼块的插入部位

(g)—切断成形加工的拼镶件

(h)—ϕ3mm浮顶器装配孔(7个)

凹模进行拼合组配时应遵循下列要求：

1）拼合面尽量以直线分割，便于加工。有时也以折线或圆弧作为拼合面。

2）同一工位的型孔，为保证孔距精度，常做在同一拼块上。当型孔数很多时，也可做成两块拼块。

3）对于薄弱的易损坏型孔，单独做成一块拼块，便于损坏后进行更换。

4）一个拼块可以包括一个工位的型孔，也可包括几个工位的型孔。

5）不同冲压工艺的工位，如弯曲、拉深等，应与冲裁部分分开，以便冲裁凹模刃口的刃磨。

6）拼块上的型孔均为封闭形。分割拼块时不应将型孔分断。若为单面冲裁，拼接线可取型孔的直边，如图 2-5-42 中侧刃型孔。

7）凹模拼接面与型孔壁之间的距离应不影响其强度。

8）拼块组配时，应用容框紧固，常选用 H7/n6 配合，同时还需用螺钉和销固定。为防止拼块承受冲压力而下移，容框底部应加整体垫板，使容框、各拼块、垫板组成凹模整体。

组配凹模图绘制要求：

1）绘制组配凹模总图，能清晰反映组配结构。

① 具有足够的视图、剖视图、断面图。

② 每块拼块包含的工位及型孔。

③ 每块拼块的拼接形状、位置；各拼块的组合方式、配合性质及与之有关的辅助零件和紧固件。

④ 标注必要尺寸。特别是各工位基准对第一工位基准的尺寸和各拼块的长度尺寸。最后组合测量时，应以各工位基准对第一工位基准的尺寸和精度要求为准。除以上两尺寸外，还需标注整体组合尺寸及外形尺寸，包括必要的几何公差要求。

2）绘制各拼块的零件工作图样。图样上应标注各型孔对该拼块拼接面的一个基准面的换算尺寸（因为拼接面作基准面与各工位基准不重合，防止产生误差），还应标注拼块上各型孔的具体尺寸及必要的几何公差。

3. 凹模刃口形式

冲裁是最为广泛应用的一种冲压工序。冲裁凹模在各类模具中最具代表性，其刃口形式多样，常用的有直壁筒形（即直刃口）和斜刃或锥形（即斜刃口）两种，如图 2-5-44 所示。刃口下面的漏料孔又称为出件（料）孔，根据刃口形状而定，通常为柱形或锥形等。凹模刃口高度 h 和斜度 α、β，根据制件的料厚 t 而定，其值可参考表 2-5-2。

表 2-5-2 凹模刃口有关参数

材料厚度 t/mm	h、α、β 值		
	h/mm	α	β
≤0.5	≥3	10′~15′	2°
>0.5~1.0	>4~7	15′~20′	
>1.0~2.0	>6~10	20′~30′	3°
>2.0~4.0	>7~12	45′~1°	

4. 凹模外形尺寸的确定

级进模凹模的外形都是矩形板件，外形尺寸（长×宽×厚）的大小直接关系到凹模的刚度、强度和使用寿命，也关系到资源的合理应用。除整体式凹模外，组合式凹模、镶拼式凹模，由于其外边均有一个固定框，所以这种凹模的外形尺寸要比整体式凹模大。以下介绍整体式凹模的外形尺寸的确定方法。

对于矩形板件凹模的外形尺寸，模具标准已有系列化尺寸规格，并有商品可供使用，设计师可以根据需要，直接选用相应规格。应对凹模厚度、长宽尺寸进行初步计算后再选择。

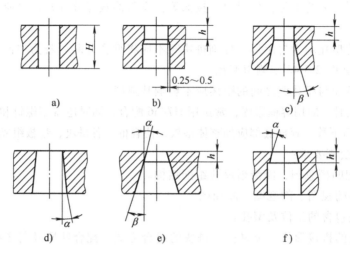

图 2-5-44 凹模刃口形式

a)、b)、c) 直刃口   d)、e)、f) 斜刃口

被选用的标准凹模，一般不进行强度计算。

（1）凹模厚度 H 比较简便的方法是，根据凹模的最大刃口尺寸、材料厚度 t，从表 2-5-3 中可查出凹模厚度 H、宽度 B 和凹模刃口至凹模边缘距离（简称凹模壁厚）c，也可以按经验公式进行计算，然后按表 2-5-4 选用标准的相应尺寸。

$$H = Kb \tag{2-5-2}$$

式中 H——凹模厚度，$H \geqslant 15mm$；

　　　　b——最大刃口尺寸；

　　　　K——系数，见表 2-5-5。

表 2-5-3　凹模的厚度 H、宽度 B 和壁厚 c　　　　　　　（单位：mm）

凹模最大刃口尺寸 b	材料厚度 t							
	$\leqslant 0.8$		$>0.8 \sim 1.5$		$>1.5 \sim 3$		$>3 \sim 5$	
	凹模外形尺寸							
	c	B	c	H	c	H	c	H
<50 50~75	26	20	30	22	34	25	40	28
75~100 100~150	32	22	36	25	40	28	46	32
150~175 175~200	38	25	42	28	46	32	52	36
>200	44	28	48	30	52	35	60	40

表 2-5-4　矩形凹模外形尺寸（供参考）　　　　　　　（单位：mm）

矩形凹模的长度 $L \times$ 宽度 B	矩形凹模的厚度 H
63×50、63×63	10、12、14、16、18、20
80×63、80×80、100×63、100×80、100×100、125×80	12、14、16、18、20、22
125×100、125×125、（140）×80、（140）×100	14、16、18、20、22、25

（续）

矩形凹模的长度 L×宽度 B	矩形凹模的厚度 H
（140）×125、（140）×（140）、160×100、160×125 160×（140）、200×100、200×125	16、18、20、22、25、28
160×160、200×（140）、200×160、250×125、250×（140）	16、20、22、25、28、32
200×200、250×160、250×200、（280）×160	18、22、25、28、32、35
250×250、（280）×200、（280）×250、315×200	20、25、28、32、35、40
315×250	20、28、32、35、40、45

注：括号中的尺寸尽量不采用。

表 2-5-5　系数 K 值

最大刃口尺寸 b/mm	材料厚度 t/mm				
	0.5	1	2	3	>3
<50	0.3	0.35	0.42	0.50	0.60
50~100	0.2	0.22	0.28	0.35	0.42
100~200	0.15	0.18	0.20	0.24	0.30
>200	0.10	0.12	0.15	0.18	0.22

（2）凹模壁厚 c　凹模壁厚 c 从表 2-5-3 可以得知，也可以用经验式计算，即凹模壁厚 c 根据凹模厚度 H 确定，一般取 $c \geqslant 26 \sim 40$mm。

对于小型凹模，$c = (1.5 \sim 2)H$；

对于大型凹模，$c = (2 \sim 3)H$。

除凹模壁厚 c 外，刃口与刃口之间的距离必须保证，其数值见表 2-5-6。

表 2-5-6　凹模壁厚 c、刃口与刃口之间的距离　　　　（单位：mm）

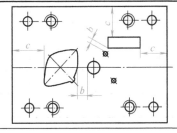

c 的一般数据				
条料宽度	材料厚度 t			
	≤0.8	>0.8~1.5	>1.5~3.0	>3.0~5
≤40	20	22	28	32
>40~50	22	25	30	35
>50~70	28	30	36	40
>70~90	34	36	42	46
>90~120	38	42	48	52
>120~150	40	45	52	55

注：1. c 的偏差按凹模刃口复杂情况，可以取 ±8mm。

2. b 的选择可以根据刃口复杂情况而定，一般不小于 5mm；但冲裁 0.5mm 以下薄料时，小孔与小孔之间的距离可减小，大孔和大孔之间的距离则应放大些。

3. 确定外形尺寸时，应尽量选用标准尺寸。

5. 凹模的固定螺孔和定位销孔大小及间距

螺孔与销孔间距或与凹模刃口间距 F（图 2-5-45）的最小尺寸为 F_{min}，当模板不淬火时，取 $F_{min} = 1d$；淬火时取 $F_{min} = 1.3d$，一般情况下取 $F \geqslant 2d$。孔中心到凹模边缘的许用尺寸见表 2-5-7。当凹模使用高强度螺钉（指螺钉的强度级别按国标为 10.9 或 12.9 级并经淬火处理，硬度达 34~38HRC）固定时，凹模板的厚度、螺钉间距见表 2-5-8。

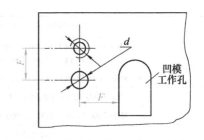

图 2-5-45 螺孔与销孔及凹模刃口间距

表 2-5-7 螺孔或销孔中心到凹模边缘的许用尺寸

凹模状态	等距离位置 a_1	不等距离位置	
		a_2	a_3
不淬火	$1.13d$	$1.5d$	$1d$
淬火	$1.25d$	$1.5d$	$1.13d$
简图			

表 2-5-8 螺钉间距 （单位：mm）

凹模厚度 H	使用螺钉	最小间距	最大间距
≤13	M5	15	50
>13~19	M6	25	70
>19~25	M8	40	90
>25~32	M10	60	115
>32	M12	80	150

对于整体式凹模，常用螺钉、圆柱销直接与模座定位固定，螺孔间、圆柱销孔间、孔与刃口间的距离都不宜过近，其数值见表 2-5-9。

表 2-5-9 螺孔间、销孔间最小距离 （单位：mm）

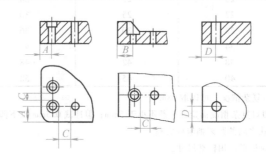

（续）

	螺孔	M4	M5	M6	M8	M10	M12	M16	M20	M22	M24
A	淬火的	8	9	10	12	14	16	20	25	27	30
	不淬火的	6	7	8	9.5	11	13	16	20	22	25
B	淬火的	7	9	11	14	17	19	24	28	32	35
C	淬火的	5									
	不淬火的	3									
	销孔	$\phi2$	$\phi3$	$\phi4$	$\phi5$	$\phi6$	$\phi8$	$\phi10$	$\phi12$	$\phi16$	$\phi20$	$\phi25$
D	淬火的	5	6	7	8	9	11	12	14	16	20	25
	不淬火的	3	3.5	4	5	6	7	8	10	13	16	20

6. 螺钉拧入深度和圆柱销配合长度

如图 2-5-46 所示，螺钉拧入深度 H_1、螺钉最小沉头孔深度 H_2、圆柱销的最小配合长度 H_3 的大小取值条件是：

钢件　　　$H_1 \geqslant d_1$；

铸铁件　　$H_1 > 1.5d_1$。

一般情况下，螺钉拧入螺纹的有效圈数为 10 圈或多一点即可，不必拧入过深，因为螺孔太深了会造成攻螺纹困难，同时从螺纹受力角度分析，真正起作用的是在螺钉头部有效 10 圈之内。螺钉最小沉头孔深度 $H_2 \geqslant d_1 + 1\text{mm}$。圆柱销的最小配合长度 $H_3 \geqslant 2d_2$。

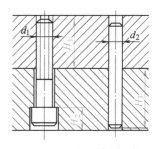

图 2-5-46　螺钉拧入深度
与圆柱销配合长度

2.5.3　吸尘器电动机定、转子冲片凸模、凹模设计

1. 凸模设计

（1）凸模的结构设计　级进模通常采用的是整体式的凸模结构，具有直通式和台阶式两种不同的加工方式。直通式凸模的工作部位与固定部位的形状与尺寸一致，工艺性好，加工的精度高，因而采用线切割的方法进行加工；台阶式凸模采用机械加工的方法进行加工。

凸模材料选用硬质合金 YG20，考虑到以后的维修与更换方便，所以采用直通式凸模。所谓异形直通式凸模，是指工作形状与安装部分的形状完全或基本相同，这样的异形凸模工艺性好，加工的精度高。转子冲片落料凸模用螺钉和垫板紧固在一起，如图 2-5-47 所示。

凸模采用精密线切割加工，与固定板一般采用 H7/m6 配合。大面积的异形凸模一般都做成直通形式，其安装方法是直接以螺钉、销紧固在凸模固定板上。图 2-5-48 所示为转子冲片中间槽形

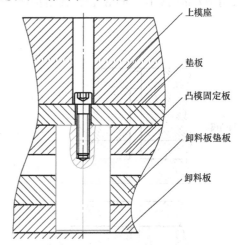

上模座

垫板

凸模固定板

卸料板垫板

卸料板

图 2-5-47　转子冲片落料凸模固定

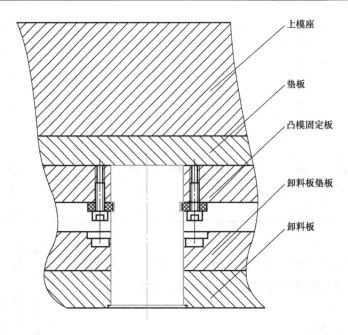

图 2-5-48　转子冲片中间槽形孔凸模的固定

孔凸模的结构形式。

　　圆凸模经常应用于级进模中。由于级进模工作时处于高速冲压的状态下，且不间断地连续高强度作业，因而尺寸较小且细长的圆凸模容易发生磨损、破损的现象。考虑到便于钳工的维修、更换，采用直通式的结构。这种结构设计的特点是凸模与其相应的固定板之间均有相应的间隙，凸模工作部分完全依靠卸料板进行导向，保证与相对应的凹模孔之间的同心度要求。可以用小导柱对卸料板进行导向。圆凸模的结构及固定方式如图 2-5-49 所示。

　　冲导正孔的凸模采用直接插入式的固定安装结构，靠凸模与固定板的摩擦力固定，一般采用 H7/m6 或 H6/m5 配合，其结构如图 2-5-50 所示。

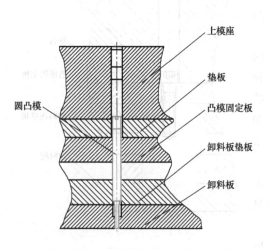

图 2-5-49　圆凸模的结构及固定方式

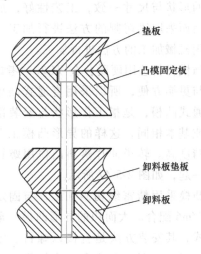

图 2-5-50　导正孔凸模

所有相关的凸模和凹模的尺寸均按照与各自对应的凹模或凸模尺寸进行配制加工。同时要保证间隙在 0.05~0.075mm 范围内。

（2）凸模高度的确定 确定凸模高度尺寸的几项原则：

1）在同一副模具中，由于各凸模性质不同，各凸模的绝对高度也不一样，应确定某一基准凸模高度。凸模的基准高度是根据制件料厚和模具大小等因素决定的，其他凸模按基准高度计算差量。在满足各种凸模结构的前提下，基准高度力求最小。

2）力求选用凸模标准高度。目前国内外各企业标准不一，但是凸模的设计高度基本取整。

3）应有基本的使用高度和足够的刃磨高度。

综合考虑以上因素，取基准凸模的高度为 74mm。

微课：吸尘器电动机
定转子凹模设计

2. 凹模设计

在级进模中，凹模板的设计与制造比凸模更困难及复杂，其加工的工时要比凸模多 30%左右。凹模板与凹模板组件之间的配合是否合理，直接影响制件的精度以及模具在制造和维修时的难易程度。

凹模一般采用镶拼式结构，便于加工、装配、调整以及维修，同时易于保证相关的精度要求。与凹模固定板之间为过渡配合，严格要求其外形与内孔的相对位置。对于圆柱形的外表面，则通过止动销、止动键等防止转动。具体的结构形式及安装方式如图 2-5-51 和图 2-5-52 所示。

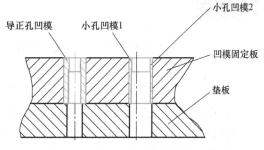

图 2-5-51 导正孔凹模与小孔凹模

转子冲片落料凹模的结构如图 2-5-53 所示。定子冲片中心孔凹模的结构如图 2-5-54 所示。定子冲片两端孔凹模的结构如图 2-5-55 所示。定子冲片落料凹模的结构如图 2-5-56 所示。

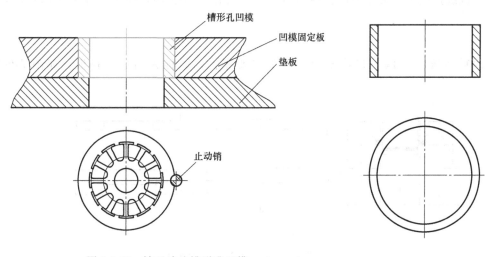

图 2-5-52 转子冲片槽形孔凹模　　　　图 2-5-53 转子冲片落料凹模

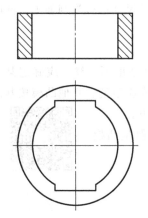

图 2-5-54 定子冲片中心孔凹模

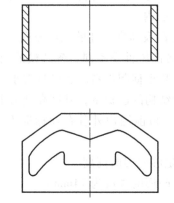

图 2-5-55 定子冲片两端孔凹模

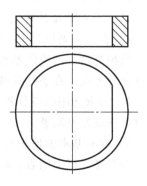

图 2-5-56 定子冲片落料凹模

任务6 多工位级进模的卸料装置设计

微课：多工位
级进模的卸
料装置设计

卸料装置在级进模中是个很重要的组成部分，常用的有固定卸料和弹性卸料两种形式。由于结构不同，其功能也不一样。固定卸料装置就是起卸料作用；弹性卸料装置不仅冲压完后起卸料作用，冲压开始前还起压料作用，防止冲压过程中材料发生滑移或扭曲，同时对小凸模还有导向保护等作用。模具的精度和使用寿命与卸料装置的结构、精度和强度有着直接的关系。

不同的冲压工序，卸料装置又有不同的作用。在冲裁工序中，卸料装置起卸料和压料的作用；在弯曲工序中，起卸料作用，有时还可以起到局部成形的作用；在拉深工序中，起压边作用。

2.6.1 卸料装置的结构形式

在多工位级进模中，大多采用弹性卸料装置。只有在料厚 $t>1.5mm$ 时才采用固定卸料装置。

1. 固定卸料装置

固定卸料装置一般以一整块矩形板作为主要零件，通称为固定卸料板，如图 2-6-1 所示。

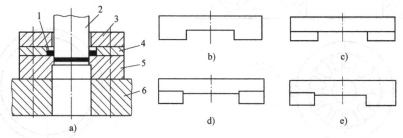

图 2-6-1 固定卸料装置常用结构与固定卸料板

a）固定卸料装置 b）~e）固定卸料板的形式

1—条料 2—凸模 3—固定卸料板 4—导料板 5—凹模 6—下模座

固定卸料板与导料板一起固定在凹模上，特点是卸料力大，卸料可靠。固定卸料板的型
孔与凸模间的间隙较大，约为 0.2 ~ 0.5mm，所以它不能对凸模起导向和保护作用。固定卸料板有整体式和悬臂式两种，其具体结构与普通冲裁模中的相同，悬臂式固定卸料板结构如图 2-6-2 所示。在多工位级进模中，用悬臂式比整体式多，这是由于它既适用于冲裁，又适用于压弯和成形。

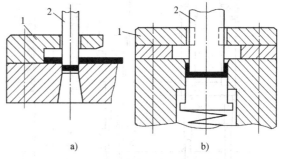

图 2-6-2 悬臂式固定卸料板结构

1—悬臂 2—凸模

对固定卸料板的要求是刚性好，不能因为卸料力过大而引起卸料板的变形。悬臂式卸料板一般结构比较紧凑，为克服因受力而变形，常采用 45 钢，并经热处理淬火，硬度不低于 40HRC；普通固定卸料板采用 Q235 钢，对硬度一般不做特殊要求。

2. 弹性卸料装置

多工位级进模中，大多采用弹性卸料装置。因为这种卸料装置卸料平稳，有足够大的卸料力。简单的弹性卸料装置是由卸料板通过卸料螺钉和弹性元件（如弹簧、橡胶垫）等装在模具上组成的，如图 2-6-3a 所示。模具为闭合状态时，弹簧被压缩，当上模开启时，包在凸模上的料在弹簧回弹力的作用下通过卸料板被卸下，因此自由状态下的弹性卸料板总是高出凸模底面一定高度。冲压开始时先压住料，然后再冲压；冲压结束后，料被顺利地卸下。

弹性卸料装置所用的弹簧是弹性元件的统称。多工位高速冲压级进模弹性卸料常用的是弹性元件，实际卸料力比计算卸料力大，特别是硬质合金多工位级进模，大多数采用强力弹簧、碟形弹簧和橡胶弹性体等，如图 2-6-3b 所示。

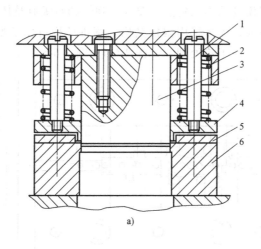

a)

图 2-6-3 弹性卸料装置的形式

a）整体式弹性卸料装置

1—卸料螺钉 2—弹簧 3—凸模 4—弹性卸料板 5—导料板 6—凹模

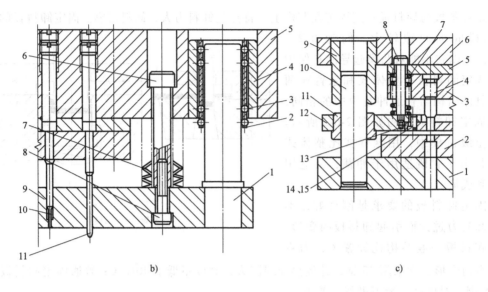

图 2-6-3 弹性卸料装置的形式（续）

b）碟形弹簧、滚珠导向弹性卸料装置

1—小导柱 2—滚珠卡 3—滚珠 4—小导套 5—上模座 6—卸料螺钉 7—碟形弹簧

8—螺钉 9—弹性卸料板 10—凸模 11—导正销

c）镶拼式弹性卸料装置

1—下模座 2—凹模 3—固定板 4—凸模 5—垫板 6—上模座 7—弹簧 8—卸料螺钉

9、11—导套 10—导柱 12—卸料板基体 13—卸料板 14—销 15—螺钉

在多工位级进模中，特别是冲裁小凸模较多时，为了保护小凸模，并保证卸料板与凸模固定板、凹模上的型孔与凸模相对位置的一致性，也为了提高模具的精度，在卸料板与凸模固定板、凹模之间附加辅助导向装置，即采用小导柱、小导套导向，组成一个功能完善的弹性卸料装置，如图 2-6-3c 所示。

多工位级进模中，根据模具的不同特点与要求，弹性卸料板有整体式、镶拼式、分段式和混合式等，很少采用整体式，大多采用镶拼结构。镶拼结构可保证型孔精度、孔距精度、配合间隙、型孔表面粗糙度，便于热处理，如图 2-6-4、图 2-6-5 所示。

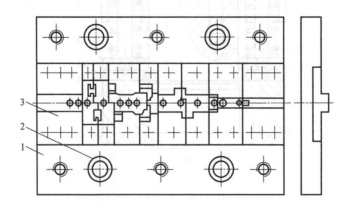

图 2-6-4 拼块式弹性卸料板

1—卸料板 2—导套 3—拼块

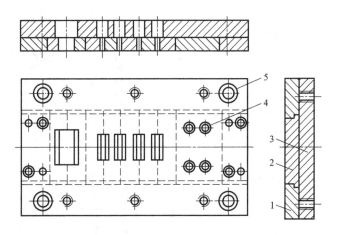

图 2-6-5　拼块和嵌块式弹性卸料板

1—固定块　2—拼块　3—卸料板　4—嵌块　5—导套

2.6.2　卸料装置的设计要点

1）多工位级进模的弹性卸料板设计成反凸台形。冲压时，凸起部分进入两导料板之间，可起压料作用。凸台与两导料板之间应留有适当间隙。

2）多工位级进模卸料板上各工作型孔应当与凹模型孔同轴，特别是高速连续冲压时，各型孔与凸模的配合间隙仅为凸模与凹模冲裁间隙的 $1/4 \sim 1/3$，这样才能起到对凸模的导向和保护作用。间隙越小，效果越好，模具寿命也高，但给制造带来困难。对于低速冲压，则可适当放宽凸模与卸料板型孔的配合间隙。

3）卸料板型孔的表面粗糙度，应适应高速冲压导向和保护作用，故表面粗糙度 Ra 值应控制为 $0.1 \sim 0.4 \mu m$，同时，还需注意润滑。

4）多工位级进模的卸料板应具有良好的耐磨性。常采用高速钢或合金工具钢制造，淬火后硬度为 $56 \sim 58HRC$。

5）卸料板应具有足够的强度和刚度，防止在长期工作中产生变形失效。多工位级进模弹性卸料板的厚度常常比普通冲模的厚。卸料板的压料力、卸料力都是由卸料板上均匀分布的弹簧得到的。弹簧的分布位置对卸料板的强度和寿命有一定影响。

6）卸料板应保持卸料力的平衡，所以卸料螺钉受力应当均匀，如图 2-6-6 所示。

7）卸料螺钉的工作长度在同一副模具内应严格一致，以免安装后不能平衡卸料，导致擦伤凸模。凸模每次刃磨时，卸料螺钉也应同时磨去相同高度。在图 2-6-7 中，图 2-6-7a 所示为磨垫片，图 2-6-7b 所示为磨端面。

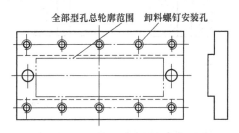

图 2-6-6　卸料螺钉的布置

8）导正销有效工作长度露出卸料板底面不能太长，一般为 $(0.5 \sim 0.8)t$，而冲裁凸模应凹进卸料板底面 $0.8 \sim 2.5mm$，避免上模返回时，导正销不能脱离板料，影响冲压工作的连续进行；或者由于导正销将板料带起而使

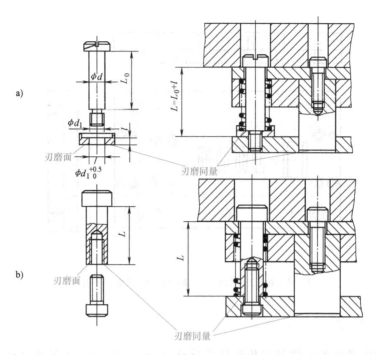

图 2-6-7 卸料螺钉刃磨部位

板料弯曲变形。

9）卸料板对阶梯凸模应有足够的空让部分，使凸模有足够的活动量和刃磨量，如图 2-6-8 所示。

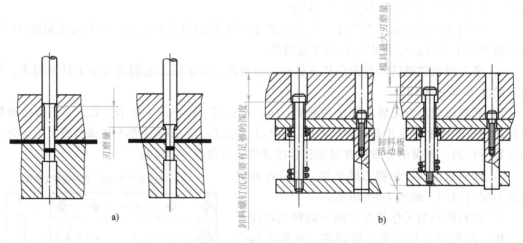

图 2-6-8 卸料板使凸模有足够的活动量和刃磨量
a）足够刃磨量 b）足够活动量和刃磨量

10）卸料螺钉沉孔深度应有足够的活动量。否则，当凸模经多次刃磨后，卸料螺钉头在凸模到达最低位置时会高出上模座的上平面，从而损坏模具或设备。

11）为了使卸料板对凸模起到导向和保护作用，常在凸模固定板与卸料板之间增设小导柱和小导套，小导柱与小导套间隙为凸模与卸料板间隙的 1/2，多数为双面配合间隙≤

0.005mm，其相互关系见表 2-6-1。一般采用滚珠导向。

表 2-6-1　小导柱与小导套、凸模与卸料板配合间隙　　　（单位：mm）

模具冲裁间隙 Z	卸料板与凸模配合间隙 Z_1	小导柱与小导套配合间隙 Z_2	建议辅助导向方式
>0.015~0.025	>0.005~0.007	约为 0.003	滚动
>0.025~0.05	>0.007~0.015	0.006	滚动
>0.05~0.10	>0.015~0.025	0.01	滑动（H6/h5）
>0.10~0.15	>0.025~0.035	0.02	滑动（H7/h6）

12）弹性卸料板与各凸模应有良好润滑。常用方法是在卸料板的上平面铺一层油毡，并沿卸料板周边镶金属边框，在每次冲压前注入机油，这样便可对凸模与卸料板进行润滑。

13）弹性卸料板是弹性卸料装置的主要零件，其结构和加工质量关系到模具的精度和使用寿命，对它的要求是刚性好，导向部位有较好的耐磨性，工作时弹压力大而上下活动平稳，耐疲劳。在结构设计和制造精度方面往往高于凹模才能满足要求，为此，卸料板的工作部分常用优质合金工具钢制造，并淬火处理（如常采用 CrWMn 制造，硬度为 58~62HRC）。结构设计方面采用拼镶结构，精密线切割和成形磨削，这样能保证型孔和孔距精度、型孔和凸模的精密配合、型孔的表面粗糙度等。

2.6.3　吸尘器电动机定、转子冲片级进模的卸料装置设计

1. 卸料装置设计

吸尘器电动机定、转子冲片级进模的卸料装置如图 2-6-9 所示。卸料螺钉采用图 2-6-9a 所示的结构，其特点是便于控制长度，可以通过磨削端面保证长度的一致性，另外每次凸模刃磨时，卸料螺钉也可同时磨去同样的高度。

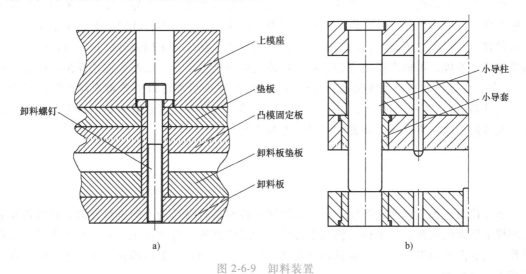

图 2-6-9　卸料装置

a）卸料螺钉　b）辅助导向机构

卸料板对阶梯形凸模的避空部分应有足够的活动量，且还要有足够的刃磨量。

选用卸料弹簧时，根据所需要的压力，并考虑一定的预压力。在工作状态时，弹簧挠度不能超过 70%。

由于冲裁间隙在 0.05mm 以内，采用滚珠过盈配合的辅助导向机构，即小导柱和小导套，如图 2-6-9b 所示，以提高模具的寿命。

2. 卸料板的润滑

最简便的润滑方法是在卸料板的上面加上一层存油毡垫，沿卸料板的外周镶上金属边框，用小螺钉将油毡垫固定在卸料板上。在每次冲压之前对油毡垫注入机油，这样便可通过油毡将油渗透到凸模与卸料板的间隙中，达到润滑的目的。也可以在卸料板的四周紧紧地围上围板；在卸料板垫板与卸料板之间安装喷雾装置，油通过油路进入喷雾器，喷在凸模上，油便渗入凸模与卸料板的间隙进行润滑。

微课：多工位级进模的导料装置设计

任务 7 多工位级进模的导料装置设计

多工位级进模完成的不仅有多道冲裁工序的平面加工，还有弯曲、成形和拉深等多道工序的立体加工，其特点是步数多，条料的工作区间长。因此，除要求条料的送料步距必须正确外，还要求条料必须沿着正确的方向顺利地直线运动，条料在送进过程中不能受到任何阻滞，同时还不能影响侧冲与倒冲机构工作。因此，在级进模中必须使用导料装置。

常用的导料装置一般包括左右导料板、承（托）料板、条料的侧压装置、导料杆或条料浮顶杆、除尘装置和安全（障碍）检测机构等。

如何合理选用导料装置，应根据不同情况和不同特点考虑。例如：根据级进模完成的是平面冲压还是立体冲压、有多少个工位等，决定导料板的式样、长短、厚薄，以及是否应用浮顶杆等。手工送料对导料装置要求比较简单，一般采用导料板并在送料方向一头附上承料板就可以了，不必设置安全检测装置等。压力机的冲压速度不同，导料装置也不同。若采用高速冲压，一般都采用自动送料。导料板对条料的摩擦比较厉害，此时最好采用滚动导向的导料装置；导料板也不是全长均与条料接触，与条料接触部分采用镶件结构，镶件用优质钢制造并淬硬处理，可提高使用寿命。对于弯曲或拉深级进模，一般都要应用浮顶杆或托料杆（块）等，保证弯曲或拉深成形部分完全被顶出凹模平面后才可以使条料在浮离凹模平面一定高度顺利送料。一般情况下，卸料装置、顶出装置与导料装置有着密切的联系，必须结合在一起考虑，这在带有浮顶装置的情况下尤为重要。

2.7.1　导料与侧压装置

1. 导料装置

多工位级进模与普通冲裁模一样，也用导料板对条料沿送进方向进行导向。导料板安装在凹模上平面的两侧，并平行于模具中心线。为适应高速、自动冲压，多工位级进模的导料板常采用有凸台的形式，这样条料在浮动送料时，在浮顶器对条料的弹顶作用下，仍能在导料板中运动自如。

条料送进的导料形式有多种，常见的如图 2-7-1 所示。图 2-7-1a、b 为导轨式导料装置，由弹性卸料板 2 与刚性导料板 1 结合在一起使用，其中图 2-7-1a 多用于只有冲裁工序的级进模，图 2-7-1b 则多用于成形、压弯级进模。图 2-7-1c 为固定导料杆，结构最简单，可在不便使用导轨式导料板、条料的料宽边缘完整平直无缺口和为了提高卸料板刚性时使用。

图 2-7-1d 为浮动导料装置，浮顶导料杆 4 下面装有压缩弹簧，当冲压结束后，上模上升时，在弹压力的作用下，浮顶导料杆被顶起，带动条料的料边使整个条料离开凹模平面至最高的送料工作位置，使条料在送进的过程中不会因为弯曲或拉深等成形工序而受到凹模的阻碍，保证送料顺利，定位精度高。此结构广泛用于各种多工位级进模中，但对料宽的尺寸和形状精度要求较高。

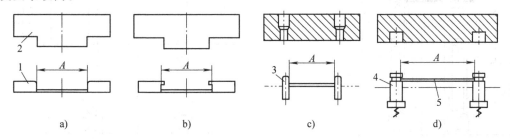

图 2-7-1　条料送进的导料形式

1—刚性导料板　2—弹性卸料板　3—固定导料杆　4—浮顶导料杆　5—条料

以上几种导料形式，可以在一副模具中单独使用，也可以混合使用，即在不同工位上使用不同的导料形式，在多工位级进模中这也是常用的一种导料方法。

导料的宽度尺寸 A 与条料或带料宽度 B 的关系可按下式确定，即

$$A = B + (0.1 \sim 0.2)\,\text{mm} \tag{2-7-1}$$

浮顶器将条料顶出一定高度，才能使条料在自动连续成形冲压时畅通无阻。顶出的高度由制件的最大成形高度决定。在浮顶器顶出状态下，条料的上下均需有一定间隙，如图 2-7-2 所示。导料板与条料间有 $0.03 \sim 0.20\,\text{mm}$ 的间隙；导料板凸台宽一般取 $1.5 \sim 3\,\text{mm}$，高度为 $1.2 \sim 3.5\,\text{mm}$；导料板的限制高度 H_0 由制件最大成形高度 h_1 决定，即

$$H_0 = h_1 + (0.5 \sim 2)\,t + (1 \sim 5)\,\text{mm} \tag{2-7-2}$$

式中　h_1——制件最大成形高度；

　　　t——条料厚度。

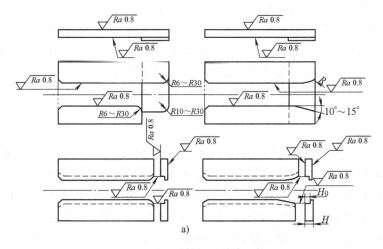

图 2-7-2　导料板及浮动送料

a) 带凸台导料板

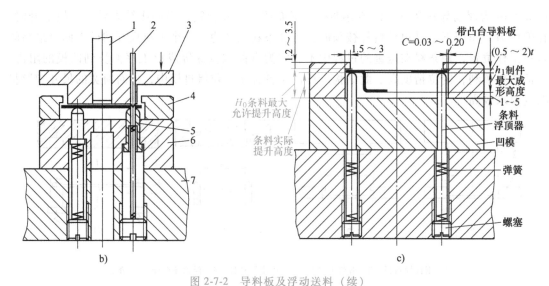

图 2-7-2 导料板及浮动送料（续）

b）浮动送料示意图 c）条料浮顶高度及间隙

1—凸模 2—导正销 3—卸料板 4—导料板 5—套式浮顶器 6—凹模 7—下模座

导料板需经淬火处理。若不进行淬火处理，又采用侧刃定距，则应镶侧刃挡块，侧刃挡块必须淬火，其硬度为 55~58HRC。

多工位级进模采用双侧载体或单侧载体排样，导正孔设置在条料载体上时，导正销安装位置常靠近导料板。因此，带凸台导料板应在凸台上开导正销避让缺口，如图 2-7-3 所示。

2. 侧压装置

多工位级进模大多数情况下是冲制薄料，当条料厚度 t 在 0.15mm 以下时，是不能使用侧压装置的。有时冲

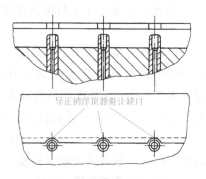

图 2-7-3 导正销避让缺口

制厚料时，采用侧压装置。但在多工位级进模中，由于制件的结构形状比较复杂，采用分段切除余料，或采用成形侧刃等原因，条料被切成断续状态，这时用侧压装置，就可能会使条料无法送进。所以，在设计与选用侧压装置时，应慎重考虑。

侧压装置的种类及结构已在普通冲裁模设计中介绍，在此不赘述。

2.7.2 条料浮顶器

在带有压弯、成形等立体冲压的级进模中，必须设置能让冲压成形后的条料浮离凹模平面的装置，才能保证条料的连续送进。导料杆和条料浮顶器是最常用的一种。

条料浮顶器与带凸台的导料板配合使用时，它的作用不仅使条料上抬浮起，还能对导正销起保护作用。如图 2-7-3 中的浮顶器，当导正销进入浮离凹模的条料时，由于条料的送进误差，导正销在导正时已进入套式浮顶器，从而起到了对导正销的保护作用。

1. 浮顶器的种类

（1）普通型圆柱浮顶器 普通型圆柱浮顶器如图 2-7-4 所示。图 2-7-4a 为半球面型；图

2-7-4b 为局部球面型，适合细小直径的浮顶器用；图 2-7-4c 为平端面型，它是常用的一种浮顶器。

普通型浮顶器可设置在任何位置，浮顶器与凹模无严格的配合要求，但浮顶动作应可靠无阻滞，表面粗糙度 Ra 值为 0.4~0.2μm。

（2）套式浮顶器　套式浮顶器的设置位置应在导正销的相应位置。套式浮顶器与凹模的配合采用 H7/h6 或 H6/h5，内孔与导正销有很小的间隙（G7/h6 或 G6/h5）。套式浮顶器如图 2-7-5 所示，其有关尺寸见表 2-7-1。

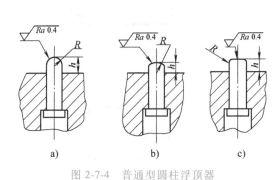

图 2-7-4　普通型圆柱浮顶器

a）半球面型　b）局部球面型　c）平端面型

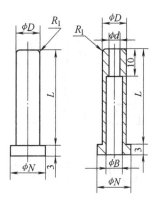

图 2-7-5　套式浮顶器

表 2-7-1　套式浮顶器尺寸　　　　　　　　　　　　　　（单位：mm）

ϕD	2.5	3.5	4.5	6	8	9	10	12	14
ϕd	1	1.5	2.5	4	5	6	7	8	10
ϕN	4	5	6	8	10	11	13	15	17
ϕB	$\phi d+0.6$			$\phi d+0.8$			$\phi d+1.2$		
M	M5	M6	M8	M10	M12	(M14)	M16	M18	M20

注：带括号的尽量不用；M 为安装弹簧孔口螺纹。

（3）带导向槽的浮顶器　具有导向槽的浮顶器，利用导向槽来引导条料，以此来代替导料板，且又使条料浮离凹模平面之上，如图 2-7-6 所示。当模具的局部或全部长度上不宜安装导料板时，可在模具工作型孔两侧或一侧沿送料方向安装带导向槽的条料浮顶器。在模具有侧向冲压的情况下，采用这种形式的浮顶器是较方便的。多工位级进模中常用的是图 2-7-6b、c、d 所示的三种。因为安装维修方便，它们可以由凹模上面直接插入，由于背部有圆弧凸台（图 2-7-6d）和平凸台，用止动块（图中双点画线所示）防止浮顶器在弹簧力作用下而脱离工作位置，或绕其轴线转动而失去导向作用。

2. 条料浮顶器设计要点

1）条料浮顶器在模具内沿条料送进方向两侧均匀布置，保证条料在送进过程中平稳可靠。若条料宽度较大，为防止条料变形，可在中间设置浮顶器。浮顶器间距离不宜过大，否则会因条料在送进方向产生变形而使条料波浪前进。为了使条料送进平稳可靠，浮顶器露出凹模的高度应该等高，特别是带导向槽的浮顶器，其槽的下平面应等高。在凹模面积许可的前提下，尽量选用平端面型浮顶器，如图 2-7-4c 所示。

2）在条料的不连续面上尽量不设浮顶器。

3）条料的薄弱部分不设置浮顶器，避免制件变形。

4）在立体成形的加工部位不设浮顶器，否则将阻止条料的送进。

5）带导向槽的浮顶器，对条料的宽度公差和平面度要求很严格，否则将使条料送进产生较大的误差。

导向槽深度应满足条料宽度公差要求。导向槽宽度 $h = (1.5 \sim 2.5)t$；$h_{min} = 1.5mm$，如图 2-7-7 所示。

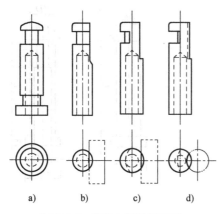

图 2-7-6 带导向槽的浮顶器

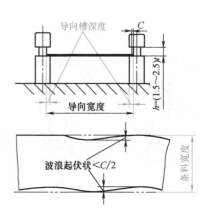

图 2-7-7 导向槽浮顶器槽深与
条料宽度公差的要求

6）卸料板上应留浮顶器避让孔，孔深 B 不能过深或过浅，防止条料边缘变形，如图 2-7-8 所示。图中 A 为浮顶器顶面到导向槽中心距离；B 为避让孔深；C 为浮顶器头部高度；D 为浮顶器的活动量；E 为凹模厚度；$F = E + 0.5t$；G 为浮顶器底面的最小留量。

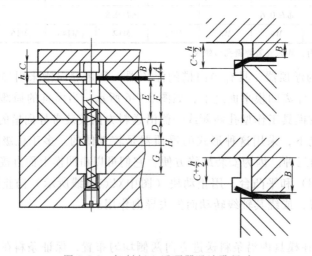

图 2-7-8 卸料板上浮顶器避让孔尺寸

7）合理选择浮顶器弹簧力。若弹簧力过大，弯曲、拉深等成形件的顶件力不足，会造成制件和条料变形。

总之，设计多工位级进模的导料装置与卸料装置时，应根据制件的特点、要求，条料的材质、料厚，冲压加工的速度和送料方式综合考虑，保证制件质量。模具各元件以不相互干涉为原则。

2.7.3　吸尘器电动机定、转子冲片级进模的导料装置设计

图 2-7-9 所示为吸尘器电动机定、转子冲片级进模的导料装置。该装置采用带槽式浮料销，利用导向槽代替导料板进行导料。

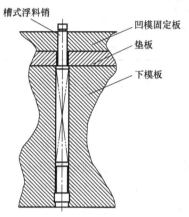

图 2-7-9　带槽式浮料销的导料装置

任务 8　多工位级进模的自动监测与安全保护设计

微课：自动
监测结构与
应用案例

多工位级进模在高速压力机上工作，不但要有自动送料装置，而且还必须在整个冲压生产过程中有防止失误的监测装置。因为模具在工作过程中，只要有一次失误，如误进给、凸模折断、叠片、废料堵塞等，均能使模具损坏，甚至造成设备或人身事故。设置安全保护装置就是为了代替操作人员监视冲压过程（包括原材料监视、进给监视、出件监视），有了故障及时发出信号，停止压力机运转，以保证模具或压力机不受损伤。

监测装置可设置在模具内，也可以设置在模具外。当模具出现非正常工作情况时，设置的各种监测装置（传感器）能迅速地把信号反馈给压力机的制动机构，立即使压力机停止运动，起到安全保护作用。

传感器的信号可分为两类：第一类是单独一个保护装置的信号就可判别有无故障；第二类是必须与冲压循环的特定位置相联系，才可判别有无故障。冲压工作循环的特定位置或时间，也用信号表示，以便于联系判断。

2.8.1　传感器的种类

传感器可按动作原理分类，也可按监测对象的物理现象分类，还可按其用途分类。传感器的种类与特性见表 2-8-1。

表 2-8-1　传感器的种类与特性

种　类	优　点	缺　点
限位传感器	造价低,品种多	有振动,寿命短

（续）

种　类	优　　点	缺　　点
光电传感器	对被检测材料种类无要求	要防尘,防油污,光束必须重合
磁性接近传感器	对被检测材料所处环境无要求	只检测金属类,对周围的金属有影响
静电电容传感器	对被检测材料无要求,能检测透明材料	受温度和湿度影响,种类少
超声波传感器	检测距离长,被检测材料种类不限	微小物(孔)检测困难,种类少
微波传感器	对环境无要求,检测距离长	微小物(孔)检测困难,种类少
接触传感器	安装容易,动作快	只限于金属材料,带油的不能检测
气动传感器	安全防爆,对环境无要求	检测距离短,要求高质量的气源

常用的传感器监测有接触传感器监测和光电传感器监测。

1. 接触传感器监测

它的工作原理是利用接触杆或被绝缘的探针与被检测的材料接触，并与微动开关、压力机的控制电路组成回路。在接触点的接触-断开动作下，使电路闭合-断开来控制压力机的工作，如图 2-8-1 所示。条料送进过程中，当条料被侧刃切除部分端面与检测杆 2 接触时，推动检测杆 2 与停止销 1 接触，微动开关 5 闭合，压力机工作。当送料步距失误（步距小）时，条料不能推动检测杆 2 使

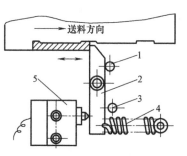

图 2-8-1　侧刃切除检测
1、3—停止销　2—检测杆
4—拉簧　5—微动开关

微动开关 5 闭合，微动开关仍处于断开状态，这时，微动开关便把断开信号反馈给压力机的控制电路，由于压力机的电磁离合器与微动开关是同步的，所以压力机滑块停止运动。接触传感器监测用于材料厚度 $t>0.3$mm，压力机的行程次数在 150～200 次/min 以下。

2. 光电传感器监测

光电传感器监测原理如图 2-8-2 所示。当不透明制件在检测区遮住光线时，光信号就转变成电信号，电信号经放大后与压力机控制电路关联，使压力机的滑块停止或不能起动。由于投光器和受光器安装位置不同，常有透过型、反射镜反射和直接反射型三种。透过型如图 2-8-2a 所示，投光器和受光器安装在同一轴线上，在投光器和受光器之间有无被测制件，通过产生的光量差来判断。这种形式的光束重合准确，检测可靠。反射镜反射型如图 2-8-2b 所示，它是利用反射镜和被检测制件的反射光量的减弱量来检测，优点是配线容易，安装方便，但检测距离比透过型短，表面有光泽的制件检测困难。直接反射型（图 2-8-2c）与反射

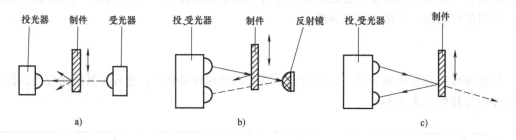

图 2-8-2　光电传感器监测原理
a) 透过型　b) 反射镜反射型　c) 直接反射型

镜反射型的相同之处是它的投光器和受光器均是一个整体，但直接反射型光束是由制件直接反射给受光器的，它受被测制件距离变化和光谱反射比变化的影响。

光电传感器具有很高的灵敏度和测量精度，但电气线路较复杂，调整较困难。由于光电信号较弱，容易受外界干扰，故对电源电压的稳定性要求较高。

3. 气动传感器监测

它属于非接触式检测，其原理如图 2-8-3 所示。当经过滤清和稳压的压缩空气进入计量仪的气室 A 时，其压力为 p_1；压缩空气再经过小孔 1 进入气室 B，然后经过喷嘴 2，与制件形成气隙 Z。压缩空气经气隙 Z 排入大气，这时产生的节流效应与该间隙 Z 的大小有关。当有制件时，气隙 Z 小，气室 B 的压力 p_2 上升；无制件时，Z 增大，气室 B 的压力 p_2 下降。通过将压力变化转变成相应的电信号来实现对压力机的控制。

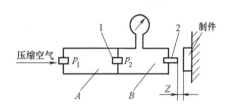

由于气动传感器无测量触头，所以不会磨损，且放大倍数高，故有较高的灵敏度和测量精度。

图 2-8-3　气动传感器工作原理图

4. 放射性同位素监测

利用放射性同位素监测装置对条料是否存在、条料厚度、条料有无叠片、压力机与附设机构是否同步等进行监测，如图 2-8-4 所示。

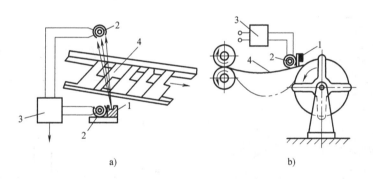

a)　　　　　　　　　　　　　b)

图 2-8-4　利用放射性同位素监测

a）检查条料　b）检查卷料送进与压力机同步

1—放射源　2—接收器　3—电子继电器　4—条料

5. 计算机监测

除采用上述监测装置外，随着计算机的应用日益普遍，利用计算机对冲压加工实行监控也越来越多。图 2-8-5 所示为采用计算机监控冲压加工的原理图。在正常冲压加工时，利用压缩空气的压力把已冲压成形的制件从模具内吹到模具外，吹出的制件通过引导槽进入容器汇集，且制件是以一定的时间间隔通过引导槽的。当在制件的通路上相应放置光源和光敏晶体管（或其他传感器），那么，每当制件通过引导槽时，光敏晶体管就会发出一次信号，当制件堵塞在模具内时，引导槽内无制件通过，光敏晶体管就无电信号发出，计算机同时给离合器、制动器和报警器发出指令，压力机停止冲压工作。

图 2-8-6 所示为计算机监控冲压加工时的程序流程图和正常冲压加工时 D_0 与 D_1 的时序图。

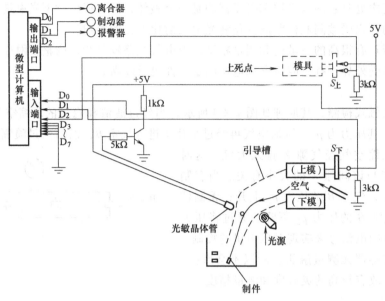

图 2-8-5 计算机对冲压加工的监控原理图

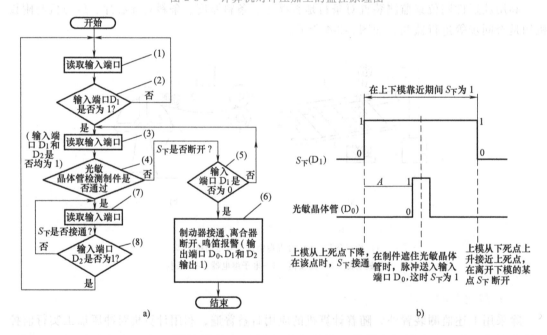

图 2-8-6 流程图与时序图

a）流程图 b）时序图

2.8.2 自动检测保护装置设计与应用

1. 自动检测保护装置设计与应用时应注意的问题

1）按制件的精度要求，正确选择检测装置的种类和检测精度。

2）检测保护装置的安装和操作方便，不能有过多的操作按钮，各种检测必须自动进行。

3）正确选择传感器的安装位置，不能因其他外界动作影响检测精度或造成失误。

4）由于检测是在动态下进行的，所以检测装置必须耐冲击和振动。

2. 自动检测保护装置的应用

对精密自动冲压多工位级进模的各种故障进行自动检测和自动保护，可避免发生事故。目前的自动检测保护装置应用在以下几个方面：

1）原材料尺寸形状，即条料厚度、宽度，条料的翘曲、横向弯曲等误差。条料的输送结束。

2）条料的误送。

3）半成品定位及运送中的误差。

4）叠片。

5）出件与余料排除。

6）可动部分的误差。

7）模具零件的损坏。

图 2-8-7 所示为自动冲压监控系统示意图。从图中可以看出，凡是可能引起故障或事故的部分，均有监控装置。无论哪一部分出现异常，监控系统中该处的监控装置立即发出信号，使压力机停止工作，待故障排除后恢复正常工作。

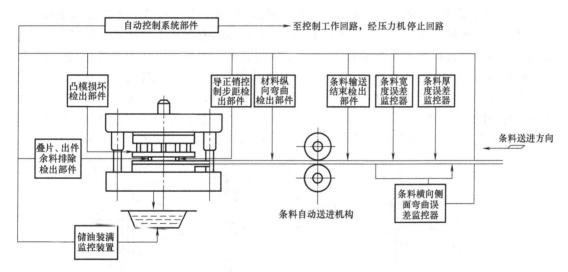

图 2-8-7 自动冲压监控系统

检测应用实例如下。

1. 条料送进误差——步距失误

（1）条料侧面接触检测

1）利用侧刃切除检测。

2）利用侧面槽检测。如图 2-8-8a 所示，当压力机滑块下降时，上模中的定位销 1 进入检测杆的定位孔，同时沿 B 向推动检测杆离开条料，于是在弹簧作用下检测杆端部向 A 向偏斜。当送料步距发生变化时，微动开关不能闭合，压力机滑块就停止运动。图 2-8-8b 所示为利用探针对侧面槽检测。探针由直径为 $\phi1.2 \sim \phi1.5$mm 的弹簧钢丝制成，其夹持部分采用绝缘尾部导线直接连在压力机的控制电路中。当压力机滑块回升时，浮动顶料销将条料顶起，条料与探针脱离，条料向前送进一个步距，探针与槽侧面接触，压力机继续工作。当送料步距有误差时，槽侧面与探针不能接触，电磁离合器脱开，压力机滑块就停止运动。

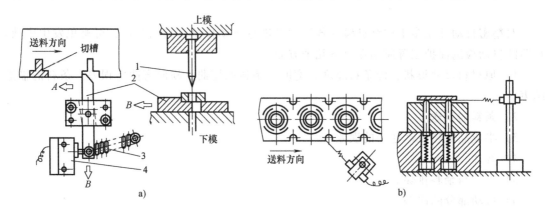

图 2-8-8　条料送进检测

a）侧面槽检测　b）探针侧面接触检测

1—定位销　2—检测杆　3—拉簧　4—微动开关

（2）孔检测

1）导正孔检测，如图 2-8-9 所示。当浮动检测销 1 由于送料失误，不能进入条料的导正孔时，便由条料推动浮动检测销 1 向上移动，同时推动接触销 2 使微动开关闭合，因为微动开关与压力机电磁离合器是同步的，所以电磁离合器脱开，压力机滑块停止运动。图 2-8-9a~c 既可以用导正孔导正，也可以用制件孔本身导正。用制件孔本身导正时，应将制件孔径先冲稍小些，供导正检测用，在孔的成形工位再修整到所需的孔径尺寸，这样可防止导正时擦伤孔壁或使孔变形。图 2-8-9d 用于较大制件孔（$d>10mm$）导正检测，同样，该制件孔应预先冲一稍小的孔用作导正，这种形式适合高速冲压，步距精度可达 ±0.01mm。

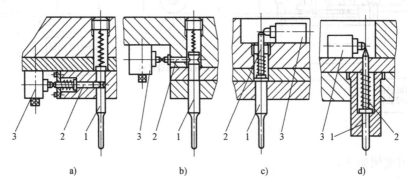

图 2-8-9　导正孔检测

1—浮动检测销　2—接触销　3—微动开关

2）制件孔检测。料厚 $t \geqslant 1mm$ 的制件异形孔，精度要求不高时，可用制件本身的孔来检测送料失误，如图 2-8-10 所示。检测销或触针固定在检测凸模上，并与凸模绝缘。

（3）末端检测　即用装在模具端面的微动开关或探针，有时用传感片-探针组合对条料切断后的末端间断接触来判断送料误进给，如图 2-8-11 所示。图 2-8-11a 为微动开关检测，这种形式的检测不宜用于料厚 $t<0.3mm$ 的落料或外形尺寸较大的制件。注意在冲压过程中，

冲裁毛刺和油污尘埃不能进入活动检测销的滑槽内，以免微动开关不能正常工作。图 2-8-11b 为传感片-探针检测；图 2-8-11c 为探针检测。传感片用 0.05～0.1mm 厚的不锈钢带制成，探针与传感片之间应保持 0.05～0.1mm 的间隙。图 2-8-11b 与图 2-8-11c 两种检测方式适用于各种厚度的材料，且在滑块行程为 300 次/min 左右时也能正常工作。

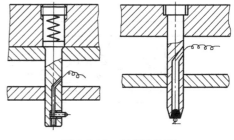

图 2-8-10 制件孔检测

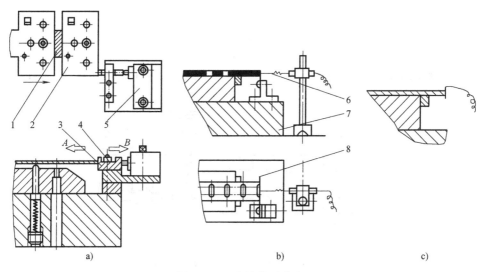

图 2-8-11 末端检测形式

a）微动开关检测 b）传感片-探针检测 c）探针检测

1—废料 2—制件 3—活动检测销 4—固定压板 5—微动开关 6—探针 7—下模座 8—传感片

（4）光电-探针检测 它利用光透过型孔与探针来检测孔的位置和步距。图 2-8-12 所示为多滑块弯曲时检测应用的例子。图 2-8-12a 中，光束与被检测孔轴线平行，当制件送进一个步距与探针接触时，利用投光器的光束是否通过制件孔到达受光器来判断孔的位置。图 2-8-12b 为光电检测电路，当探针 1 接触制件，接触转换放大器 2 将信号输送给微分器 α_1，由于送料步距失误，光束不能通过制件孔，受光器无信号输出，与门 7-1、7-2 同时关闭，压力机电磁离合器脱开，滑块停止运动。若探针不接触制件，则非门 6 及与门 7-3 以误送信号发出，压力机滑块也停止运动。如果不同步，即探针与光束只要有一个不接触或光束不通过，均会使与门 7-2 关闭，压力机滑块同样停止运动。因此，这种检测装置信号可靠，精度高，重复精度可达 0.02～0.04mm，且使用寿命长。

2. 凸模损坏检测

小直径凸模易折断，可以在卸料板的镶件中设置一个或几个检测销，如图 2-8-13 所示。检测销直径或外形尺寸比冲孔凸模尺寸小 0.03～0.05mm，高度与凸模一致。当凸模在工作中折断时，条料送进一个步距后，检测销就不能进入孔中，而与无孔条料表面接触，此时检测销将无孔信号反馈到压力机的控制电路，使压力机滑块停止运动。

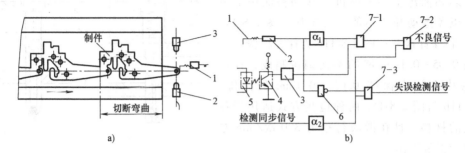

图 2-8-12　光电-探针检测工作原理

a）光电-探针检测

1—探针　2—投光器　3—受光器

b）光电检测电路

1—探针　2—接触转换放大器　3—施密特触发器　4—受光器　5—投光器　6—非门　7—与门（1,2,3）　α_1、α_2—微分器

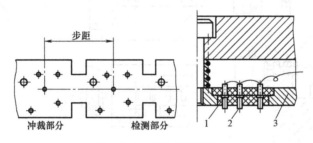

图 2-8-13　凸模折断检测

1—卸料板镶件　2—检测销　3—卸料板

3. 其他检测

（1）波腹检测　当条料送进长度大于送料步距时，条料在模具外形成波腹，影响模具的正常工作。此时可采用图 2-8-14 所示的探针检测方法。

有时条料送进时出现左右摆动（俗称蛇行），也会影响冲压工作的正常进行。为了防止这种现象的产生，在送料器与模具之间、在条料的侧面设置探针，当条料侧面触到探针时，压力机滑块就停止运动。

（2）多工位送料机械手的检测　如图 2-8-15 所示，机械手中装有检测销，当机械手夹持制件送进时，制件推动检测销使微动开关 4 闭合。若机械手不能夹持制件，微动开关处在断开状态，则压力机滑块停止运动。

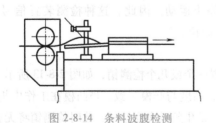

图 2-8-14　条料波腹检测

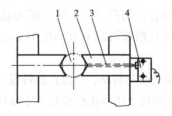

图 2-8-15　机械手送进检测

1—制件　2—机械手　3—检测销　4—微动开关

（3）半成品的位置检测　拉深件或弯曲件需冲孔时，制件是否送到冲孔凹模的定位装置内，可用图 2-8-16 所示的方法检测。

4. 废料的上浮与检测

高速冲压时，冲下的废料或制件有时没有从凹模漏料孔下落，而是附着在凸模上，随凸模回升，称为废料的上浮或回升。由于冲裁件的轮廓形状简单，且材料质地较软，废料被冲离制件（或条料）后，在凹模内仍被凸模吸附而带出凹模孔口，使废料留在凹模表面，严重影响冲裁工作正常进行，甚至引发事故。

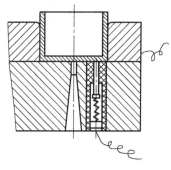

图 2-8-16　半成品位置检测

（1）废料上浮的原因　废料上浮主要与下列因素有关：

1）冲裁件形状。轮廓形状简单的冲裁件比复杂的冲裁件易上浮，其中圆形、方形、三角形和侧刃冲下的废料最易上浮。形状复杂的冲裁件，凸凹部较多，角部在凹模壁内有较大的阻力，不易上浮。

2）冲裁料厚情况。薄料、软料比厚料易上浮，因为料厚，冲下的废料或制件自身重，不易上浮。

3）冲裁速度高低。同样大小、重量的废料或制件，冲裁速度高的极易上浮，这是由于真空吸附作用，使凸模与制件或废料之间的吸附更牢。人们曾做过试验，当冲裁速度在 150 次/min 以下时，废料上浮现象不常见；当冲裁速度在 200 次/min 以上时，可出现上浮现象；冲裁速度在 500 次/min 以上时，上浮现象最为明显。

4）冲裁间隙大小。冲裁间隙大，易使废料或制件上浮，这是由于冲裁间隙大时，冲裁件光亮带小，废料或制件在凹模内摩擦阻力小，废料易上浮；另外，冲裁间隙大时，由于冲裁过程中材料的拉应力，冲裁后废料或制件的外形尺寸会变小（即冲下的件小于凹模尺寸），这也是使废料上浮的原因。

5）凸模、凹模刃口的锋利情况。刃口不锋利或者使用已变钝的刃口进行冲裁时，由于冲裁阻力大，冲下的废料或制件变形较大，便不易跟着凸模上浮；反之，锋利的刃口，尤其是新磨的刃口，由于冲裁阻力小，冲下的废料或制件很平整，就很容易贴在凸模端面而上浮。

6）被冲材料的润滑情况。没有润滑的料在冲压后，由于废料或制件在凹模内的阻力比有润滑时的大，所以不易使废料上浮。润滑的料由于冲压后在凹模内的阻力小，易上浮。如果把润滑油涂在材料的表面，冲压后易使废料或制件附着在凸模端面而上浮。

7）凸模、凹模刃口形状。平刃易使废料上浮，斜刃不会使废料上浮。

8）磁性问题。凸模、凹模刃磨后没有及时去磁或凸模上磁性很大，极易使废料上浮。

由于废料上浮会影响冲压工作的正常进行，为了防止废料上浮，在考虑模具结构时要采取必要措施，保证冲下的废料能自动落下并及时离开模具。

（2）防止废料上浮的措施　可以利用凸模有效地防止废料上浮，如图 2-8-17 所示。图 2-8-17a 中，凸模内装顶料销，$d=1\sim3\text{mm}$，伸出高度 $h=(3\sim5)t$。图 2-8-17b 为利用压缩空气防止废料上浮，主要用于凸模截面小、无法装顶料销时，凸模中气孔孔径为 $\phi0.3\sim\phi0.8\text{mm}$。图 2-8-17c 所示为大直径凸模，$d>20\text{mm}$ 时，在凸模端面制成凹坑并钻通气孔，$h=t/4$，$b=(1.5\sim2)t$。图 2-8-17d 所示为在凸模端面凹坑内装簧片。图 2-8-17e 所示为装偏心顶料销。在设计时可按不同情况选择最佳方案。

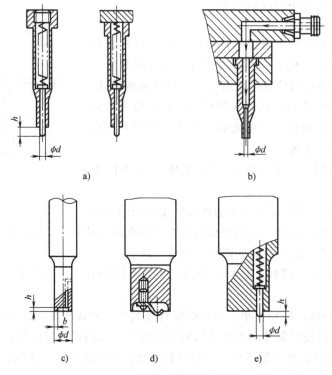

a)　　　　　　　　　　b)

c)　　　　　　d)　　　　　　e)

图 2-8-17　利用凸模防止废料上浮

除了利用凸模防止废料上浮，还可利用凹模在其刃口处制成 $10' \sim 20'$ 的反锥角来防止废料上浮，如图 2-8-18 所示，这种方法在高速压力机冲制的多工位级进模上应用比较广泛，其缺点是易使小凸模折断。另外，也可以用金刚石锉刀或油石在凹模孔侧壁斜拉 2~3 条浅槽，增加废料与型孔之间的摩擦力，从而防止废料上浮，但这需要模具钳工有一定的实际工作经验。

（3）废料上浮的检测　废料上浮常采用下死点检测法，如图 2-8-19 所示。当卸料板 3 和凹模 4 表面无废料及其他杂物时，微动开关 2 始终在"开"状态。若有上浮废料或杂物时，压力机滑块到达下死点时，异物把卸料板垫起，推动微动开关，使其闭合，压力机滑块停止运动。这种形式用于厚料冲裁时，灵敏度为 0.1~0.15mm。

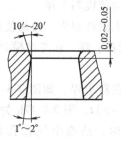

图 2-8-18　凹模刃口倒锥

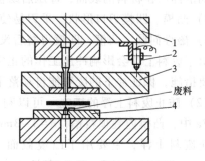

图 2-8-19　废料上浮检测

1—上模座　2—微动开关　3—卸料板　4—凹模

对于落料或下死点高度要求严格的制件，要用灵敏度更高的接近传感器来控制模具的下死点高度。用接近传感器来代替微动开关装在下模上，传感件装在卸料板上，调整适当的距离，灵敏度可控制在 0.01mm 左右。常用的接近传感器有舌簧接点型、高频振荡型及霍尔效应型等。

2.8.3 限位装置的设计

一般情况下，为了控制上、下模工作状态下的闭合高度，防止合模过头而引起模具损坏或使立体成形尺寸超差，在多工位精密级进模中常应用限位装置。也有在其他情况下为了限定某活动件的行程而使用限位装置。

微课：限位装置设计

常见的合模限位装置采用限位柱或限位块（板），装于上、下模之间来实现限位。图 2-8-20 所示为调好的合模高度，上、下模座之间对称位置装有四对高度限位柱，控制了模具的最小闭合高度。在模具上机调整时，应保证工作部分不被损伤。当冲压生产中发生意外故障时，高度限位柱还将起到一定的保护作用。图中垫片 2、5 是专用的不锈钢薄片，刃磨后垫入，以保证冲裁刃面位置和原始闭合高度不变。当模具不用时，将保护垫片放入两限位柱之间，使上、下模工作部分离开。

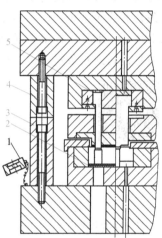

图 2-8-21 所示为弹性卸料板上装有多个限位柱的示意图，用于控制对条料的压紧程度。图中限位柱高出卸料板底平面一定距离，其实际尺寸比料厚小 0.02mm，即 $t-0.02$mm，这样既能保证卸料板压平条料又可避免将条料压坏。

图 2-8-20 高度限位柱和垫片
1—保护垫 2、5—垫片
3、4—高度限位柱

图 2-8-22 所示为利用弹性卸料板上装限位块在模具闭合后压死制件，并控制凸模、凹模之间的制件被镦压或整形的变形程度。但这种情况应当将此部分卸料板与整体卸料板分开才能使用。同时，为了保证限位块有好的刚性，限位块的面积尽量大一些，并进行淬硬处理，加工成相同厚度，还要紧固，不应有松动。

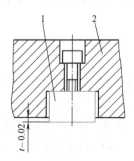

图 2-8-21 限位柱控制压料
1—限位柱 2—卸料板

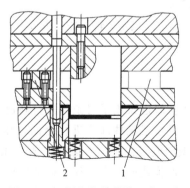

图 2-8-22 限位块控制镦压或整形
1、2—限位块

2.8.4 吸尘器电动机定、转子冲片级
进模的误送监测装置

在吸尘器电动机定、转子冲片级进模中，条料误送监测装置的结构如图 2-8-23 所示。模具利用导正销对条料进行精确导正，其中一个或两三个导正销为活动结构，即导正销上端用一个弹簧压紧。当条料送到正确位时，导正销都能进入导正孔内。如果条料误送误差较大，导正销不能进入条料上的导正孔，浮动导正销就被压缩，冲击水平压杆，水平压杆就会触动微动开关，发出故障信号，起到对条料误送进行监测的作用。

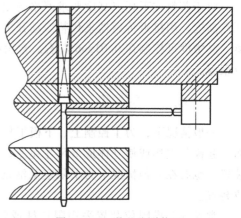

图 2-8-23 误送监测装置

微课：废料排除及制件取出

任务 9　多工位级进模的废料排除设计

在设计多工位级进模时，必须把排除废料与提取制件分开。废料由模具下方的集中滑道送出；条料载体经最后切断通过废料滑槽送出；制件则由成品滑道送出。

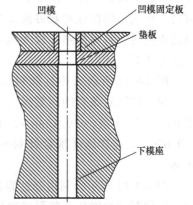

废料的排除应考虑以下几个因素：

1）凹模刃口不得有反锥现象，影响废料排除，甚至可能胀裂凹模。

2）凹模刃口以下的阶梯孔应同心，与垫板、模座连接的漏料孔的连接处更不能产生错位，以免影响废料排除。

3）在凹模强度足够的情况下，可用大孔漏料。

4）在凹模背面有较大空余位置时，可缩短横向孔道长度，加大垂直废料孔直径或增加断屑器，以防止侧向冲压废料堵塞。

图 2-9-1　凹模刃口以下阶梯孔

吸尘器电动机定、转子冲片级进模通过凹模刃口以下阶梯孔排除废料，如图 2-9-1 所示。

任务 10　认识多工位级进模的侧向冲压与倒冲

多工位级进模用于对条料进行高速连续冲压。对于形状比较复杂的制件，往往需要对制件的某一部位或某些部位进行侧向冲压、侧向抽芯，或者由凸模（或凹模）反向冲压，即凸模（或凹模）由下向上运动完成冲压加工。完成侧向冲压或侧向抽芯的冲压加工称为侧向冲压。凸模或凹模由下往上运动完成冲压加工称为倒冲。完成侧向冲压加工，主要是靠斜楔和滑块机构来实现的。完成倒冲冲压加工，主要由杠杆机构来实现，也可用斜楔和滑块机构实现。

常用侧向冲压斜楔装置的典型结构如图 2-10-1 所示。斜楔装置的主要零件是斜楔和滑块，常配对使用。斜楔一般装在上模内，滑块装于下模内。通过压力机的滑块垂直向下运动，由模具上的斜楔驱动模具滑块（结合面为斜面，斜角为 α）变成水平运动，甚至也可以逆冲压方向运动，实现对制件的侧向冲压（冲孔、冲切、成形、压包、压筋等）、抽芯和实现自动送料等。斜楔与滑块在使用过程中，斜楔是主动件，滑块是被动件，其结合面为斜面，因此滑块又称为斜滑块。利用它们之间的斜面斜角关系，才可以改变运动方向和行程大小。斜楔、滑块装置的应用不仅扩大了冲模的使用功能，同时又是多工位级进模中个别工位上侧向冲压机构的唯一选择。

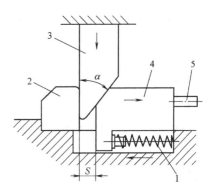

图 2-10-1　斜楔、滑块结构示意图
1—弹簧　2—挡块　3—斜楔
4—滑块　5—侧冲凸模

2.10.1　侧向冲压

侧向冲压运动由斜楔和滑块来实现。常用于侧向冲压运动的斜楔有单斜面和双斜面两种。单斜面斜楔的工作部分根据工作需要又可分为两种：一种是仅完成冲击运动的配合面；另一种是既有完成冲击运动的配合面，还具有冲压间歇需要的配合面。双斜面斜楔的工作部分，除具有冲击与间歇需要的两个配合面外，在这两个配合面前还有导向配合面。斜楔的种类及应用见表 2-10-1。

微课：侧向
冲压机构

表 2-10-1　斜楔的种类及应用

种类		简　图	应　用
单斜面斜楔	单斜面冲击配合面		应用：一般侧向冲裁、冲切，一般侧向弯曲、成形 注意：滑块用弹簧复位，应有限位挡块。模具刃磨后，斜楔配合斜面需修磨调整
	单斜面两段配合面		应用：在冲压过程中需有间歇阶段的侧向运动，如侧向抽芯 注意：应有限位挡块，间歇由 II 的长度控制

（续）

种类		简　图	应　用
双斜面斜楔	双斜面两段配合面	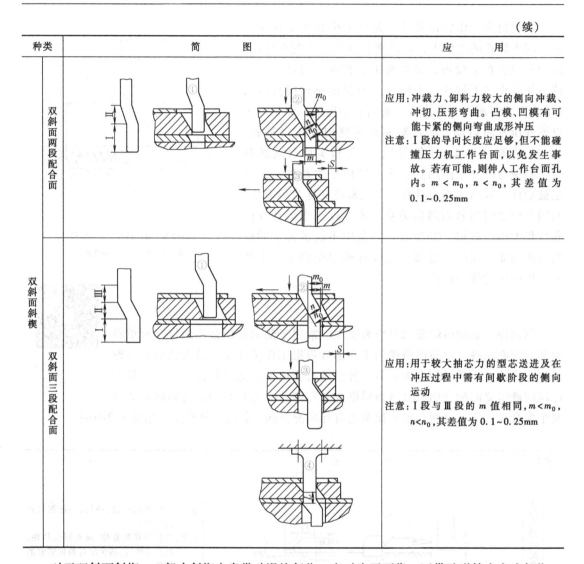	应用:冲裁力、卸料力较大的侧向冲裁、冲切、压形弯曲。凸模、凹模有可能卡紧的侧向弯曲成形冲压 注意:Ⅰ段的导向长度应足够,但不能碰撞压力机工作台面,以免发生事故。若有可能,则伸入工作台面孔内。$m < m_0$, $n < n_0$,其差值为 $0.1 \sim 0.25$mm
	双斜面三段配合面		应用:用于较大抽芯力的型芯送进及在冲压过程中需有间歇阶段的侧向运动 注意:Ⅰ段与Ⅲ段的 m 值相同,$m < m_0$,$n < n_0$,其差值为 $0.1 \sim 0.25$mm

对于双斜面斜楔，一般由斜楔本身带动滑块复位；有时为了可靠，还借助弹簧来完成复位。

斜楔中的冲压间歇配合段，在多工位级进模中是十分重要的。因为这个侧向模具工作部件在这瞬间的间歇中，给模具的其他工作部件提供了有利条件，使整个模具的动作得到协调。如在弯曲工位中，活动型芯先侧向进入模具，然后弯曲；弯曲完成后，弯曲模块撤离，最后型芯才抽出。这样，侧抽芯的间歇为弯曲模块的进入与撤离提供了条件。

2.10.2　侧向冲压的斜楔与滑块设计要点

1）斜楔与滑块的斜角 α 应该相等，斜角常取 $\alpha = 30° \sim 45°$。

2）滑块在斜楔作用下进行侧向冲压后，应能及时、准确地复位。由于条料厚度偏差、模具制造误差及成形工艺等因素的影响，往往出现凸模、凹模之间卡死。为使冲压工作顺利进行，建议用机械复位或机械与弹簧联合作用复位较妥，而不能单用弹簧复位，复位机构如图 2-10-2 所示。图 2-10-2a 为弹簧复位；图 2-10-2b 为机械复位，滑块复位后，斜楔仍以其伸长部位挡住滑块；图 2-10-2c 所示为由斜楔以机械力使滑块复位，弹簧拉力则使滑块复位后保持滑块靠紧限位块，这种结构的斜楔长度比图 2-10-2b 中的斜楔长度短。

　　3）滑块的导向要精确，滑块与其导轨采用 H7/h6 或 H8/h7 配合；滑块的导向宽度 b 与导向长度 L 之间的关系为：$L=2b$，其结构形式如图 2-10-3 所示。

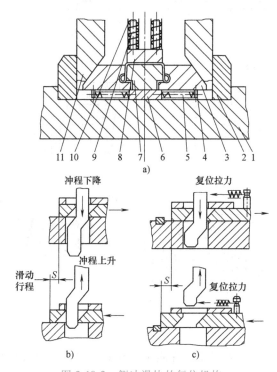

图 2-10-2　侧冲滑块的复位机构

a）弹簧复位　b）机械复位　c）机械复位弹簧拉紧

1—底座　2—限位块　3—滑块　4—芯柱　5、10—弹簧　6—垫板　7—下模芯　8—压料板　9—卸料钉　11—斜楔

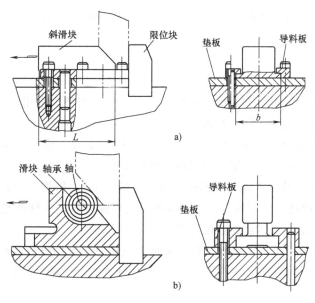

图 2-10-3　滑块导向形式

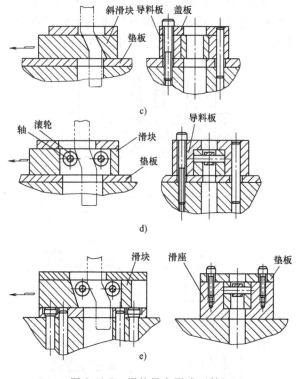

图 2-10-3　滑块导向形式（续）

当侧向冲裁间隙很小时，为提高制件质量和模具寿命，需要在凸模、凹模间增设凸模的导向与保护装置。

4）对斜楔的要求。斜楔应具有足够的强度和刚度，特别是当侧向冲压是弯曲或成形冲压，需有整形力和校正力时，斜楔与滑块的工作面应耐磨，并经淬火，硬度达 58HRC 以上。斜楔与滑块的接触面的表面粗糙度 Ra 值为 $0.4\mu m$，对于高速自动冲压，Ra 值达 $0.2\mu m$。

2.10.3　斜楔与侧冲凸模的安装

1. 斜楔的安装

安装斜楔时，要求牢固可靠，模具刃磨后斜楔应便于调整。常用的安装形式有紧固式、镶入式和叠装式三种，如图 2-10-4 所示。

（1）紧固式　采用 H7/u6 或 H8/s7 配合，将斜楔固定在上模固定板内。这种形式装配方便，但不利于维修与调整，常用于单斜面斜楔的安装。

（2）镶入式　在上模固定板上开镶槽（或在上模座上），斜楔必须有一个台阶与固定板（或上模座）的下平面贴合，用螺钉固定。这种形式牢固可靠、维修调整方便，最适用于单斜面斜楔的安装，也适合双斜面斜楔的安装。

（3）叠装式　在上模上加工出较大的安装面，直接将斜楔用螺钉和销紧固。这种形式的斜楔制造麻烦，但安装拆卸方便，牢固可靠，刚性也好，适合双斜面斜楔的安装。

2. 侧冲凸模的安装

除少数侧向弯曲成形加工的凸模（或模块）与滑块做成整体外，侧向凸模和侧型芯，

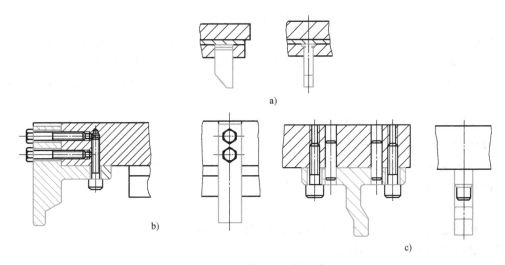

图 2-10-4　斜楔的安装形式

a）紧固式　b）镶入式　c）叠装式

由于刃磨、损坏等原因，往往是单独加工后，再装配到滑块上的。因此，对于侧向冲压的模具工作零件，除要求安装可靠外，还须装拆方便。

侧冲凸模多数是单个凸模进行冲压，且侧向冲裁型孔形状都较简单、规则，所以它的装配形式也较简单，如图 2-10-5 所示。

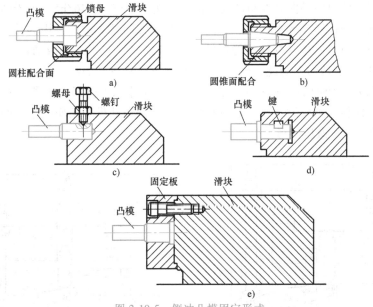

图 2-10-5　侧冲凸模固定形式

a）台阶凸模固定形式　b）圆锥凸模固定形式　c）用止头螺钉固定形式
d）用键固定凸模的形式　e）用固定板固定凸模的形式

2.10.4　倒冲

1. 使用倒冲机构应注意的问题

1）为保证制件毛刺方向一致可使用倒冲。如果制件不允许有相反方向

微课：倒冲

的毛刺，则应对某一工位采用倒冲，从而保证毛刺方向一致。

个别弯曲部位需向上弯曲，弯曲半径又极小，为保证毛刺方向与弯曲方向一致，避免弯曲变形区有细小裂纹，这时弯曲部位的两侧就应采用倒冲来提高制件质量。

当个别翻边孔的方向向上时，翻边预孔的毛刺方向也应当向上，则翻边预孔应考虑倒冲。

2）为顺利使条料浮动送进，不使浮动提升量过高，对于个别过高的向上弯曲、翻边、拉深工序的凸模（即这些凸模是安装在下模），应采用倒冲。

3）为了保证制件质量，便于模具设计，克服模具中局部薄弱环节，可采用倒冲。多工位级进模中的顶出装置，也常采用倒冲形式。

2. 倒冲机构的设计要点

1）杠杆必须有足够的强度，尤其是支承部位的强度。

2）必须有效复位，即冲压结束，立即复位。

3）倒冲凸模必须有良好导向。特别是冲裁凸模，尤为重要。对于方形、矩形和异形凸模，留足工作部分长度后，其余部分可做成圆形配合面，供导向用，并以键或销定向。

4）倒冲机构应便于拆卸、安装、维修和更换。

3. 典型倒冲机构简介

（1）杠杆倒冲机构　如图2-10-6所示。应当注意的是轴11和轴13的配合间隙不能过大，否则冲压时会有间歇性振动，常取H8/h7配合。小间隙冲裁凸模与导向套的配合取H7/h6或H6/h5，即图中导向套6与凸模7的配合为H7/h6或H6/h5。由于凸模7的工作部分是矩形，它的方向由凹模8来确定，导向套6是装在凹模8中的。因为凸模7与导向套6的配合间隙很小，所以凸模与杠杆不能用轴11直接连接，应当镶上滑动轴套12。考虑到梭形杠杆1是绕轴13摆动的，为此，轴套12在水平方向有少量的滑动量。

图2-10-7所示为倒冲翻边机构示意图，上模下行时，活动翻边凹模3先压料，倒冲翻边进行过程中，凹模3被压缩；当上模行程终了时，翻边凸模2工作结束，凹模3在限位块4的作用下对冲件进行镦压整形。

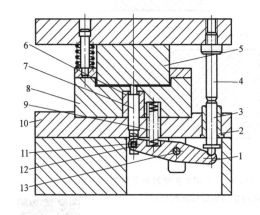

图2-10-6　杠杆倒冲机构

1—梭形杠杆　2、6—导向套　3—从动杆　4—主动杆
5—上模　7—凸模　8—凹模　9—弹簧　10—垫板
11、13—轴　12—轴套

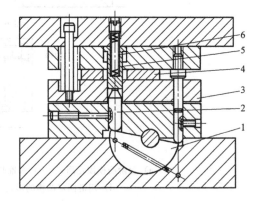

图2-10-7　倒冲翻边机构示意图

1—半圆形杠杆　2—凸模　3—凹模
4—限位块　5—顶件器　6—弹簧

以上两例的倒冲机构，均采用弹簧复位。

（2）斜滑块倒冲机构　如图 2-10-8 所示为斜滑块倒冲机构。安装在上模的主动杆 1 向下运动，冲击从动斜楔 2 使水平滑块 4 做水平运动，由水平滑块 4 的另一斜面推动升降滑块 3 向上，从而带动凸模 7 进行倒冲。由于冲压力是经过两级斜滑块来转变运动方向的，所以斜滑块的复位力要求较大。水平滑块 4 由大弹簧 5 实现复位。凸模 7 和凸模固定板（升降滑块）3 由一组复位橡胶 6 来完成复位。

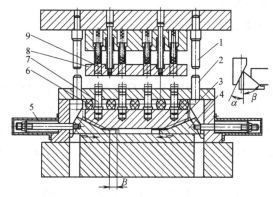

图 2-10-8　斜滑块倒冲机构

1—主动杆　2—从动斜楔　3—升降滑块　4—水平滑块　5—大弹簧
6—复位橡胶　7—凸模　8—卸料板　9—顶件器

任务训练二

1. 思考题

1）试述多工位级进模的设计步骤。

2）多工位排样图设计时，冲裁工位安排应注意哪些问题？

3）如何设计多工位级进模的弯曲与拉深工位？

4）多工位级进拉深模设计时，为什么要切槽或切口？切槽与切口的形式有哪些？

5）多工位级进模条料排样图设计的原则是什么？

6）多工位级进模排样图设计时应考虑哪些因素？

7）什么是载体？载体的形式有哪些？各自应用在什么场合？

8）试述多工位级进模条料排样图设计的步骤。

9）如何确定多工位级进模的送料步距精度？

10）多工位级进模中成形侧刃设计时应注意什么问题？

11）多工位级进模的凸模、凹模设计时应遵循哪些原则？

12）多工位级进模中凸模的固定形式有哪些？

13）多工位级进模的凸模的工作长度如何确定？

14）多工位级进模的凹模如何设计？组配凹模图如何绘制？

2. 实践题

根据要求完成图 1-0-2 所示的中极板冲压件的级进模设计：

1）进行冲压件成形工艺分析。

2）进行多工位级进模排样图设计。

3）进行多工位级进模凸模、凹模设计。

4）进行多工位级进模的卸料装置设计。

5）进行多工位级进模的导料装置设计。

6）进行限位装置设计。

7）进行自动监测与安全保护设计。

8）绘制中极板级进模总装图。

【学与思】

1）以"模具标准件"为主题，查阅相关的文献资料，了解模具标准件的类型与重要性。学习模具设计规范，树立质量标准与规范意识、节约环保意识等。

当前，新一轮科技革命和产业变革引发了全球经济结构的重塑，科学技术与实体经济深度融合，经济发展的质量越来越取决于其中的科技含量。可以说，没有高质量科技供给，就没有高质量经济发展。

2）以"大国工匠"——攻克大型模具疑难杂症的"圣手模医"冯斌的事迹为主题，查阅相关文献资料并展开讨论。通过了解大国工匠的故事，学习大国工匠热爱职业、敬业奉献、精益求精，敢于创新的精神。

只要有坚定的理想信念、不懈的奋斗精神，脚踏实地把每件平凡的事做好，一切平凡的人都可以获得不平凡的人生，一切平凡的工作都可以创造不平凡的成就。

项目三　多工位级进模的加工

【任务引入】

> 以吸尘器电动机定、转子冲片等冲压件多工位级进模为例，要求：
> 1）进行模具零件加工工艺编制。
> 2）进行模具零件装配。
> 3）进行模具装配与试切。
> 4）进行模具安装与试冲。

任务1　凸模、凹模的制造公差

在自动化大批量冲压生产中，不仅要求模具功能全、效率高，而且要求模具零件（主要是凸模、凹模）有磨损或损坏时，能够快捷、方便、可靠地得到修复或更换，保证正常生产，这就要求模具的凸模和凹模应具有互换性。为了达到模具零件的互换性要求，其制造公差应被限制在一定范围内。

对于不同类型、不同功能要求的模具，其工作零件的公差范围也各不相同，被分成 $\pm 0.01mm$、$\pm 0.005mm$、$\pm 0.002mm$、$\pm 0.0005mm$ 等，并将这一公差理解为具有互换性的制造公差。

在现代冲压模具中，包括多工位级进模，一般情况下，制件的冲裁工序要求最严，所以取冲裁工序作为研究对象。具有互换性的模具零件，也是以冲裁凸模、凹模作为考虑的重点。相对而言，冲裁凸模、凹模做到了互换，其他的凸模、凹模要做到互换容易一些。

要求具有互换性的零件，以满足制件质量要求为互换性的基础。制件的质量包括尺寸精度和表面质量两个方面。影响制件尺寸精度和表面质量的因素是多方面的，分别如图 3-1-1 和图 3-1-2 所示。

图 3-1-1　影响制件尺寸精度的因素

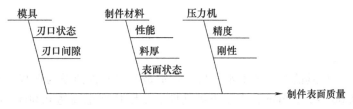

图 3-1-2　影响制件表面质量的因素

互换模具零件常用公差见表 3-1-1，互换镶件常用公差见表 3-1-2，料厚与互换模具零件的公差关系见表 3-1-3。这些资料均可作为模具设计与制造的参考。

表 3-1-1 互换模具零件常用公差

零 件		尺寸公差/mm		位置公差/mm	形状公差/mm	表面粗糙度 $Ra/\mu m$	步距误差 /mm
		轴	孔	同轴度	圆度		
凸模		0.002	—	0.0015	0.0015	$D:0.8$ $d:0.4$	±(0.002 ~0.01)
凸模嵌块		—	0.003	0.0025	$D:0.0015$ $d:0.002$	0.8	±(0.002 ~0.01)

表 3-1-2 互换镶件常用公差

图 例	尺寸公差/mm	方向公差/mm	形状公差/mm	表面粗糙度 $Ra/\mu m$	装配后步距误差/mm
		平行度	直线度		
	0.002	$\dfrac{0.001}{40}$	$\dfrac{0.001}{40}$	0.4	±(0.002 ~0.01)

表 3-1-3 料厚与互换模具零件的公差关系 （单位：mm）

制件料厚	尺寸公差	步距公差
≤0.2	0.001~0.002	±(0.001~0.003)
>0.2~0.6	0.002~0.0025	±(0.002~0.005)
>0.6	0.002~0.003	±(0.003~0.008)

微课：凸、凹模的制造

任务 2 凸模与凹模的制造

模具的经济技术水平高，特别是关键零件凸模与凹模，其尺寸精度高达 0.003~0.005mm，多工位级进模的步距精度也高达 0.005~0.008mm，凸模、凹模及易损件的互换精度需达 0.002~0.0025mm，表面粗糙度 Ra 值也常在

0.8μm 以下。要达到如此高的精度，就需有与此相适应的加工工艺与加工设备。目前，数控光学坐标镗床、数控铣床、加工中心可在一次装夹中完成多种工序的粗加工和精加工，所以这类加工设备在模具工作零件加工中更有优势。同时高精度平面磨床、慢走丝线切割机床、光学曲线磨床、坐标磨床及电火花加工机床也是模具制造中常用的加工设备。

3.2.1　常用加工方法与设备

1. 精密平面磨床

精密平面磨床是高精度模具零件最普遍的主要加工设备，不但能加工平面、台阶面，还可进行成形磨削。利用平面磨床磨削凸模、凹模刃口时，必须保持刃口锋利，严防塌角，尤其是冲制薄料时，更应注意。应尽量避免用砂轮的侧面进行磨削，如图 3-2-1 所示。为防止塌角的产生，可对刃口先粗磨，留 0.03～0.06mm 的精磨余量，然后精磨，再进行研磨。

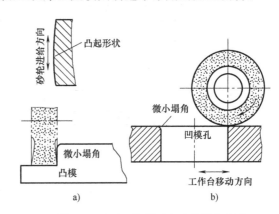

图 3-2-1　刃口磨削时产生的塌角现象

a）砂轮侧面磨削刃口产生塌角　b）磨削凹模刃口塌角

2. 成形磨削

成形磨削主要用于冲裁件形状有尖角部位，坐标磨床不能加工的地方。一般有砂轮展成磨削法和成形砂轮复制磨削法两种。常采用光学曲线磨床、数控成形磨床和精密平面磨床等。

光学曲线磨床是成形磨削常采用的一种磨床，砂轮按被加工工件的轮廓轨迹加工，是模具精密加工的设备之一。但其加工零件表面粗糙度 Ra 值只能达到 0.8μm 左右，如果需要比 0.8μm 还低的表面粗糙度值，就必须再进行研磨、抛光等加工才能满足要求。光学曲线磨削时应注意以下几点：

1）磨削必须以基准面或基准孔为基准磨削曲面。如果拼块分割面为非平面时（异形），圆弧分割面应过圆弧中心线；圆弧和斜面要求清角时，则分割面要取在斜面上；圆弧和直线相切时，分割面应在切点上，并保证砂轮能顺利通过各型面。

2）光学曲线磨削时应依据放大图进行。把被加工零件放大的图像映在屏幕上，与覆在屏幕上的零件放大图对照，按放大图形磨去多余的余量，直到图像轮廓完全重合。

绘制放大图时，应根据所选定的分割面与所需投影放大倍数绘制。小型零件按放大倍数画出与零件形状完全相同的放大图；大型零件的曲面，当需要一定放大倍数，又因屏幕面积限制不能完全显示零件轮廓的全貌时，必须采用分段绘制，分段线最长不能超过屏幕长度，分段线最好选择有规则的线段，并按顺序标记符号、移动的坐标尺寸、方向和箭头，如图 3-2-2 所示。

3）采用光学曲线磨削可磨内形 R0.2mm，外形 R0.08mm 和清角（成形砂轮成形磨不能）。先粗磨，留余量 0.06～0.08mm，还能从接角处向外磨削，如图 3-2-3 所示。

3. 坐标磨削

坐标磨削主要用于淬硬材料及硬质合金的精加工，特别是精密级进模和复合模的凸模和凹模的加工。它既能保证凸模和凹模有均匀的间隙（单面可达 0.005mm 以内），又能加工

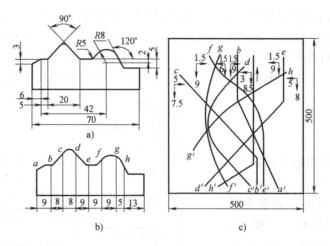

图 3-2-2 分段磨削用放大图画法

a) 零件图 b) 分段图 c) 放大图

凹模直刃口，同时，还能加工漏料孔斜度，加工的表面粗糙度 Ra 值可达 $0.8 \sim 0.4\mu m$，最高可达 $Ra0.2\mu m$。数控连续轨迹的坐标磨床可利用同一指令按不同尺寸精度加工凸模、凹模、卸料板等，这给模具的制造与互换性提供了方便；还可以利用坐标磨床进行自测和对其他零件测量，所以坐标磨削应用日益广泛。

进行坐标轮廓磨削时，一般型式的坐标磨床采用点位控制方式磨削，如图 3-2-4a 所示。利用 x、y 坐标使行星主轴中心与工件上的圆弧半径的圆心重合，图 3-2-4a 中 $O_1 \sim O_7$ 利用行星主轴下端的偏心滑板及微量进给来控制半径尺寸。在数控连续轨迹坐标磨床上，如图 3-2-4b 所示，砂轮沿着工件轮廓表面进行磨削，曲线由联动控制的 x、y 移动合成获得。

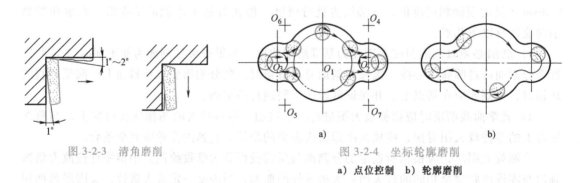

图 3-2-3 清角磨削

图 3-2-4 坐标轮廓磨削

a) 点位控制 b) 轮廓磨削

4. 线切割加工

线切割加工在模具零件加工中应用十分广泛。为了保证加工精度，除选择合理的电规准参数外，还应注意以下几点：

1）采用高精度基准孔。采用高精度基准孔比直接用基准面来确定位置精度好，产生的误差小。高精度基准孔是由坐标镗或坐标磨加工而成的，能保证孔的圆度、垂直度和位置度精度。

2）防止在线切割中由于零件内的残余应力释放而产生变形。具体措施：①毛坯锻造采用"十字交叉"使碳化物分布均匀。②热处理前对需切割部分增设工艺孔或工艺槽，如图 3-2-5 所示。图 3-2-5b 所示为割制凸模时，在热处理前用锯片铣刀在毛坯四周割宽为 $1.5 \sim 2mm$

的槽，并给切割外形留 1.5~2mm 的余量；图 3-2-5a 所示凹模，最终由线切割精加工，在热处理前留 1.5~2mm 的余量，使变形发生在精加工之前。③当考虑了热处理影响后，可能仍然存在变形，那么在选择合理加工初始位置和加工路线的前提下，还需注意夹持方法。图 3-2-5c 所示为 60mm×60mm×25mm 的板料，切割八角形凸模，按箭头方向切割可减少变形。切割时应尽量保留靠近固定压板的一侧，即在切割凸模时尽量使凸模不发生移动变形（按图示箭头方向切割）；切割凹模时，应使其尽量快地发生移动变形，切割方向与切割凸模方向相反，从 3、2、1 面开始。

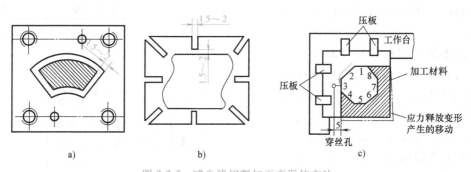

图 3-2-5　减少线切割加工变形的方法

a) 凹槽线切割前留余量　b) 凸模线切割前割槽　c) 合理的切割方向

3) 由于残余应力的释放和热变形，高精度零件一次线切割很难保证精度，所以，高精度零件需进行多次线切割。第一次切割留 0.05~0.1mm 余量，当切割凸模时，最后一次切割还需把第一次切割时的夹持部分切去。放电量也应比第一次切割小，这样可获得高精度零件。

4) 当线切割零件切到终点时，一般都存在小的波形凸起，为便于去除这个波形凸起，将切割起始点设在直线部位或大圆弧部位，如图 3-2-6 所示。

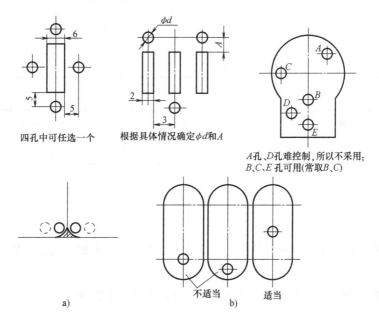

图 3-2-6　线切割起始点的选取

a) 波形凸起　b) 切割起始点的选取

3.2.2　基准的确定

模具零件与其他机械零件不同，模具零件的基准不但是标注尺寸、加工和测量的依据，更重要的是装配时定位的依据。装配时，以该基准测量凸模、凹模位置尺寸精度和步距精度；试模时，又以该基准调整模具的各有关部位；修模时，还要以该基准进行装夹或多次装夹。所以，保持基准面或基准孔的原有形状和精度是十分重要的。

在设计模具和标注尺寸时，板类零件采用两直角面为基准，尺寸标注尽可能用坐标式，不宜用链式标注，以免误差累积。在以中心线或轴线为基准时，以中心线或轴线向两边扩展。在基准面上应做标志"基准面"。基准孔以符号✛表示，如图 3-2-7 所示。

常用基准形式有：①以两直角面作基准；②以一侧面和一基准孔作基准；③以两基准孔作基准。对用作基准的平面，必须保证其垂直度、孔与平面的平行度及两孔的平行度精度，见表 3-2-1、表 3-2-2。

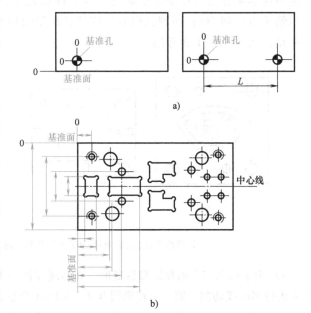

图 3-2-7　基准与尺寸标注

a）基准面及基准孔　b）尺寸标注

表 3-2-1　基准面的平行度、垂直度　　　　　　（单位：mm）

公称尺寸	≤16	>16~40	>40~160	>160~250	>250~500
公差值	0.002	0.0025	0.003	0.004	0.005

表 3-2-2　基准孔的平行度、垂直度　　　　　　（单位：mm）

公称尺寸	≤160	>160~250	>250~400	>400~630	>630~1000	>1000~1600
公差值	0.003	0.004	0.005	0.008	0.012	0.015

3.2.3　吸尘器电动机定、转子冲片级进模其他零件加工工艺

1. 凸模固定板加工工艺

图 3-2-8 所示为凸模固定板零件图，表 3-2-3 为凸模固定板加工工艺卡片。

2. 卸料板加工工艺

图 3-2-9 所示为卸料板零件图，表 3-2-4 为卸料板加工工艺卡片。

3. 凹模固定板加工工艺

图 3-2-10 所示为凹模固定板零件图，表 3-2-5 为凹模固定板加工工艺卡片。

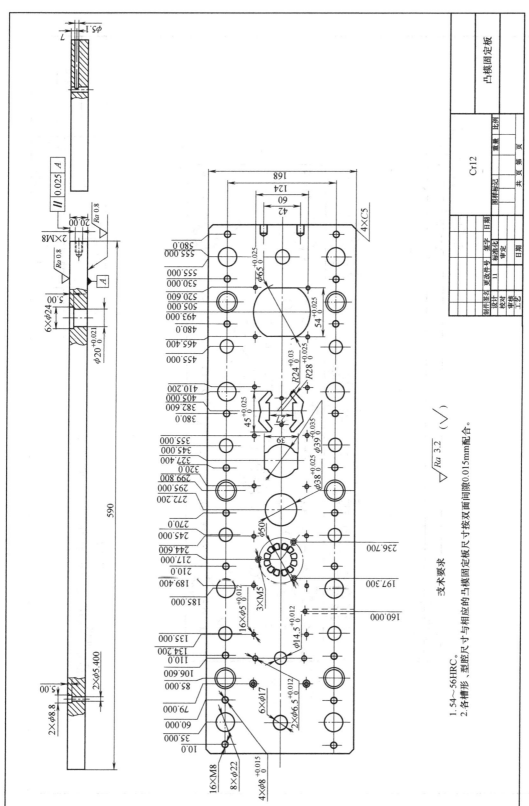

技术要求

1. 54～56HRC。
2. 各槽形、型腔尺寸与相应的凸模固定板尺寸按双面间隙0.015mm配合。

$\sqrt{Ra\,3.2}$　（$\sqrt{\ }$）

图 3-2-8　凸模固定板零件图

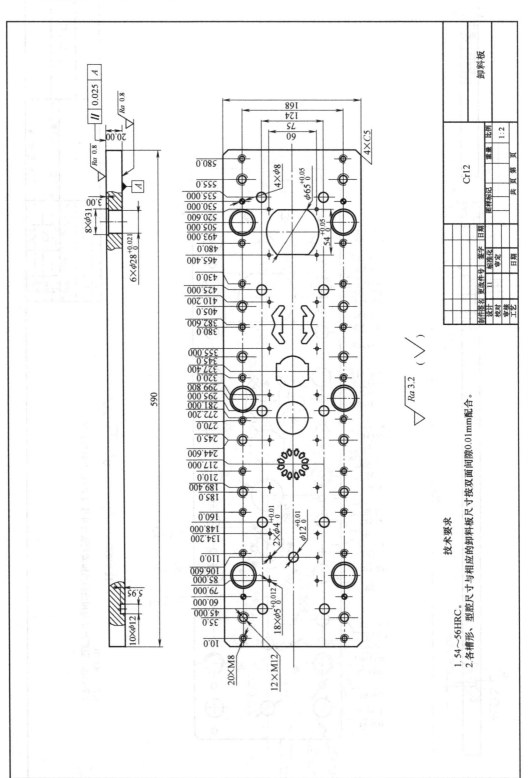

技术要求

1. 54～56HRC。
2. 各槽形、型腔形尺寸与相应的卸料板尺寸按双面间隙0.01mm配合。

图 3-2-9　卸料板零件图

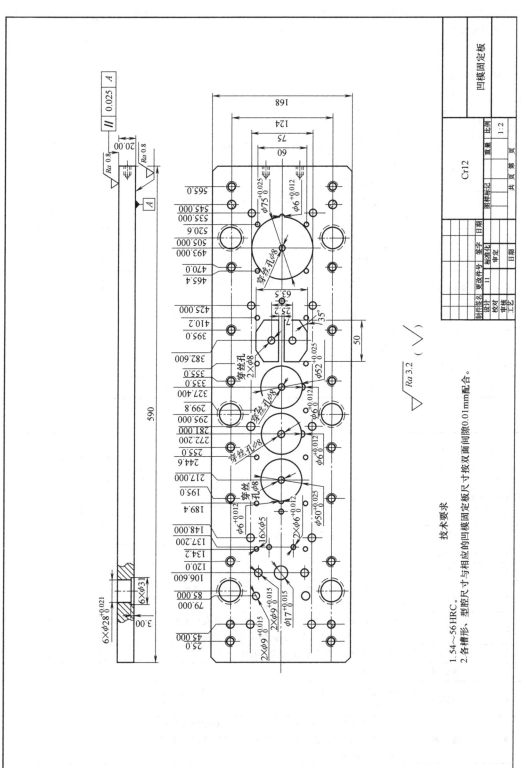

图 3-2-10 凹模固定板零件图

技术要求

1. 54~56 HRC。
2. 各槽形、型腔尺寸与相应的凹模固定板尺寸按双面间隙0.01mm配合。

表3-2-3 凸模固定板加工工艺卡片

模具零件工艺卡片		模具图号		模具名称: 吸尘器定、转子冲片级进模		
零件图号:		投料:1		材料:Cr12		
零件名称:凸模固定板		需要:1		毛坯:锻件		
序号	工种	工艺内容		定额工时	检验	备注
1	锻造	尺寸为 595mm×173mm×25mm				
2	热处理	退火				
3	铣	加工至尺寸 590.5mm×168.5mm×20.5mm				
4	平面磨削	磨上、下平面,厚度留磨削余量 0.3~0.4mm,各侧面光出,保证各面垂直				
5	铣	校直基准侧面,按图划出对称中心线,在各孔中心以及各个型腔的中心点出位置(包括螺纹孔、穿丝孔)				
6	钳工	螺纹孔按图制成,各穿丝孔 φ3mm、扩孔按图制成				
7	热处理	54~56HRC				
8	平面磨削	磨上、下平面,厚度尺寸达要求,磨各侧面,外形尺寸达要求,保证各面垂直				
9	线切割	校直基准侧面,找准各孔的中心,按图切割相应的槽形以及外形尺寸,圆柱销孔以及其他孔,各留单边磨的加工余量为 0.01mm				
10	钳工	对各型腔部分进行研磨				
工艺拟制:		审核:		共 张		第 张

表3-2-4 卸料板加工工艺卡片

模具零件工艺卡片		模具图号		模具名称: 吸尘器定、转子冲片级进模		
零件图号:		投料:1		材料:Cr12		
零件名称:卸料板		需要:1		毛坯:锻件		
序号	工种	工艺内容		定额工时	检验	备注
1	锻造	尺寸为 595mm×173mm×25mm				
2	热处理	退火				
3	铣	加工至尺寸 590.5mm×168.5mm×20.5mm				
4	平面磨削	磨上、下平面,厚度留磨削余量 0.3~0.4mm,各侧面光出,保证各面垂直				
5	铣	校直基准侧面,按图划出对称中心线,在各孔中心以及各个型腔的中心点出位置(包括螺纹孔、穿丝孔)				
6	钳工	螺纹孔按图制成,各穿丝孔按图制成,扩孔按图制成				
7	热处理	54~56HRC				
8	平面磨削	磨上、下平面,厚度尺寸达要求,磨各侧面,外形尺寸达要求,保证各面垂直				
9	线切割	校直基准侧面,找准各孔的中心,按图切割相应的槽形以及外形尺寸,圆柱销孔以及其他孔,各留单边磨的加工余量为 0.01mm				
10	钳工	对各型腔部分进行研磨				
工艺拟制:		审核:		共 张		第 张

表 3-2-5 凹模固定板加工工艺卡片

模具零件工艺卡片		模具图号	模具名称: 吸尘器定、转子冲片级进模		
零件图号:		投料:1	材料:Cr12		
零件名称:凹模固定板		需要:1	毛坯:锻件		
序号	工种	工艺内容	定额工时	检 验	备 注
1	锻造	尺寸为 595mm×173mm×25mm			
2	热处理	退火			
3	铣	加工至尺寸 590.5mm×168.5mm×20.5mm			
4	平面磨削	磨上、下平面,厚度留磨削余量 0.3~0.4mm,各侧面光出,保证各面垂直			
5	铣	校直基准侧面,按图划出对称中心线,在各孔中心以及各个型腔的中心点出位置(包括螺纹孔、穿丝孔)			
6	钳工	螺纹孔按图制成,各穿丝孔 φ3mm、扩孔按图制成			
7	热处理	54~56HRC			
8	平面磨削	磨上、下平面,厚度尺寸达要求,磨各侧面,外形尺寸达要求,保证各面垂直			
9	线切割	校直基准侧面,找准各孔的中心,按图割相应的槽形以及外形尺寸,圆柱销孔以及其他孔,各留单边磨的加工余量为 0.01mm			
10	钳工	对各型腔部分进行研磨			
工艺拟制:		审核:	共 张		第 张

任务3 多工位级进模的装配

模具在装配过程中,要多次将上模部分与下模部分闭合或卸下,并对有关部件进行调整。对于大型精密模具而言,由于其重量大,装配时工人劳动强度大,且不安全,所以常采用模具装配机来进行装配或翻转,装配完成后还可在装配机上进行试冲,检查模具的装配质量,以便进一步调整各部件的位置,直到符合装配要求为止。

3.3.1 模具零件的固定

多工位级进模中的凸模、凹模及导正销等零件,为便于拆装和损坏后快速更换,一般都采用压入固定。

1. 凸模固定

1)有台肩的圆形凸模,压入部位应有引导部分,引导部分可采用小圆角、小锥度或磨小部分直径,即压入部位的前端将直径磨小 0.03~0.05mm,固定部分的长度应大于固定板厚度 5mm 左右。

2)无台肩的成形凸模的非刃口端面四周应修成小圆角或小斜度,便于压入。

3)当凸模或凹模压入部位不允许有圆角、锥度时,可将固定板型孔沿凸模或镶件压入方向修成小于 30′、高度为 5mm 左右的斜度作为引导。

4）压入前应对固定板及被压入零件去磁，并用显微镜查凸模、凹模刃口质量，清除异物，涂润滑油。压入时避免使用压力机，只能用铜锤或铜棒轻轻敲入，若过盈量较大，由装配钳工研磨后装入。

5）凸模等工作零件压入固定孔时应进行垂直度检查，压入少许时检查，压入固定长度的 3/4 再做检查。

6）装配后需进行最终磨削。

凸模装配后，应使凸模台肩部分与固定板在同一平面内。磨削时用导磁等高垫铁支承，等高垫铁应使凸模端面离工作台面 2～3mm，磨削后应保持固定板厚度和平行度不变，如图 3-3-1a 所示。

2. 凹模固定

凹模压入固定板时，若台肩与固定板台阶孔深度不一致，也需磨削，使其下平面在同一平面内，如图 3-3-1b 所示。当凹模台肩厚度小于固定板台阶深度时，可在台阶孔中加垫片（厚度为 t_1），保证下平面平齐。如果刃口与固定板上平面平齐，可不刃磨凹模刃口。当凹模台肩厚度大于固定板台阶深度时，先将凹模台肩磨去 t_2，使固定部位高度 H_1+t_2 比 H 大 0.03～0.05mm，再在凹模底面加一个与 t_2 厚度相等的垫片，然后磨去凹模上平面，使凹模上平面与固定板上平面一致。

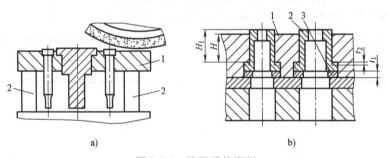

图 3-3-1 装配后的磨削

a）凸模背部磨削

1—凸模固定板 2—导磁等高垫铁

b）凹模刃部磨削

1—凹模固定板 2—凹模 3—垫片

3.3.2 部件装配

部件装配和模具的总装配，均需在恒温净化车间进行，以免杂质和温度给装配质量带来不良影响。

所谓部件装配，是指凸模固定板、凹模固定板及卸料板的装配。在级进模中，这些部件一般都由几块镶件组成，所以，它们的装配质量决定了整副模具的质量（各镶件的制造质量对整副模具的质量也有很大影响）。装配时，应有正确的装配基准。选择装配基准时，应注意尽可能与加工时的基准重合，即选用基准面或基准孔。当板内有辅助导向时，也可用辅助导柱孔或导套作基准。

装配时，各镶件嵌入固定孔中均需有过盈量，且嵌入后用螺钉和销紧固。小镶件不便使用销定位，靠相互挤压固定。镶件过松或过盈量过大，都会影响步距精度。

1. 凹模装配举例

1）以基准面或导套孔中心为基准。注意固定板上各部位的尺寸公差、位置公差，复检合格后才能进行装配，如图3-3-2中基准面与导套孔。

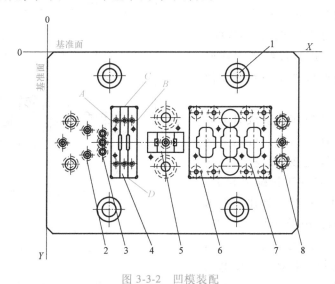

图 3-3-2　凹模装配

1—导套孔　2—冲导正孔凹模　3—冲孔凹模　4、5、6、7—镶件　8—浮动导料销

2）压入各凹模或凹模镶件。容易定位的应先压入，如冲导正孔凹模 2、冲孔凹模 3 先压入，因为它们在精加工时就保证了尺寸精度和步距精度；较难定位或依赖其他镶件才能保证型孔和步距精度的镶件，以及需要经过一定工艺方法加工后定位的镶件后压入，如镶件 4、5、6、7。无特殊要求的零件压入的先后顺序没有硬性规定。

3）各镶件经精加工后尺寸精度和几何精度均得到了保证，但在几块镶件嵌入固定孔后，各镶件的误差积累对过盈量和步距精度都有影响，可由装配钳工进行仔细研磨以达到装配要求。这是技术性和关键性的工序，如图 3-3-2 中镶件组的四个面 A、B、C、D。

要确定研磨量和保证步距精度，有两种方法：先将镶件嵌入固定孔，用三坐标测量机或万能测量机检查 X、Y 坐标方向上的位置尺寸精度和步距精度，按要求精度与实测的差值进行研磨；也可用坐标磨床或坐标镗床来代替测量。另外，也可在研磨前先检查各镶件有关部位的尺寸公差及几何精度，再经成组检查来确定各定位面的研磨量。

装配后的各凹模，用三坐标测量机进行最后检查并储存测量数据，在安装凸模和卸料板时便于检查凸模与凹模的间隙和卸料板的导向精度。

4）装配后的镶件应按图 3-3-1 所示的方法磨削凹模底面和刃口。

2. 凸模装配举例

1）如图 3-3-3 所示，以基准面或辅助导柱孔 1 为基准，装配凸模固定板镶件 2、3、4、5。方法与嵌入凹模法相同。

2）装配凸模时，先装精度要求高和精度难控制的凸模，再装容易控制精度的凸模。

3）组合件装配时，应分别检查镶拼件固定板的尺寸和几何精度，以及凸模刃口部位与固定部位的尺寸精度，并以固定孔为基准，研磨凸模固定部位，然后将凸模压入固定孔。

4）测量各凸模刃口部位尺寸精度、几何精度和步距精度，记录测量数据，并与凹模装配后的测量数据对照检查其间隙的正确性。若间隙不均匀，需再次调整，直到间隙均匀。再次检查并记录数据，以该数据作为装配卸料板的依据。

5）对凸模刃口进行最终磨削或研磨，保证装配后各凸模高度一致或差值准确。

要防止小直径凸模在磨削或研磨时弯曲变形，就需有保护措施，可以直接用卸料板保护。将固定板、卸料板翻转向上。磨削时，只需将卸料螺钉松开，卸料板在弹簧作用下抬起，且比凸模刃口低 0.03~0.05mm，用千分表检查卸料板平面与上模座上平面的平行度，然后进行磨削；再稍调紧卸料螺钉，使卸料板降低 0.005~0.01mm，而后进行粗研和精研。研磨时，凸模刃口不允许有塌角，表面粗糙度也需符合图样要求。

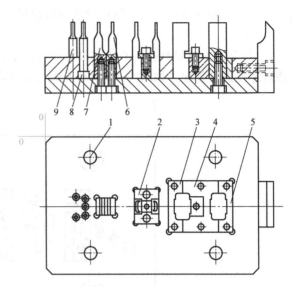

图 3-3-3　凸模装配

1—辅助导柱孔　2、3、4、5—凸模固定板镶件
6、7、8、9—凸模

3. 卸料板装配举例

如图 3-3-4 所示，该卸料板是直槽式弹性卸料板，它既起卸料作用，又对凸模起导向作用。卸料板的导向孔与凸模为间隙配合，一般采用 H7/h6，或者取冲裁间隙的 1/4~1/3，其步距精度与位置尺寸精度也比凸模和凹模高，所以装配要认真仔细，特别是在装配小凸模的导向镶件时要十分小心。其装配要点如下：

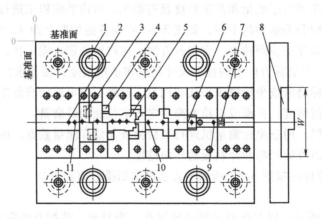

图 3-3-4　卸料板装配

1—辅助导套孔　2、3、4、5、6、7—凸模导向孔　8—卸料板镶件　9、10、11—导正销导向孔

1）以基准面和辅助导套孔为基准，并以凸模固定板基准面和辅助导套孔及各凸模实际测量的位置尺寸和步距尺寸的数据为依据，先装主要导向镶件。即先装具有凸模导向孔 2 和

导正销导向孔 9 的卸料板镶件 8，将 8 装入卸料板中找正并固定，以此作为基准件。

2）依次装入各镶件，测量各导向孔的位置尺寸和步距尺寸。根据测量差值来研磨镶件拼合面，使之达到要求。

其余各部位的装配与凸模及凹模装配相同。

3.3.3 吸尘器电动机定、转子冲片级进模的装配

微课：吸尘器电动机定转子冲片级进模装配

模具的装配过程如下：

1）装配前，对外购的或自制的模架进行装配前的检查。检查各项技术指标是否达到规定的要求。

2）以下模座的导套孔中心和凹模固定板的基准面（图 3-3-5）为基准，找正下模位置，将下模固定在下模座上，复检正确后，钻、铰销孔，打入定位销。

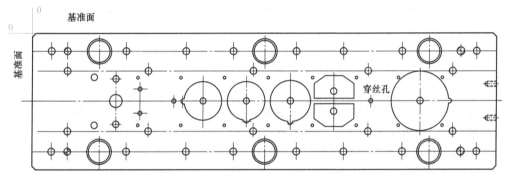

图 3-3-5 凹模固定板基准面

3）装配上模部分。以上模座上的导柱及图 3-3-6 中的凸模固定板基准面为基准，以凹模型孔位置尺寸和步距尺寸为依据，测出凸模相应的位置尺寸，把凸模、导正销装入固定板中，再装卸料板。注意安装导正销时，每个导正销和有效直径和有效长度应严格保持一致，误差不大于 0.005mm，否则会产生卡料或导正效果下降。

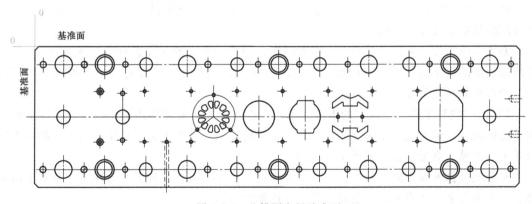

图 3-3-6 凸模固定板基准面

4）装卸料板等零件。

5）在上、下模座上安装限位块。限位块的高度应使合模后凸模不进入凹模的型孔。在

试模时，取下部分限位块垫片，凸模就可进入凹模。凸模进入凹模的深度，由取下垫片的厚度保证。上、下模分别装在模具装配机的上架和工作台上，先手动使上架上下移动，凸模进入凹模无干涉阻滞，然后用间隙纸试切，根据冲裁间隙的大小，间隙纸选用的厚度也不同。试切后在显微镜下检查是否有间隙不均匀的飞边等瑕疵，根据出现的瑕疵进行间隙调整。

6）试冲。利用制件的条料在模具装配机上进行试冲。先分步冲，检查各步的冲裁间隙是否均匀，断面质量是否符合要求。根据具体情况进行调整，然后钻、铰销孔并打入定位销。注意在试冲时，还要同时调整凸模高度。待试冲合格后再装废料切刀，以及安全与自动检测装置。

7）模具安装。采用自动送料、自动监测和生产用压力机，利用定位块、定位柱使模具在压力机上准确定位，从而保证模具压力中心和压力机滑块中心相重合。

8）生产现场试冲。进行现场试冲，按生产时的滑块行程次数试冲，达到连续生产所规定的制件数量，制件偏差应控制在公差的80%以内，制件的断面质量应符合大批量生产的要求。经生产现场批量生产试冲合格后，制件、模具及模具验收合格证一起入库。

任务训练三

1. 思考题

1）多工位级进模的凸模与凹模常用的加工方法有哪些？各自用于什么场合？

2）线切割方法加工模具零件应注意哪些问题？

3）模具零件的基准形式有哪些？基准孔如何表示？

2. 实践题

根据要求完成以下任务：

1）进行图1-0-2所示中极板级进模凸模、凹模固定板零件加工工艺编制。

2）进行图1-0-2所示中极板级进模装配。

【学与思】

1）以"模具技术与智能制造"为主题，查阅相关的文献资料，了解我国模具与智能制造领域的最新发展和前沿技术。

要树立敢为天下先的雄心壮志，直面问题，迎难而上，敢于探索科学"无人区"，勇于挑战最前沿的科学问题，力争在重要科技领域成为领跑者、在新兴前沿交叉领域成为开拓者，抢占世界科技发展的制高点。

2）以"模具工匠"李凯军的事迹为主题，查阅相关文献资料并展开讨论。通过了解大国工匠的故事，学习大国工匠学知练技刻苦钻研的钻劲、精益求精干精品的韧劲、创新改进攻难关的闯劲、立足钳台奉献汗水的拼劲。

对想做爱做的事要敢试敢为，努力从无到有、从小到大，把理想变为现实。要敢于做先锋，而不做过客、当看客，让创新成为青春远航的动力。

项目四　冲压自动化生产

【任务引入】

以吸尘器电动机定、转子冲片等冲压件的冲压生产自动化为例，要求：

1）进行冲压生产自动化系统组成单元功能分析。

2）进行冲压生产自动化组成单元选择。

3）进行冲压加工自动化方式选择。

4）进行冲压自动化装置主要结构与功能分析。

5）进行二次加工的供料和送料装置结构及其功能分析。

6）进行自动出件装置结构及其功能分析。

7）进行冲压机械手主要结构及其功能分析。

8）进行高速自动压力机的结构和工作原理分析。

9）进行冲压自动化系统组成分析。

任务1　认识冲压生产自动化组成单元

冲压加工工艺的种类较多，因此冲压机械化与自动化的机构和装置也非常多，而对同一种加工工艺，因考虑的方法不同，自动化的方式也有区别。

进行冲压自动化生产，应根据冲压产品的尺寸、形状和生产纲领等因素，决定使用冲压生产自动化的程度，使之构成一个系统，以满足冲压自动化生产的要求。

在进行冲压生产自动化设计时，除了对冲压产品的形状、尺寸、精度、材料和生产批量这些基本条件进行分析外，还需考虑以下几方面的问题：

1）材料的形状，如卷料（带料）、毛坯（半成品）、板料、条料和棒料。

2）加工的方法和工序的组合，如单工序、复合工序和连续加工。

3）工序的顺序。

4）冲压设备的类型和数量。

一般的冲压自动化加工系统的组成如图4-1-1所示。

随着压力机滑块的上下往复运动，各机构做周期性的、单纯重复的动作。在一定的时间和确定的位置上，机构完成供料和送料，将原材料或单个毛坯送到模具的工作位置，完成产品的加工和制件的取出。整个过程中的供料、送料和取件等动作要求完全同步。要设计一个合理的自动冲压加工系统，就是对上述机构进行有选择的组合。

4.1.1　冲压生产自动化系统的组成单元

冲压生产自动化系统可分为三个组成单元：加工单元、附属单元和信息单元。

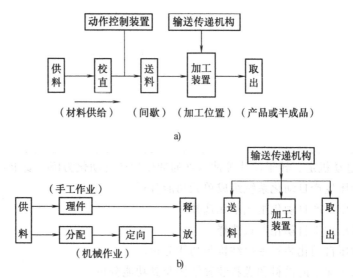

图 4-1-1 冲压自动化加工系统的组成

a) 带料或条料使用的自动化系统 b) 单个毛坯使用的自动化系统

1. 加工单元

加工单元是自动冲压加工系统的核心，由以下几部分组成。

（1）供料装置 供料装置在自动冲压系统中具有对原材料、半成品、毛坯进行供给、校直、整理、定向和导向等功能。

（2）送料装置 送料装置是将供料装置中供出的原材料或半成品、毛坯，以一定的规律，间歇地逐个送到加工位置，通过冲压设备完成制件的冲压。送料装置又可分为两种：原材料为卷料、板料或条料的送料装置，称为一次加工送料装置；原材料为单个毛坯或半成品的送料装置，称为二次加工送料装置。

（3）加工装置 加工装置对材料和半成品进行冲压成形，由压力机和模具共同完成，而且它们和前后装置相互联系，同步进行工作。加工装置的主体是模具，它具有导向、定位、暂时制动、冲压、卸料、理件和出件等功能。

（4）输送传递机构 多工位级进模冲压或多机生产线中，各工位间或压力机与压力机间的生产联系，需要输送传递机构来进行输送传递。

（5）动作控制装置 动作控制装置使整个系统的机构传动一体化，使得生产过程中的供料、送料、冲压过程、制件或废料的退出等动作同步、协调。目前常采用一些简单的机构，如凸轮、连杆、棘轮等机构来控制；也可采用气动、液压、射流控制。采用电子技术来处理信息的反馈，实现对整个过程的控制，是目前的发展方向。

（6）检测保护装置 检测保护装置的目的，是对生产系统中出现的异常情况自动报警，直至停机。

以上六个组成部分在使用时相互联系，同步、协调地完成整个自动冲压过程。此外，在自动冲压系统中，还设置有废料处理、润滑等系统。

2. 附属单元

在冲压生产自动化系统中，要实现从模具、材料的选择到产品收集入库全过程的自动化，需增设一些附属单元。附属单元包括以下三方面。

（1）模具的交换装置和附带机构　模具被保管在模具库中，在模具库和工作车间设有模具自动交换、安装机构。根据冲压加工的产品，从模具库中取出冲压模具并运到生产车间。在生产车间利用模具自动交换、安装机构把模具安装到压力机上，然后进行试冲。产品生产结束后，模具被取下并送入模具库。

（2）材料自动更换装置　这种装置能根据产品的要求，在库房中选择材料的种类，生产结束后还能自动地收集产品和余料。

（3）工作协调装置　工作协调装置是对模具的选择、装卸，材料的选择和装卸以及冲压过程的动作起调整、协调作用。采用电子技术，可对从模具的选择到产品入库的全过程实现自动控制。

以上三方面构成冲压全自动生产的分系统，是自动冲压系统的组成部分。其中还应有许多新技术等待着去开发和完善。

3. 信息单元

随着计算机技术的迅速发展，利用计算机对冲压生产过程的信息进行分析和处理，直接控制冲压生产，是冲压生产的发展方向。信息单元主要包括以下内容。

（1）简单生产线的信息　简单生产线的信息是自动化生产过程中操作加工指令、操作监测仪表和自动控制指令的组合。机器在实际的运行过程中，通过信息系统进行资料的检索和信息的反馈，得到生产管理的信息源。

（2）保证质量的信息　在冲压生产自动化系统中，检测工序也应该是自动化的。通过自动检测能及时地发现异常情况，命令生产线停止工作。掌握了这些异常情况的信息，对于探索它们的原因，采取办法消除，保证产品的合格率和生产线的正常运行非常重要。

（3）保护设备的信息　保护设备的信息是指提供给生产线设备的保护、维修信息。通过这个信息系统，可以诊断出设备维修的部位，选择最佳的维修方案，以最短的时间保质地完成维修工作。

（4）工厂的信息集中化　这是一个工厂信息的总体，集管理、控制、操作、设计为一体，通过信息指令来控制、管理生产。各种各样的信息全部集中到中央控制室，然后通过整理、分类、分析、决策并做出处理。

以上这些构成了现代冲压生产自动化的信息系统。

4.1.2　冲压生产自动化组成单元的选择

在进行冲压自动化设计时，需选择一个合理的组成单元。选择的依据是生产的产品、生产批量和被加工材料三要素，根据这三个要素，大体可以确定送料的方式和自动化的形式，一般有如下一些选择。

1）被加工材料为卷料、条料和板料时，往往选择一次加工送料装置。主要包括辊轴式、夹持式和钩式送料装置以及一些附带的校直机构等。

2）半成品或坯件在后续工序加工中，往往选择二次加工送料装置。二次加工的送料一般采用料匣和料斗，在一定的时间间隔内，按一定的工作节拍，把坯件送到模具的加工位置。在送入模具前，还需要理件、定向等附加机构进行前置处理，主要包括闸门式、转盘式、摆杆式、振动式等送料装置。

3）在加工结束后，为将冲压制品和废料从模具中清除，应设置出件、退料装置。这些装置的操作，常利用制件自身的重量、机械反冲装置、气动或液压装置和机械手来实现。

4.1.3 冲压加工自动化的方式

1. 连续加工法

连续加工是利用送料装置，按一定的步距和规律，将卷料或条料送到级进模的各加工工位上，进行冲裁、弯曲、拉深、成形、挤压成形等工序的加工。产品和原材料的分离应在最后一步进行。

2. 传送加工法

传送加工法是在第一工序中将半成品和材料分离。半成品通过传送机构或夹持器，逐个被送到下一工位进行加工。这种加工方法常用于多工位级进模和多机生产线上生产，又被称为连续自动冲压。

比较以上两种方式：前者模具的结构复杂，制造精度要求高，能冲制形状复杂、精度高的制件；后者对制件形状、尺寸没有特殊的要求，模具的设计和制造比较容易。两种方式的选择应根据制件的要求、现有的设备情况和模具的制造水平来进行。

任务2 认识冲压自动化装置

微课：一次
供料装置

4.2.1 自动供料和送料装置

1. 一次加工供料装置

一次加工是指用条料或卷料直接成形产品，而不经过中间工序。

（1）卷料供料装置 根据卷料的宽度和重量的不同，供料装置的结构也有所区别，有带动力装置和不带动力装置两种供料方式。下面是几种常见的卷料供料装置。

1）卷料架。卷料架是保持卷料、分离卷料的一种简单装置，常用于较轻的卷料（或带料），卷料架的结构如图4-2-1所示。卷料被保持在轴中，并在垂直立起的十字柄中回转，靠架支承。

卷料架有不带动力和带动力两种，前者依靠送料装置（或校平装置）的辊轴或夹钳的拉力来实现展卷；后者依靠展卷电动机，它可减轻送料或校平装置的负担，能防止送料时卷料的滑移。为了防止展卷速度过快造成的材料下垂过量或展卷过慢造成的送料装置的负

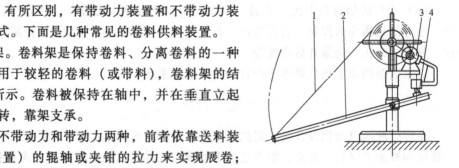

图4-2-1 卷料架
1—卷料 2—杠杆
3—电动机 4—限位开关

担，可采用限位开关和杠杆，以保证展卷速度与进给速度的协调。杠杆压在材料上，材料下垂到一定位置时，杠杆另一端接触限位开关，切断电路，电动机停止转动。当下垂的卷料逐渐提升到一定位置时，电路闭合，展卷重新开始。

卷料架和送料装置之间要有一定的距离，以防电动机起动频繁而产生送料故障和影响送

料进给精度。

2）托架。托架是支撑中等重量卷料的一种装置。它是一种采用活动夹板的箱体结构。在箱体的侧面和底面适当地安置一些滚轮，用这些滚轮支撑材料。滚轮和托架结成一体，通常托架上还附有校平机构，如图4-2-2所示。送出材料的动力，是利用校平机构的弹压辊与材料摩擦而产生的摩擦力。校平机构由电动机驱动，卷料的供给采用限位传感器控制。

这种装置的特点是卷料的装入简便，调节活动夹板，可适应不同宽度的卷料。不足之处是滚轮与卷料表面摩擦，卷料表面易擦伤。

3）芯轴型开卷机。芯轴型开卷机是保持并展卷大型卷料的装置，如图4-2-3所示。

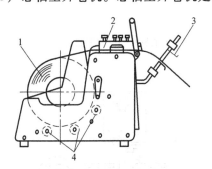

图4-2-2　附有校平机构的托架

1—卷料　2—校平器　3—限位传感器

4—滚轮

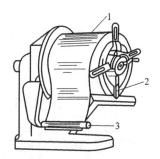

图4-2-3　芯轴型开卷机

1—卷料　2—芯轴

3—限位传感器

芯轴型开卷机的芯轴在水平方向悬臂支撑卷料，展卷依靠电动机。为保证展卷速度和送料速度的协调，在芯轴的轴端设计一限位传感器，用它来控制放料和止动。

（2）条料和板料供料装置　条料和板料的供料过程是将叠放的材料堆放在储料架内，由吸料机构逐一将材料吸住，并通过提升装置，将材料提升、移送到指定位置、释放。这种装置可使材料直接落入送料机构，也可直接落在模具上，这个过程如图4-2-4所示。吸附可采用真空或电磁吸附。

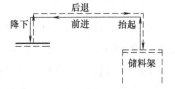

图4-2-4　条料和板料供料
装置的原理图

板料或条料的供料装置的组成如图4-2-5所示。板料或条料堆放在储料架1上（两个储料架交替使用），由料架传送到吸料装置下，真空吸盘吸住材料，经分离装置2分页后被提升，再由移料机构3将吸盘连同材料右移，释放后的材料落在辊道4上，经上油装置5上油后，送到送料机构6，然后送到压力机的工作位置进行冲压。

1）储料架。图4-2-6所示为交替使用的储料架。将板料或条料堆积在料架内，料架底部的平板在顶料机构3的作用下，可随着材料被吸而逐渐升高。料架可在导轨上左右移动。

由于被吸材料需要保持在一定的高度，因此，在料架上应设置分次顶料机构，常见的有机械式顶料机构和液压式顶料机构两种。

图4-2-7所示为机械式顶料机构，由电动机带动蜗轮蜗杆将料架提升，料架上下极限位置由限位开关控制。当需要提升时，通过信号使机构动作。

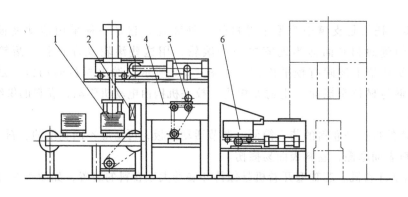

图 4-2-5 板料或条料的供料装置

1—储料架 2—分离装置 3—移料机构 4—辊道 5—上油装置 6—送料机构

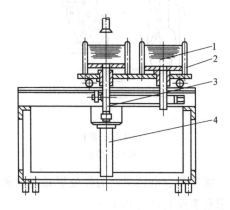

图 4-2-6 储料架

1—板料或条料 2—料架 3—顶料机构 4—液压缸

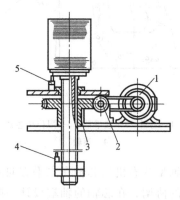

图 4-2-7 机械式顶料机构

1—电动机 2—蜗杆 3—蜗轮 4、5—限位开关

图 4-2-8 所示为液压式顶料机构，当需要将材料提升时，液压泵与液压缸之间的电磁阀动作，使液压油进入液压缸下腔，将材料顶升。

2）分离装置。在吸盘吸料时，为了防止吸上 2 张以上的板料，需采用分离装置来分页材料。常用的分离装置有两种形式，图 4-2-9 所示为齿形分料板，板料紧靠在上部有齿的分料板上，吸盘将板料向上提升时，如有两页以上的材料被吸，可由齿形分料板将叠料分开，这种方法结构简单，但可靠性差。用图 4-2-10 所示的磁性分离装置分页非常可靠，每组磁

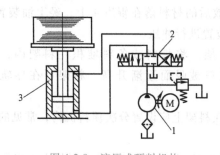

图 4-2-8 液压式顶料机构

1—液压泵 2—电磁阀 3—液压缸

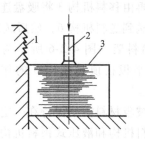

图 4-2-9 齿形分料板

1—齿形板 2—吸盘 3—板料

铁产生磁力线 Φ_1 和 Φ_2（其中 Φ_1 是主要的，Φ_2 由于有较长的空气磁路，强度大大削弱，可忽略不计），磁力线 Φ_1 方向为由 N 极到 S 极，因相邻几片都通过同方向的磁力线 Φ_1，根据"同向相斥，异向相吸"的原理。相邻的板料就相互排斥，使顶面几片分离。

3）提料装置。提料装置分为机械式和气动式两种结构。图 4-2-11 所示为机械式提料装置，它主要由杠杆组成，当大齿轮 2 被小齿轮 1 驱动，转动半周时，多杆平面机构由图示双点画线位置上升到实线位置，吸盘 8 即被提升；而再转动半周时，吸盘下降。

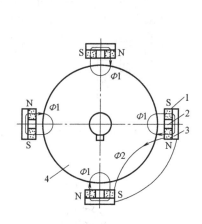

图 4-2-10 磁性分离装置

1—恒磁铁氧体 2—隔磁体 3—导磁体 4—板料

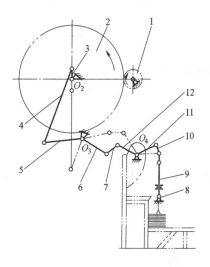

图 4-2-11 机械式提料装置动作原理图

1、2—齿轮 3~7—杠杆 8—吸盘 9~12—杠杆

图 4-2-12 所示为气动式提料装置，机构较为简单。气缸 1 固定，活塞杆 2 带动吸盘 3 上下运动，材料面积较大时，可以用几个气缸同时动作。

4）移料装置。移料是将吸盘吸住的板料移送到指定位置，移料装置也分为机械式和气动式两种。图 4-2-13 所示是由凸轮和杠杆组成的机械式移料装置，凸轮 3' 固定在大齿轮上做等速转动，杠杆 4' 沿凸轮轮廓左右摆动，杆 5'、6'、7' 与 O_3、O_5 组成双摇杆机构，通过杆 8'、9' 使导块 10' 移动。这个装置和图 4-2-11 所示的提料装置在同一台压力机上使用，位于大齿轮的两侧（图 4-2-14）。

图 4-2-15 所示为气动式提料和移料装置。吸盘提料气缸 1 固定在移料气缸 2 上，当材料由吸盘吸住，并由吸盘提料气缸 1 提升到所需高度时，压缩空气进入移料气缸 2 的右腔，气缸 2 即带动吸盘提料气缸 1 沿活塞杆 3 向右移动，在材料进入送料装置时将它释放。

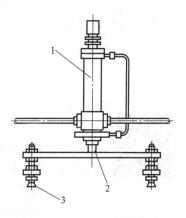

图 4-2-12 气动式提料装置

1—气缸 2—活塞杆 3—吸盘

5）上油装置。上油装置如图 4-2-16 所示。它的作用是保证材料表面的清洁，并且有润滑功能，以提高送料精度和模具寿命。

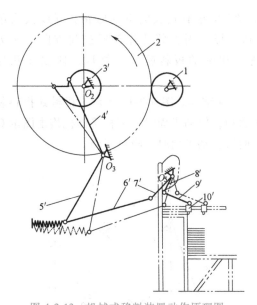

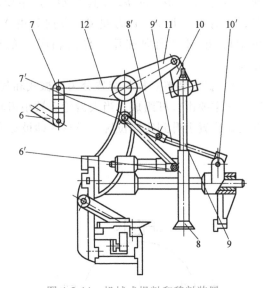

图 4-2-13　机械式移料装置动作原理图

1、2—齿轮　3′—凸轮　4′~9′—杠杆　10′—导块

图 4-2-14　机械式提料和移料装置

6′~9′、6、7、9~12—杠杆　10′—导块　8—吸盘

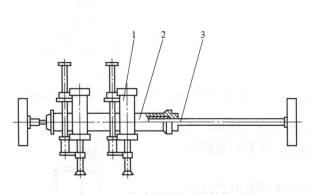

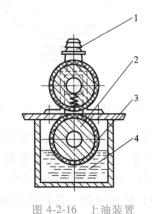

图 4-2-15　气动式提料和移料装置

1—吸盘提料气缸　2—移料气缸　3—活塞杆

图 4-2-16　上油装置

1—油管　2—辊轴　3—毛毡　4—油箱

微课：一次加工送料装置与二次送料装置

2. 一次加工送料装置

将卷料、条料、板料或线材、棒料等原材料直接送入模具进行冲压的自动送料装置，称为一次加工自动送料装置。

（1）钩式自动送料装置

1）钩式自动送料装置的结构及工作原理。钩式自动送料装置是一次加工送料装置中结构最简单的一种，送料钩可由压力机滑块驱动，也可由冲模的上模驱动。

钩式自动送料装置如图 4-2-17 所示。在图 4-2-17 中，斜楔 2 紧固在上模座 1 上，其下端的斜面推动送料滑块 3 在 T 形导轨板 10 内滑动，送料滑块的右端用圆柱销 12 连接送料钩 6，它在簧片 11 的作用下始终与卷料接触。送料滑块 3 下面通过螺钉 4 联接复位弹簧 5，送料滑块向左移动时弹簧被拉长，斜楔回程后，送料滑块在弹簧作用下右移复位。送料钩用 T10A 制造，淬火硬度要求达到 54~58HRC；送料滑块用 Cr12 钢制造，淬火硬度 56~60HRC。

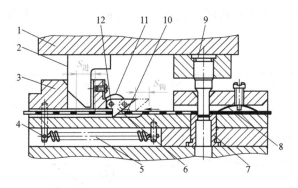

图 4-2-17　钩式自动送料装置之一

1—上模座　2—斜楔　3—送料滑块　4—螺钉　5—复位弹簧　6—送料钩　7—凹模　8—压料弹片
9—凸模　10—T 形导轨板　11—簧片　12—圆柱销

送料工作原理：当上模带动斜楔向下移动时，斜楔 2 推动送料滑块 3 向左移动，卷料在送料钩 6 的带动下向左送进，当斜楔的斜面完全进入送料滑块 3 时，卷料送料完毕，此后冲模进行冲孔或落料。上模回程时，送料滑块及送料钩在复位弹簧 5 的作用下向右复位，送料钩滑起进入下一个料孔，卷料被压料弹片 8 压紧而不能退回。此送料是在滑块下降时进行，因此，卷料的送进必须在冲压前结束。

图 4-2-18 是利用形锁斜楔 2 推动滚轮 5，带动送料滑块 13，使送料钩左右移动，实现向左送料和向右复位，复位时挡料销 8 防止材料后退，以保证送料精度。送料是在上模上升时进行，卷料的送进必须在凸模上升离开凹模后进行。

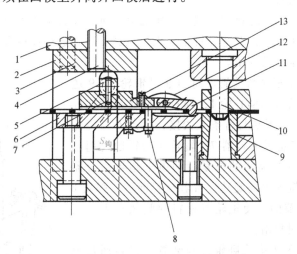

图 4-2-18　钩式自动送料装置之二

1—垫板　2—形锁斜楔　3—定位销　4—螺钉　5—滚轮　6—承料板　7—销　8—挡料销
9—凹模　10—凸模　11—送料钩　12—簧片　13—送料滑块

由以上两种送料装置的工作原理可知：钩式送料是用送料钩拉着卷料的搭边进行送料，因此只适用于料厚大于 0.5mm，宽度在 100mm 以下，搭边值大于 1.5mm 的卷料或条料。开始几件需用手工送进，至送料钩可以进入废料孔时才能开始自动送料。送料步距由压力机滑块行程与斜楔压力角确定，一般不超过 75mm。

钩式送料装置可达到的送料精度见表 4-2-1，其精度取决于送料装置的结构及送料孔的精度。

表 4-2-1 钩式送料装置的送料精度 （单位：mm）

步 距	<10	10~20	20~30	30~50	50~75
送料精度	±0.15	±0.20	±0.25	±0.30	±0.50

2）送料钩的行程计算。为保证送料钩顺利地进入下一个废料孔，应使 $S_{钩} > S_{进}$，如图 4-2-19 所示。

$$S_{钩} = S_{进} + S_{附}$$
$$S_{附} = (0.2 \sim 0.8) S_{进}$$

图 4-2-19 中送料钩的最大行程等于斜楔斜面的水平投影长度，即 $S_{钩max} = b$；斜楔压力角小于许用压力角，即 $\alpha_{max} \leqslant 40°$；如需使 $S_{钩} < b$ 时，可在 T 形导轨板底安装调节螺钉，

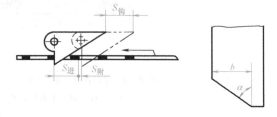

图 4-2-19 送料钩行程的计算图
$S_{钩}$—送料钩行程 $S_{进}$—送料步距
$S_{附}$—送料钩附加步距

使送料滑块复位时在所需位置停住而获得所要的送料步距。图 4-2-19 中送料钩的行程不可调节，$S_{钩} = b$。

（2）辊式自动送料装置

1）辊式自动送料装置的类型。辊式自动送料装置是各种送料装置中使用最广泛的一种，主要用于卷料和条料。

按辊子安装形式，辊式送料有立辊和卧辊之分。卧辊又有单边和双边两种。单边卧辊一般是推式的，少数也用拉式；双边卧辊是一推一拉送料，其通用性更大，能应用于很薄的条料、卷料，保证材料全长被利用。

图 4-2-20 所示为立辊送料装置。材料通过辊轮 4、9 送进，安装在曲轴端部的可调偏心轮 1，通过拉杆 2 带动杠杆 3 做来回摆动。杠杆 3 的下端与齿条 6 铰接，齿条 6 与齿轮 5 啮合，在齿轮中装有超越离合器 7，辊轮 4 的轴通过超越离合器和齿轮相连，这样齿轮的往复运动由于超越离合器的单向啮合性能而使辊轴单向旋转，带着材料前进。弹簧 8 的弹力通常做成可调节的，使辊轮对材料的侧面产生一定的压紧力，防止送料时打滑。

图 4-2-21 所示为单边推式卧辊送料装置。材料通过上下辊轴送料。安装在曲轴端部的可调偏心盘 1，通过拉杆 3 带动棘爪来回摆动，间歇推动棘轮 4 旋转，棘轮与辊轴装在同一个轴上，也能间歇送料。冲压后的废料由卷筒 7 重新卷起来，带的张力不要太大，以免打滑。

图 4-2-22 所示为双边卧辊送料装置。条料从右边送入，曲轴端部的可调偏心盘 1，通过拉杆 2 带动超越离合器 3 的外壳做正反转动，超越离合器 3 的内圈和齿轮 4 用键相连，

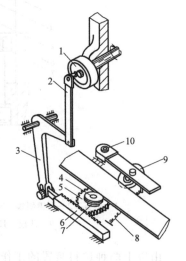

图 4-2-20 立辊送料装置
1—偏心轮 2—拉杆 3—杠杆
4、9—辊轮 5—齿轮 6—齿条
7—超越离合器 8—弹簧 10—支点

因此离合器外壳的正反转动便带动辊轴间歇送料。件8也是一个超越离合器，左右辊轴由推杆7实行联动。

目前应用最多的超越离合器如图4-2-23所示。外轮1沿逆时针方向转动时，带动滚柱2楔入外轮与星轮4的槽内，即可推动星轮及用键与它相连的轴。当外轮顺时针转动时，滚柱脱离楔紧状态，星轮保持不动。弹簧3顶着滚柱，使滚柱容易楔入外轮与星轮的槽内。

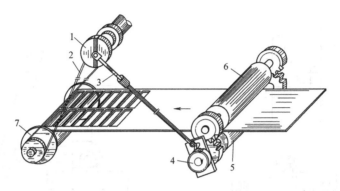

图 4-2-21 单边推式卧辊送料装置

1—偏心盘 2—带 3—拉杆 4—棘轮

5—下辊轴 6—上辊轴 7—卷筒

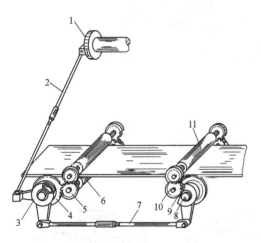

图 4-2-22 双边卧辊送料装置

1—偏心盘 2—拉杆 3、8—超越离合器

4、5、9、10—齿轮 6、11—辊轴 7—推杆

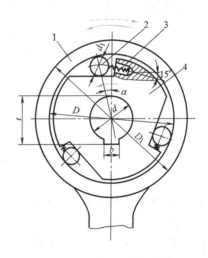

图 4-2-23 普通超越离合器

1—外轮 2—滚柱 3—弹簧 4—星轮

2）辊式自动送料装置的机构和特性。辊式自动送料装置的动作原理和整个送料过程，可以通过实例加以介绍。

图4-2-24所示为四杆机构传动的单边辊轴自动送料装置结构图，其工作过程如下：开始使用时，先将偏心手柄8抬起，通过吊杆5把上辊轴4提起，使上、下辊之间形成空隙；将条料从空隙穿过，然后按下偏心手柄，在弹簧的作用下，上辊轴将材料压紧。拉杆7上端与偏心调节盘连接。当上模回程时，在偏心调节盘的作用下，拉杆向上运动，通过摇杆带动

定向离合器2逆时针旋转，从而带动下辊轴（主动辊）和上辊轴（从动辊）同时旋转完成送料工作。当上模下行时，辊轴停止不动；到了一定位置（冲压工作之前），调节螺杆6撞击横梁9，通过翘板10将铜套3提起，使上辊轴4松开材料，以便让模具中的导正销导正材料后再冲压。当上模再次回程时，又重复上述动作，照此循环动作，达到自动间歇送料的目的。

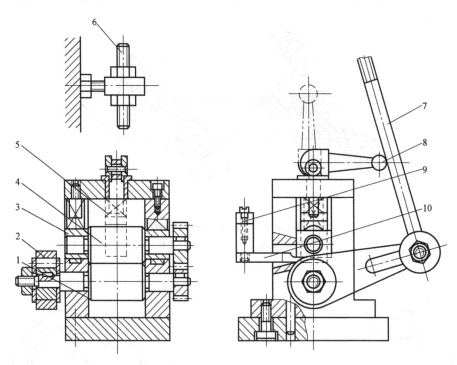

图 4-2-24　单边辊轴自动送料装置结构图

1—下辊轴　2—定向离合器　3—铜套　4—上辊轴　5—吊杆　6—调节螺杆
7—拉杆　8—偏心手柄　9—横梁　10—翘板

① 驱动力传递方式和送料步距的调节。辊轴送料装置的驱动力有压力机曲轴或压力机滑块驱动、上模驱动、电动或气动单独驱动。驱动力传递机构有曲轴通过偏心盘带动曲柄摇杆机构或齿轮齿条机构的传动，压力机滑块、上模和气缸驱动杆等带动齿轮齿条或摇杆的传动等。

目前应用较多的是在压力机的曲轴轴端安装一个偏心盘，驱动杆做直线往复运动，以带动辊子做回转运动。

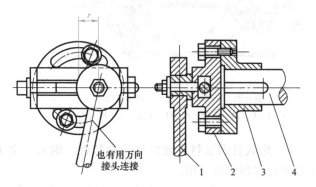

图 4-2-25　辊式自动送料装置的偏心盘

1—驱动杆　2—偏心盘　3—法兰盘　4—曲柄轴

送料步距的调节是通过调整驱动杆在偏心盘上偏心距大小而实现的，如图 4-2-25 所示。

曲柄摇杆机构如图 4-2-22 所示。由于它结构简单可靠，生产中使用最多。特别是在高速送料时，并且通过定向离合器，使辊轴按一定的送料步距做间歇旋转运动。

送料步距的大小按下式计算，即

$$S = \frac{\pi d_1}{360}\alpha \tag{4-2-1}$$

式中　S——送料步距（mm）；

　　　d_1——主动辊直径（mm）；

　　　α——主动辊转角（°）。

由上式可知，当送料步距一定时，就要协调主动辊直径 d_1 和转角 α，以满足送料步距的需要。设计时主动辊直径不宜太大，以免送料机构尺寸过大。当送料步距较大时，就要增大 α，但对于曲柄摇杆机构，摇杆摆角一般不宜超过 100°，最好在 45°以内。因此，设计时应全面考虑和正确选择传动方式和机构的几何参数。

辊轴送料装置需要调节送料步距时，就必须调节转角 α 的大小。改变转角 α 大小可通过调节传动机构的几何参数实现。对于曲柄摇杆机构，可调节摇杆长度（如图 4-2-24 中改变拉杆下端在摇杆上的位置）和偏心盘上偏心轴销的位置（图 4-2-25）；对于齿轮齿条的传动，可调节其传动比。曲柄摇杆机构调节送料步距范围较小；齿轮齿条调节范围较大。

必须注意到，超越离合器驱动辊轴做间歇运动时，必然产生加速度，而且加速度最大时刻是间歇运动开始和终了的时刻，从而引起机械振动，这对于送料精度影响很大。因此，随着高速压力机的发展，出现了凸轮驱动辊轴的辊轴送料。凸轮的形状应保证间歇运动开始和终了时加速度不会变，从而避免振动，提高送料精度。图 4-2-26 所示为应用蜗杆凸轮驱动的辊轴送料装置。该装置即使在

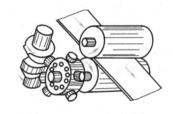

图 4-2-26　凸轮驱动的辊轴送料装置

高速送料情况下也能保持很高的送料精度，如送料速度为 120m/min 时，送料步距误差可达 ±0.025mm。但这种送料装置不能自由地调整送料步距长度。

② 辊轴。辊轴是与材料直接接触的工作零件，它有实心和空心两种。对于直径小的、送进速度低的用实心的；对于直径大的、送进速度高的用空心的。在高速压力机上都是使用空心的辊轴。由式（4-2-1）可以导出主动辊直径为

$$d_1 = \frac{360S}{\pi\alpha} \tag{4-2-2}$$

从上式可以看出，主动辊直径受送料步距 S 和转角 α 的限制。从动辊可以设计得小些。由于上、下辊应有相同的圆周速度，所以辊轴的齿轮传动为升速关系，即

$$\frac{d_1}{d_2} = \frac{n_2}{n_1} = \frac{Z_1}{Z_2} = i \tag{4-2-3}$$

式中　n_1、n_2——主动辊和从动辊的转速；

　　　Z_1、Z_2——主动辊和从动辊的齿轮齿数；

　　　i——主动辊和从动辊的转速比。

根据上式可确定辊子的直径和齿轮的齿数。

例 4-2-1　已知送料步距为 $S = 150$mm，设计辊轴的直径。

选取下辊转角 $\alpha = 100°$，齿轮模数 $m = 5\text{mm}$，齿轮的传动比 $i = 2$，则主动（下）辊直径 d_1 为

$$d_1 = 360S/\pi\alpha = [360 \times 150/(3.14 \times 100)]\text{mm} \approx 172\text{mm}$$

$$d_2 = d_1/i = (172/2)\text{mm} = 86\text{mm}$$

$$Z_1 = d_1/m = 172/5 = 34.4$$

$$Z_2 = d_2/m = 86/5 = 17.2$$

齿轮的齿数必须取整数，所以 Z_1 取 34，Z_2 取 17。对于标准齿轮，分度圆 $D_1 = 170\text{mm}$，$D_2 = 85\text{mm}$，则中心距为 127.5mm。在两辊轴中间夹有条料，设该辊轴所送最薄的条料为 0.5mm，因此两辊轴直径应满足下列条件，即

$$d_1/2 + d_2/2 + 0.5\text{mm} = 127.5\text{mm}$$

因 $d_1 = 2d_2$，解得 $d_1 = 169.33\text{mm}$，$d_2 = 84.67\text{mm}$。

为保证每次送料步距为 150mm，α 应该调到 101.5°。由于辊轴转角要做微调，只有采用超越离合器才有可能，因此上述计算只适合于装有超越离合器的辊式送料。

③ 抬辊装置。辊轴送料装置在使用过程中需要两种抬辊动作：第一种是开始装料时临时抬辊，使上、下辊之间有一间隙，以便材料通过；第二种抬辊动作是在每次冲压工作前，使材料处于自由状态，以便导正销能导正材料。实现第一种抬辊动作可以采用手动。实现第二种抬辊动作有两种方式，即杠杆式和气动式。杠杆式是常用的方法。图 4-2-24 所示是通过调节螺杆 6 推动横梁 9、翘板 10 而实现抬辊；图 4-2-27 所示是通过凸轮推动杠杆而抬辊，这种机构能够任意选择抬辊的时间和抬辊量，最适用于冲压加工形状复杂的冲压件。气动式抬辊方法同步性较差，不适合于高速压力机。

④ 压紧装置。辊轴送料是依靠辊轴与材料之间的摩擦力来完成进给运动的。为了防止辊轴与材料之间打滑而影响送料步距的精度，应设置压紧装置对辊轴施加适当的压力，以产生必要的摩擦力。压紧装置可以采用弹簧或气压，如图 4-2-24 中的压紧装置为弹簧压紧装置。

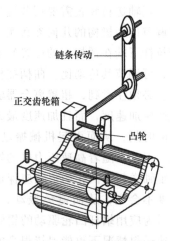

图 4-2-27　凸轮式抬辊机构

⑤ 制动装置。辊轴送料装置在送料过程中，由于辊轴及传动系统的惯性和离合器的打滑，会影响送料步距精度。为克服上述现象，对送进速度高、辊轴直径大的情况，可在主动辊轴端设置制动器，如图 4-2-28 所示。制动器可以是闸瓦式或圆盘式的。

⑥ 上、下辊之间的传动。上、下辊之间通常采用齿轮传动。当上、下辊之间采用一对齿轮直接传动时，如图 4-2-29a 所示，送进材料的厚度变化会引起齿隙增大，则逆向冲击增大。在这种情况下，若采用制动器急停，上辊产生冲击滑移，使送料步距不准确。要避免这种现象，上、下辊都应装制动器。建议采用这种传动方式时，材料厚度不超过齿轮的模数。如送进材料较厚时，可采用如图 4-2-29b 所示的传动方式。上、下辊之间设计两个中间齿轮，即使材料厚度发生变化，辊轴间中心距增大，也能保证齿轮正常传动，不影响送料精度。

⑦ 冲压与送料动作的配合。辊轴送料装置与其他送料装置一样，必须保证冲压工作与送料动作有节奏的配合。当冲压工作行程开始时，送料装置应已完成送料工作，条料停在冲压区等待冲压。冲压完成后，上模回到一定高度，即上、下模工作零件脱离时，才能送料。

这种配合关系可用图 4-2-30 所示的送料周期图表示。由图 4-2-30a 可以看出，抬辊的开始点和结束点对称于滑块的下死点，而且抬辊的开始点稍大于压力机的公称压力角，但不宜过早抬辊，以免引起条料位移而产生废品。如果不设抬辊装置，送料开始点也不一定从 270°附近开始，只要避开冲压区，就可以实现送料，如图 4-2-30b 所示。

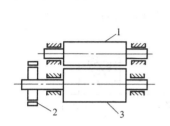

图 4-2-28　制动器的安装位置

1—上辊　2—制动器

3—主动辊（下辊）

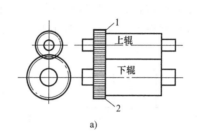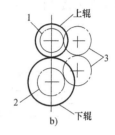

图 4-2-29　上、下辊的传动

a）上、下辊齿轮直接传动　b）中间齿轮间接传动

1—上辊齿轮　2—下辊齿轮　3—中间齿轮

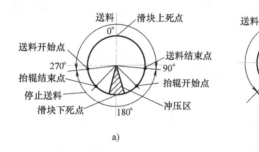

图 4-2-30　送料周期图

以上送料周期图是通过正确设计和调节传动机构来实现的。

3）辊轴送料的特点及应用场合。辊轴送料装置通用性强，适用范围广。宽度为 10～1300mm、厚度为 0.1～8mm、送料步距为 10～2500mm 的条料、带料、卷料一般都能适用。送料步距误差小，一般的驱动方法可达±0.05mm，采用凸轮驱动辊轴送料，即使是高速送料，误差也可以很小。允许的压力机每分钟行程次数和送进速度视驱动辊轴间歇运动的机构而定，对于棘轮机构传动，压力机冲压速度不宜太高；而对于凸轮传动，压力机冲压速度则可以很高。

（3）夹持式自动送料装置　夹持式自动送料装置有夹刃式、夹滚式和夹板式三种。这类送料装置是依靠其工作零件——夹刃、滚柱或滚珠、夹板夹持材料而送进的。该装置一般由活动送料部分和固定止退部分组成，其驱动方式多以装在上模的斜楔驱动，也有用压力机直接驱动或单独驱动（送料步距较大时）。

微课：夹持式
自动送料
装置

1）夹刃式自动送料装置　夹刃式自动送料装置有表面夹刃式、侧面夹刃式和组合夹刃式三种。一般对于较硬的材料、表面要求不高的制件可采用表面夹刃式；对于材料较厚、表面要求较高或方、扁、圆等型材，可采用侧面夹刃式；采用组合式夹刃时，一般送料用侧面夹刃，固定止退用表面夹刃。

图 4-2-31 所示为表面夹刃送料的工作过程。当上模下降时，固定在送料滑块 8 上的送料夹座 2 带动送料夹刃 1 向右回程。此时送料夹刃 1 在摩擦力 F 的作用下，绕铰接轴 4 顺时针转动，送料夹刃 1 在材料上滑动，而止退夹座 5 固定不动，夹刃 7 在拉簧 6 的作用下始终将材料压紧在承料板 9 上，以阻止其向右移动，如图 4-2-31a 所示。当上模回升时，送料夹刃 1 在拉簧 3 的作用下将压紧材料，同时送料滑块 8 与送料夹座 2 一同带动送料夹刃 1 和材料向左移动，而夹刃 7 则在材料上滑动，如图 4-2-31b 所示。以此循环实现自动送料。

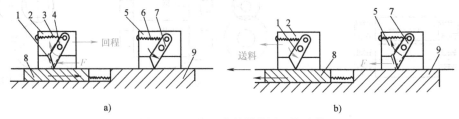

图 4-2-31 夹刃式送料装置工作过程

1—送料夹刃 2—送料夹座 3、6—拉簧 4—铰接轴 5—止退夹座 7—夹刃
8—送料滑块 9—承料板

设计夹刃式自动送料装置时，应注意夹刃装置形式的选择、夹刃形状选用及送料精度的控制。

夹刃的结构形状如图 4-2-32 所示。斧形、方形、棘爪形夹刃一般用于表面夹料；菱形夹刃用于侧面夹料；凸轮形夹刃用于表面或侧面夹料。

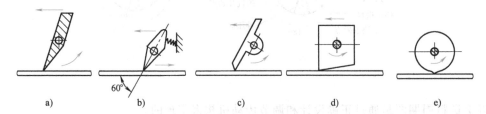

图 4-2-32 夹刃的结构形状

a) 斧形 b) 菱形 c) 棘爪形 d) 方形 e) 凸轮形

夹刃式自动送料装置结构简单，送料步距误差小，一般用于料宽为 200mm 以内、料厚大于 0.5mm、行程次数小于 200 次/min、送料步距误差为 ±(0.02 ~ 0.05)mm 的自动送料。宽而厚的材料宜由压力机直接驱动或单独驱动。

2）夹滚式自动送料装置。夹滚式自动送料装置是利用滚柱或滚珠在斜面上的移动来对材料实行夹紧和放松，大多数也是通过斜楔推动活动送料夹持器而实现间歇送料。

图 4-2-33 所示为滚柱夹持式自动送料装置，其工作部分是由起送料作用的活动夹持器和起止退作用的固定夹持器组成，两者结构相同，安装方向也相同，采用装在上模的斜楔来驱动活动夹持器。工作过程如下：当上模下行时，斜楔通过滚轮推动活动夹持器及其座板沿导轨向左移动。此时活动夹持器内的滚柱连同保持架由于材料的摩擦作用，在支座内的斜楔上右移，两滚柱间的间隙增大，结果滚柱在材料上滚动，而固定夹持器不动，夹持器内的滚柱由于弹簧压力和摩擦力的作用向左推紧，夹紧材料，以阻止其左移（后退）。当上模开始回程时，活动夹持器在弹簧 6 的作用下开始右移（复位），此时活动夹座内的滚柱由于弹簧压力的作用，在支座斜面上左移而夹紧材料，随着活动夹座的右移，使材料向右移进一个步

距，而固定支座内的滚柱则放松材料，让其向右送进。照此循环动作而实现周期性间歇送料的目的。送料步距大小可通过调节螺栓 9 得到；夹紧力的大小可通过调节弹簧 4 来满足。

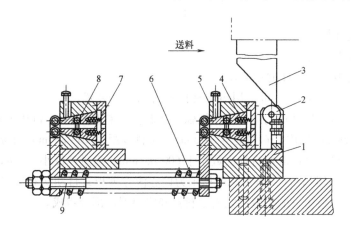

图 4-2-33 滚柱夹持式自动送料装置

1—活动夹持器座板 2—滚轮 3—斜楔 4、6—弹簧
5—活动夹持器 7—保持架 8—滚柱 9—螺栓

夹持器的设计是夹滚式自动送料装置设计的关键。夹持器的结构形式如图 4-2-34 所示，有四种：图 4-2-34a 是用两个滚柱直接夹在材料上，夹料较均匀，但材料会产生局部弯曲，软材料会被夹伤；图 4-2-34b 是用一个滚柱和一个淬硬的夹板夹料，材料仍有局部弯曲；图 4-2-34c 是用一个滚柱通过淬硬夹板夹料，材料不会被夹伤；图 4-2-34d 是用两个滚柱通过两块淬硬夹板夹料，这种夹料方式较好。

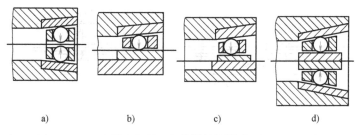

a)   b)   c)   d)

图 4-2-34 夹持器结构形式

设计夹持器时，除了满足送料宽度的需要外，还应满足送料厚度在一定的范围内变化。图 4-2-35 所示结构尺寸保证了这一基本要求。

滚柱的位置调节量 ΔS 为

$$\Delta S = \frac{t_2 - t_1}{2 \tan \alpha} \qquad (4\text{-}2\text{-}4)$$

式中 ΔS——滚柱的位置调节量；

$\quad t_1$——材料最小厚度；

$\quad t_2$——材料最大厚度；

$\quad \alpha$——支座内壁斜角，α 取 $11° \sim 12°$。

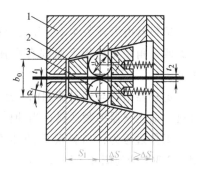

图 4-2-35 夹持器的几何尺寸

1—支座 2—保持架 3—滚柱

滚柱直径由下式计算，即

$$d = \frac{b_0 + 2S_1\tan\alpha - t_1}{1 + \sec\alpha} \qquad (4\text{-}2\text{-}5)$$

式中　d——滚柱直径；

　　b_0——支座小端内框尺寸；

　　S_1——支座小端至滚柱的中心距。

对于线材或小直径棒料，可采用滚珠夹持式自动送料装置。

夹滚式自动送料装置结构简单，通用性强，送料步距精度较高 [±(0.03 ~ 0.12)mm]，适用于送进料宽在 200mm 以内、料厚为 0.3 ~ 3mm、送料步距为 10 ~ 230mm 的带料或条料，或送进线材和小直径棒料。允许滑块行程次数小于 600 次/min，送进速度小于 40m/min。

3）夹板式自动送料装置。图 4-2-36 所示为偏心滚柱夹板式自动送料装置。这是一种用两个淬硬的夹板进行夹料送进的装置。它由送料器和定料器两部分组成。

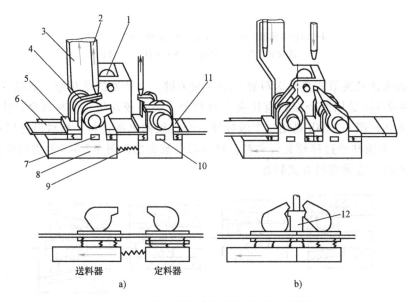

图 4-2-36　偏心滚柱夹板式自动送料示意图

1—滚柱　2—螺钉　3—斜楔　4—齿开关　5—送料压板　6—条料　7—送料托板　8—滑块
9—弹簧　10—定料托板　11—定料压板　12—下套管

送料器由齿开关 4（齿开关套在偏心滚柱上）、送料压板 5 和送料托板 7 等组成（送料压板四个角和托料板下面都有小弹簧），全部固定在以滚轮驱动的滑块 8 上，由斜楔控制送进。

定料器结构与送料器相同。送料器和定料器的运动规律为：当冲模上升时，定料器放松材料，而送料器夹紧送料；当冲模下降时，定料器夹紧材料，送料器空程退回。

工作过程为：当斜楔 3 随冲模上升时，滚柱 1 被斜楔推向右面，使送料器的位置从图 4-2-36a 变为图 4-2-36b，前一次冲压时，冲模上的两个螺钉 2 分别压下送料器和定料器的齿开关 4，使送料器的送料压板 5 和送料托板 7 把条料 6 压紧，同时定料器的定料压板 11 和定料托板 10 对条料松开，如图 4-2-36a 所示，这样送料器把条料夹紧并由斜楔推动向右送进，条料通过定料器而进入冲压区，完成送进。当送料器快到达送进终点时，有一个随冲模上升的下套管 12 同时将送料器和定料器的齿开关抬起，如图 4-2-36b 所示，使送料器的上下夹板松开材料，而定料器的上下夹板夹紧材料。

当冲模下冲时，斜楔也下降，由于送料器和定料器之间弹簧 9 的作用，使处于放松状态的送料器退回到起始位置；冲模向下冲压工件时，冲模上的螺钉 2 又分别压下定料器和送料器的齿开关 4，使定料器放松材料，而送料器压紧材料，开始下一次送料。如此循环，完成送料、定料、退回、冲压等动作。

图 4-2-37 所示为偏心滚柱夹板式自动送料装置结构图，工作原理介绍如下：

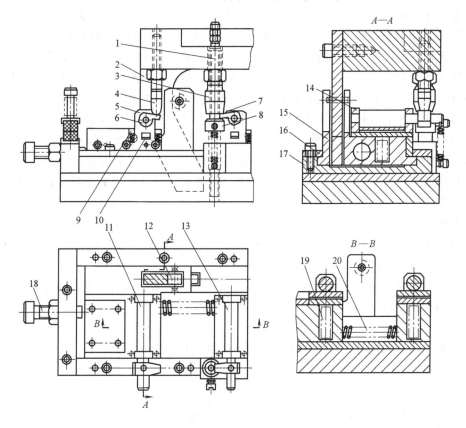

图 4-2-37 偏心滚柱夹板式自动送料装置

1—拉杆 2—斜楔 3—上套管 4—螺钉 5—送料器 6—齿开关 7—定料器 8—下套管
9—送料压板 10—托料板 11、13—偏心滚柱 12—滚轮 14—偏心滚柱支座 15—滑块
16—压板 17—滑座 18—调节螺钉 19—下压料板弹簧 20—弹簧

送料器 5 上装有偏心滚柱 11（滚柱上磨掉 0.4mm）、齿开关 6（齿开关装在偏心滚柱轴端）、送料压板 9（板上面与偏心滚柱 11 接触，板的四个角支承在四个小弹簧上）、托料板 10（板下面支承在弹簧 19 上），侧面装有滚轮 12，整个送料器安装在滑座 17 中。定料器的结构与送料器相同，但偏心滚柱 13 磨削 0.4mm 处与送料器的偏心滚柱磨削处错开一个 10°~15°的角。定料器固定在滑座 17 另一端上。

压力机滑块上装有斜楔 2、螺钉 4、拉杆 1 和上套管 3。滑座 17 上还装有下套管 8，其上端装有拉簧，使下套管 8 始终处于向下状态。

送料器和定料器之间放一根弹簧 20，顶住送料器，使送料器上的滚轮 12 始终贴紧斜楔。

送料器和定料器动作的配合：斜楔 2 随着压力机滑块下降时，由于送料器和定料器之间弹簧 20 的作用，送料器上的滚轮贴紧斜楔向左运动（即送料器复位靠弹簧，送料靠斜楔）；压力机滑块继续下降，滚轮处于斜楔的直线段时，固定在压力机滑块上的螺钉 4 和上套管 3 同时压下送料器和定料器的齿开关，送料器的齿开关 6 带动偏心滚柱 11 转动一个角度，并通过上下送料压板 9、托料板 10 将条料压紧；同时定料器的齿开关带动偏心滚柱 13 也转动一个角度，使定料器的上下压板松开条料；滑块进一步向下完成冲压工作。随即滑块回升，斜楔 2 也上升，推动滚轮 12 使送料器夹紧条料向右送进，当滑块快回到上死点之前，滚轮 12 在斜楔 2 的下端直线部分运动，即送料器完成送料步距，此时送料器的齿开关 6 被推进到上套管 3 和下套管 8 之间；滑块回到上死点时，带动拉杆 1 向上（拉杆套在空心的上套管中，拉杆的下端有台肩），在拉杆下端台肩的推动下，下套管 8 也向上运动，同时使送料器和定料器的齿开关向上抬起。送料器的齿开关向上抬起，送料压板 9 和托料板 10 松开条料；定料器的齿开关向上抬起，上下压板压紧条料。这样便完成送料和定料工作。当滑块由上死点向下运动时，由于弹簧 20 的作用，送料器向左复位，条料已被定料器压紧不能退回。当滑块向下到冲压前，螺钉 4、上套管 3 又要碰到送料器和定料器的齿开关，使送料器压紧条料，定料器松开条料；滑块向上运动时，斜楔 2 又要推动送料器压紧条料向右送进。如此循环，完成送进、定料、退回、冲压工作。

调节螺钉 18 用以调节送料步距，当要求减少送料步距时，可将调节螺钉 18 向右调节，使送料器碰到螺钉的右端，此时滚轮 12 和斜楔脱开一个距离，即斜楔向上行程时要跑一个空行程后，才和滚轮接触，使送料步距减小。

夹板式送料靠的是淬硬压板进行夹料和送料，而且夹紧、送料、松开动作分明，可获得较高的送料步距精度（±0.02mm），但送料步距不能太大。

3. 二次加工的供料和送料装置

二次加工是指将前道工序生产出的半成品工件进行再加工。

由于半成品的形状多种多样，致使供料和送料的方式繁多，其装置分别由料斗、分配机构、定向机构、送料机构、料槽、出件和理件机构等组成，如图 4-2-38 所示。

二次加工供料和送料装置的工作路线是：把待加工的半成品工件装入料斗中，工件从料斗出来后，经过分配机构和定向机构，具有正确方位的单个工件通过料槽进入送料机构中，再由送料机构送到模具

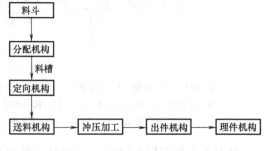

图 4-2-38 二次加工供料、送料过程

上进行冲压；冲压结束后，由出件机构把制件送出，然后经理件机构使制件按顺序排列整齐。下面分别介绍各部分的结构和工作原理。

（1）二次供料的料斗 料斗是一种供料装置，它能储存一定数量的半成品，并把它们逐一地输送给送料装置，由送料装置送到加工工位进行加工。料斗通常安装在送料装置的前上方。料斗的形状有多种，如圆筒形、盒子形和圆盘形等。

按定向性能，料斗可分为定向料斗和非定向料斗两种。定向料斗在料斗中有定向机构，非定向料斗的定向机构则设在料槽中。按结构原理，料斗可分为顶出式、水车式、转盘式和振动式等。

1）顶出式料斗。顶出式料斗是在料斗内装有顶出机构。半成品零件装在料斗内，被顶出机构顶起，然后落到料槽中。它可分为顶板式料斗和顶杆式料斗。

① 顶板式料斗。图4-2-39所示为顶板式料斗。由于顶板上下摇动，在料斗中的工件被中间板举起，整个地被送到料槽。它常用于送圆柱状工件。

② 顶杆式料斗。如图4-2-40所示，这种料斗具有定向性能，适用于杯形工件。工作原理是：杯形工件装在料斗3中，拨杆1拨动顶杆2做上下往复运动。当顶杆下行时，工件堆积在顶杆的上方。顶杆上升时，从工件中顶出，口朝上的工件被顶杆顶开，而某个口朝下的工件套入顶杆的上端，被带着上升并推入料槽内。工件在进入料槽时，顶开料槽入口处的左右止回舌，当顶杆向下退回时，止回舌在弹簧作用下挡住工件，使其不能落下。这样，工件就由下至上被逐个推出。

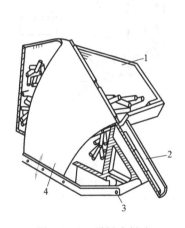

图4-2-39　顶板式料斗

1—料斗　2—滑道　3—转轴　4—顶板

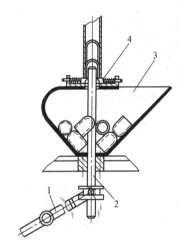

图4-2-40　顶杆式料斗

1—拨杆　2—顶杆　3—料斗　4—止回舌

2）水车式料斗。图4-2-41所示的料斗由于输出机构和定向机构像水车，称为水车式料斗，适用于小的杯形工件。工作过程是：杯形工件放入料斗中，车轮状转盘1沿逆时针方向转动，其圆柱形轮齿2在通过料斗时，一方面拨动工件使其往车轮状转盘方向移动，另一方面使工件套在轮齿上而被带出。套有工件的轮齿经过料槽底部的长孔时，工件被长孔的两侧边托住，再被刮下并沿料槽滑走。

另有一种适用于U形弯曲件的水车式料斗，如图4-2-42所示。

3）转盘式料斗。图4-2-43所示为定向转盘式料斗，适用于带凸缘的拉深工件。料斗固定在不动的料斗底盘9上，料斗中间装有做回转运动的垂直轴2，在轴2的径向装有五根螺旋弹簧3。将工件放在料斗内，当锥齿轮8带动弹簧3和转盘4一起转动时，工件被搅动，并按照一定方向移动。在料斗壁下方开有与工件外形相适应的出料口5。当工件在出料口边缘经过时，凸缘向下的工件在弹簧3和周围工件的推动下，通过出料口进入料槽7，方位不正确的工件只能从出料口边缘滑过。

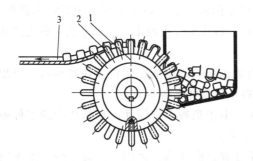

图 4-2-41 水车式料斗之一

1—车轮状转盘 2—轮齿 3—料槽

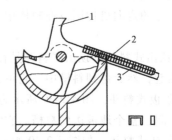

图 4-2-42 水车式料斗之二

1—四齿转盘 2—料斗 3—料槽

图 4-2-44 所示为非定向转盘式料斗，适用于直径大于高度的无凸缘拉深工件。

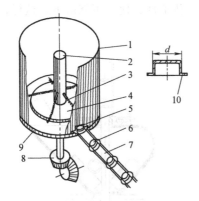

图 4-2-43 定向转盘式料斗

1—料斗 2—轴 3—弹簧 4—转盘
5—出料口 6—工件 7—料槽 8—锥
齿轮 9—料斗底盘 10—工件图

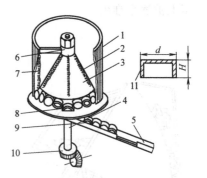

图 4-2-44 非定向转盘式料斗

1—料斗 2、7—弹簧 3—锥形套筒
4—轴 5—料槽 6—螺母 8—出料口
9—工件 10—锥齿轮 11—工件图

4）振动式料斗。振动式料斗是一种高效的供料器，它具有结构简单，制造方便，通用性强，工件撞击小，不易损伤工件表面等优点。

图 4-2-45 所示为振动式料斗，适用于小型冲压件。料斗 1 圆柱面的内侧有螺旋滑道，滑道的剖面形状和宽窄由工件的形状和大小来确定。中心轴 2 和料斗连成一个整体固定在托板 3 上，在托板中部的下方装有衔铁和电磁铁 4，固定在底座 6 中部上面。三片均布的弹性支架 5（弹簧片）将底座 6 和托板 3 联系在一起。弹性支架 5 倾斜一定角度。衔铁和电磁铁的上端面保持一个很小的距离。在底座 6 的下面有三个弹性支承块，以免振动料斗的振动影响压力机或其他设备的工作。

图 4-2-46 所示是振动式料斗的工作原理图，它是利用电磁体引起的机械振动来进行工作的。从电网送来的 220V 的交流电经过降压和整流变成低压脉冲电流后输入电磁铁，在周期性交变磁场的作用下，衔铁同料斗和工件一起做上下振动。因为料斗是用三片倾斜的弹簧片支承的，在上下振动的同时，必然在圆周方向引起振动，二者合成的振动是螺旋形的。这种料斗巧妙地利用了振动和摩擦使工件沿着螺旋滑道上升。

（2）分配和定向机构 在料斗和送料机构之间设有料槽，工件从料斗中被推出后，经料槽进入送料装置。要使工件在进入送料装置前状态完全正确，就必须设置定向机构。要使压力机每次冲程后，料槽滑送一个工件给送料装置，就需在料槽中设置分配机构。

1）定向机构。对工件实现定向输送，可采用有定向机构的料斗，也可在料斗和料槽之间或料槽中设置简单的定向机构。常见的定向机构有以下几种。

① 振动式料斗中的定向机构。振动式料斗的特点是巧妙地利用了振动和摩擦，使工件沿着螺旋滑槽上升。

图 4-2-47 所示为用于振动式料斗中的定向机构。这种定向机构在料斗的螺旋滑道上装有挡板、斜板和漏板等来实现工件的定向。

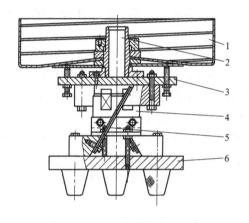

图 4-2-45　振动式料斗

1—料斗　2—中心轴　3—托板　4—衔铁和
电磁铁　5—弹性支架　6—底座

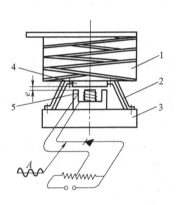

图 4-2-46　振动式料斗工作原理图

1—料斗　2—弹性支架　3—底座
4—衔铁　5—电磁铁心

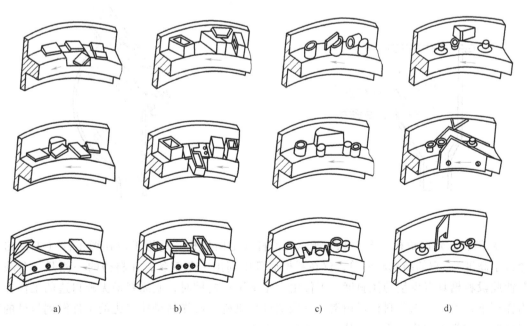

a) b) c) d)

图 4-2-47　振动式料斗中的定向机构

图 4-2-47a 为块状工件的定向机构。上图为设置了一个缺口，工件通过缺口处时，只能允许单列通过；中图是利用三角挡块定向，当工件经过三角挡块时，沿长度方向运动的工件可以通过，而横着移动的工件到缺口处就会落下；当工件通过下图的扭曲挡板时，平放的工件被竖立起。

图 4-2-47b 为盒形工件的定向机构。上图表示当盒形工件通过挡板时，挡板把立起状态的工件推倒；中图是表示实现盒形工件的盒口都朝上的定向机构，口朝下的工件在到达漏板时，会翻滚下去，朝上的工件则可以通过；下图是控制工件水平方向方位的定向机构，工件的长度方向和滑道一致可以通过，反之，会翻落下去。

图 4-2-47c 为杯形工件的定向机构。上图表示只允许平放的杯形件通过；中图表示每次只允许通过一个工件；下图表示只允许口朝上的工件通过漏板，口朝下的工件会在漏板处翻滚下去。

图 4-2-47d 为带凸缘的拉深件的定向机构。上图表示工件经过三角挡板时，重叠的就被推下，通过的工件都处于平放状态（口朝上或口朝下都可以）；中图表示只允许口朝上的工件通过挡板，反之就被挡下来；下图表示只允许口朝下的工件通过闸门，闸门口的形状和工件正确方位时的形状相似，方位与此相反的工件被闸门挡住而落下去。

② 垂悬钩杆式定向机构。图 4-2-48 所示为一种通过钩子来调节圆筒形工件方位的定向机构。工件随机地以口部或底部从右边料槽中进入定向机构。当底部朝左边时，钩子钩不到工件，工件底朝下则落入下段滑道中；反之，口部朝左边时，钩子钩着工件边缘使工件底朝下落入滑道中。

③ 深筒式定向机构。图 4-2-49 所示为深筒式定向机构，适用于杯形工件。由上段料槽滑下的工件，当底部朝下时，就直接落入下段料槽。当底部朝上时，则由于惯性的作用而斜落到挡销上，工件便在重力作用下翻滚下来，也使它的底朝下方落入下段料槽中。

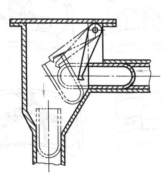

图 4-2-48 垂悬钩杆式定向机构

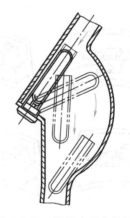

图 4-2-49 深筒式定向机构

④ 滑杆式定向机构。图 4-2-50 所示为滑杆式定向机构，适用于浅杯形工件（工件的直径大于高度）。它的结构较简单，仅在料槽底部中间加一条钢丝，在料槽的一侧开一个缺口并使此段料槽具有少量的倾斜度。工件由上至下滚过料槽时，底靠料槽无缺口边的工件在重力作用下，就一直靠着料槽后边滑入下段的分配机构。底靠料槽缺口边的工件滑到料槽的缺口处时，在重力的作用下，便从缺口处翻落下去。

2）分配机构。为保证在压力机每完成一次行程后，料槽输送一个工件给送料机构，就需要在料槽中安装分配机构。分配机构有时也和定向机构合在一起。目前常用的分配机构有以下几种：

① 轮式分配机构。图 4-2-51 所示为轮式分配机构，适用于圆形工件。装在料槽中的转轮 3 做间歇运动，压力机每进行一次行程转轮转过一个齿，分配出一个工件。

② 拨叉式分配机构。图 4-2-52 所示为拨叉式分配机构，结构简单，便于制造，适应性强，在生产中得到广泛使用。拨叉由托杆 3 和摆杆 4 组成。动作过程是：轴 5 带动摆杆 4 摆动，在摆杆的上下端装有托杆 3，托杆 3 在摆杆推动下沿着料槽上的导向孔做往复运动。当摆杆顺时针方向摆动时，料槽上部的工件落下并被托在下托杆上；当摆杆沿逆时针方向摆动时，上托杆插入，而下托杆从料槽中退出，于是便落下一个工件。

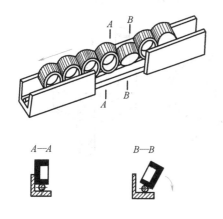

图 4-2-50　滑杆式定向机构

A—A—所需的方位　　*B—B*—不正确的方位

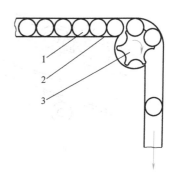

图 4-2-51　轮式分配机构

1—工件　2—料槽　3—转轮

③ 卡钳式分配机构。图 4-2-53 所示为一种卡钳式分配机构。连杆 1 带动卡钳 2 绕轴 3 摆动。当卡钳向逆时针方向摆时，沿料槽滑下一个工件；卡钳顺时针方向摆时，料槽上部的工件滑到钳口右边被挡住，等待下一次分配滑出。

④ 挡板式分配机构。图 4-2-54 所示为挡板式分配机构，其动作过程是：连杆 4 带动摆杆 3 向上摆动时，挡板 6 离开工件向后摆出，挡板 8 摆进料槽的上方挡住工件，在两挡板间的那个工件沿着料槽滑下，即挡板每往复摆动一次，送出一个工件。

⑤ 回转式分配机构。图 4-2-55 所示为回转式分配机构。安装一个做间歇运动的回转拨叉、回转坑或回转盘，压力机每完成一次冲程，回转轮转过一个角度，分配出一个工件。

（3）二次送料机构　将经过分配和定向的半成品，逐个送入模具进行冲压的送料装置，称为二次送料装置。由于被送进的单

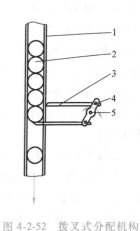

图 4-2-52　拨叉式分配机构

1—料槽　2—工件　3—托
杆　4—摆杆　5—轴

个半成品的形状多种多样（片、块、盘、筒等），所以二次送料装置的形式繁多，结构也较复杂。下面介绍生产中常见的几种装置。

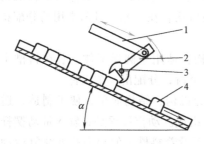

图 4-2-53　卡钳式分配机构

1—连杆　2—卡钳　3—轴　4—工件

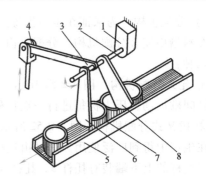

图 4-2-54　挡板式分配机构

1—轴承　2—轴　3—摆杆　4—连杆
5—料槽　6、8—挡板　7—工件

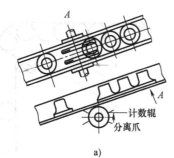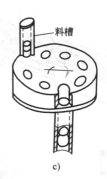

a)　　　　　　　　b)　　　　　　　　c)

图 4-2-55　回转式分配机构

a）回转拨叉式　b）回转坑式　c）回转盘式

1）推板式送料装置。推板式送料装置的工作原理如图 4-2-56 所示。将已整理定向的平板状工件 1 置于料匣 2 中（或由配出机构把工件直接送至推板前），当推板 3 向左运动时，将工件从料匣底部推出，逐个推到模具上。当推板向右运动并从料匣底部退出时，料匣中的工件随即落下，使最下面一块料停在送料线上，完成一次送料的循环。

设计推板式送料装置时必须注意如下几点：

① 为了保证工件能顺利推出并且每次只推出一件，推板在工件导滑槽中的高度和料匣出口高度应按下式确定，即

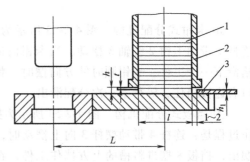

图 4-2-56　推板式送料装置的工作原理

1—工件　2—料匣　3—推板

$$h_1 = (0.6 \sim 0.7)t \qquad (4\text{-}2\text{-}6)$$
$$h = (1.4 \sim 1.5)t \qquad (4\text{-}2\text{-}7)$$

式中　h_1——推板厚度；

　　　h——料匣出口高度；

　　　t——板料厚度。

② 料匣轴线到凸模轴线的距离 L 为工件在送进方向上的长度的整数倍，而推板的行程比工件在送料方向上的长度大 1~2mm。

③ 采用推板式送料的平板厚度一般应大于 0.5mm，并要求平整、去毛刺，不宜有过多的润滑剂，以免阻碍送进。

带动推板往复运动的方式有斜楔带动、杠杆带动、齿轮齿条带动、气动等。

图 4-2-57 所示为斜楔驱动的推板式送料装置。斜楔 1 由压力机滑块带动，滚轮 4、滚轮支架 2、滑动导板 6 及推板 3 连接组成活动部分，在固定部分——送料台 7 中滑动。滑块带动斜楔上下运动时，带动活动部分周期性地间歇送料。为使送料动作可靠，拉簧的拉力和拉动行程必须足够。

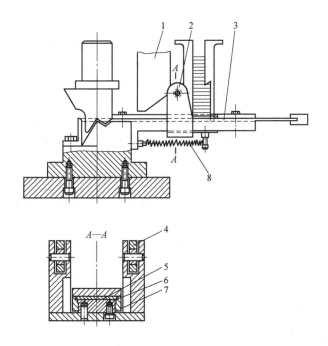

图 4-2-57　斜楔驱动的推板式送料装置

1—斜楔　2—滚轮支架　3—推板　4—滚轮　5—工件　6—滑动导板　7—送料台　8—拉簧

图 4-2-58 所示为齿轮齿条传动的推板式送料装置。它由齿轮 5、齿条 4 和 6、推板 3 和料匣 2 等组成。齿条 6 的上端与压力机滑块相连接，齿条 4 和推板刚性地连接在一起。当压力机滑块推动齿条 6 向下运动时，齿条 6 通过齿轮带动齿条 4 向右运动，推板回程。冲压结束后，滑块向上回程。当凸模从凹模中退出时，滑块与齿条间相对滑动；当滑块上升碰到齿条上端的调节螺母时，才带动齿条向上运动，使推板向左进行送料，完成一次送料循环。

图 4-2-59 所示为气动式推板送料装置的原理图。它把分配机构送来的定向工件按一定的时间推入冲模的作业点。

推板式送料装置结构简单、制造方便、通用性强、成本低，但因受斜楔工作面尺寸的限制，一般送料步距较小。它可在较高速度的压力机上应用，当工件在送料方向的尺寸小于 20mm 时，压力机行程次数可达 150 次/min；尺寸大于 20mm 时，行程次数应适当减小。该装置主要用于平板工件的送进。

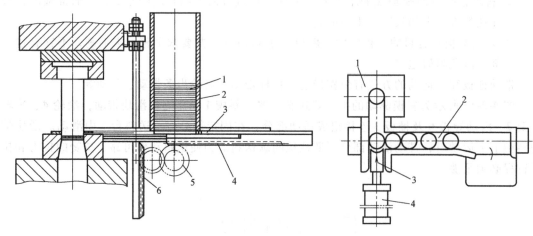

图 4-2-58 齿轮齿条传动的推板式送料装置

1—工件 2—料匣 3—推板 4、6—齿条 5—齿轮

图 4-2-59 气动式推板送料装置

1—冲模 2—传送带 3—推板 4—气缸

2）转盘式自动送料装置。转盘式自动送料装置是利用间歇旋转的转盘把分配机构送料的工件依次送到模具上进行冲压。带动转盘转动的机构有棘轮机构、槽轮机构、蜗轮蜗杆、凸轮机构、摩擦器等。

图 4-2-60 所示为斜楔驱动棘轮机构的转盘式送料装置。工作原理如下：当上模下行时，斜楔 1 通过滚轮 2 推动滑板 9 向右运动，从而使棘爪 7 带动棘轮（转盘 5）转过一定角度，

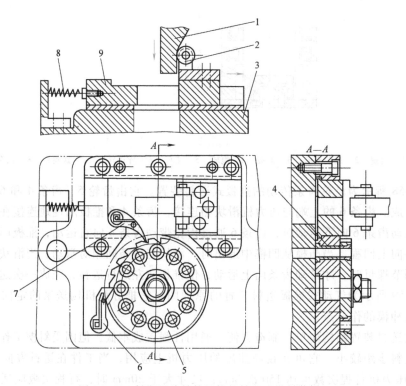

图 4-2-60 斜楔驱动棘轮机构的转盘式送料装置

1—斜楔 2—滚轮 3—下模座 4—凹模 5—转盘 6—定位爪 7—棘爪 8—拉簧 9—滑板

即转动一个工位，把工件送到凹模上。当上模回程，斜楔离开滚轮后，滑板在拉簧作用下复位。此时转盘在定位爪6作用下不动。照此循环动作，继续送料。转盘料孔中的工件可以由分配机构送来。

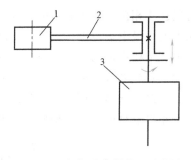

图4-2-61　摆杆式送料装置示意图
1—抓件器　2—摆杆　3—驱动装置

由于转盘式自动送料装置送料作业点离开冲模作业点，一般工位数为24～30个，较安全，但送料精度不高，广泛用于小型的杯形、平板形等工件的送料。

3）摆杆式送料装置。摆杆式送料装置是一种机械手，用于输送小型的圆块料或环形工件，如图4-2-61所示。它主要由摆杆2（手臂）、抓件器1（手指）、驱动装置3（即机械手本体）三部分组成。驱动部分使摆杆实现摆动和上下往复运动，上下运动完成抓件过程，摆动实现送料过程。驱动装置有压力机滑块或曲轴直接驱动和独立驱动两种。

图4-2-62所示为滑块驱动摆杆式送料装置。它是依靠压力机滑块驱动的，当滑块下行时，滑块把滑柱2压下，装在滑柱2上的导销4也随着向下移动，凸轮6在导销4的推动下沿逆时针方向旋转，焊在凸轮6侧面的摆杆9也随之绕轴5摆动。当调节螺栓3碰到凸轮上端面时，摆杆停止转动，凸轮6带动摆杆向下移动，在凸轮6下的碟形弹簧被压缩，此时，摆杆末端的弹性套圈将工件11夹住。当压力机回程时，调节螺栓3离开凸轮6的端面，凸轮6在碟形弹簧8的作用下向上移动，使摆杆夹住的工件抬起。滑块继续回升，滑柱2在弹簧1的作用下向上移动，导销4推动凸轮6沿顺时针方向旋转，摆杆把工件送到模具上。当摆杆转到冲压部位时，松套螺栓13顶开套圈活动臂12，使套圈10张开，工件就落到凹模上，完成一个工作循环。

上述结构比较复杂，但送料精度较高。

4.2.2　自动出件装置

自动出件装置是把冲压下来的制件或废料自动送离冲模作业点的装置。它有气动式、机械式和机械手等形式。

图4-2-62　滑块驱动摆杆式送料装置
1—弹簧　2—滑柱　3—调节螺栓　4—导销
5—轴　6—凸轮　7—轴向推力轴承　8—碟形弹簧
9—摆杆　10—套圈　11—工件
12—套圈活动臂　13—松套螺栓

微课：自动
出件装置

1. 气动式出件装置

气动式出件装置的主要形式有两种，即压缩空气吹件和气缸活塞推件。

图4-2-63所示为压缩空气吹件装置。它是利用压缩空气将制件或废料从模具中吹出。气阀的结构如图4-2-64所示。压缩空气由下部进入储气筒中，储气筒的上端出口和气阀的

进气孔 4 相接, 气阀右边的出气孔 6 通过管道和喷嘴相连接。冲压时, 阀芯 5 在弹簧 3 的作用下处于最下端位置, 气路被切断, 进气孔和出气孔不通, 喷嘴无气喷出。当冲压完成后, 凸模从下模中退出一定距离后, 顶料装置把制件顶出。此时, 曲轴带动装在其端部的凸轮 9 转动, 顶起阀杆, 使阀芯 5 向上移动, 进气口与出气口接通, 压缩空气通过气阀由喷嘴喷出, 把制件吹出。压缩空气的压力一般为 0.4~0.6MPa。压缩空气吹件装置结构简单, 广泛用于小型制件的出件, 但吹出的制件无定向, 噪声大。

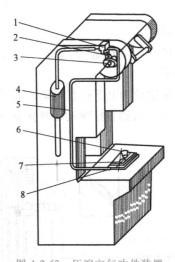

图 4-2-63　压缩空气吹件装置

1—气阀　2—阀杆　3—凸轮　4—储气筒
5—管道　6—制件　7—下模　8—喷嘴

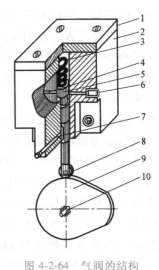

图 4-2-64　气阀的结构

1—盖板　2—阀体　3—弹簧　4—进气孔
5—阀芯　6—出气孔　7—螺栓　8—滚子
9—凸轮　10—轴

图 4-2-65 所示为气动出件的另一种形式。它是利用气缸活塞的动作把制件推离模具的工作位置。气缸的工作可由装在滑块上或曲轴端的凸轮通过气阀来控制。这种推件装置适应性强, 主要用于较大制件的出件。

2. 机械式出件装置

机械式出件装置的结构形式很多。图 4-2-66 所示为接盘式出件装置, 由上摇杆 3、接盘 5 和下摇杆 6

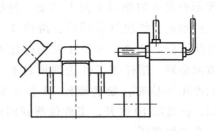

图 4-2-65　气缸活塞推件装置简图

等组成。接盘 5 和下摇杆 6 焊接成一个整体并互成 β 角, 上、下摇杆之间为铰接并分别与上、下模铰接。当上模回程到最高位置时, 接盘处于水平位置, 以便制件在冲模推件装置的推动下落到接盘上, 如图 4-2-66a 所示; 当上模下行时, 上、下摇杆向外摆动, 接盘有较大倾斜角, 使制件从接盘中滑下, 如图 4-2-66b 所示。

接盘式出件装置的结构形式还很多, 如图 4-2-67 所示。图 4-2-67a 为缩放形式的出件装置, 图示状态是上模下行后出件的情形。图 4-2-67b 为斜楔推动的出件装置, 斜楔装在滑块或上模上, 当上模下行时, 斜楔通过滚轮使轴连同接盘旋转一定角度, 接盘退出冲模工作区。当上模回程时, 接盘在扭簧的作用下, 转入上、下模之间进行接件。图 4-2-67c 为滑动式的出件装置, 它由滑块通过钢丝绳带动摇杆、连杆运动, 从而带动接盘沿滑道滑动。当压

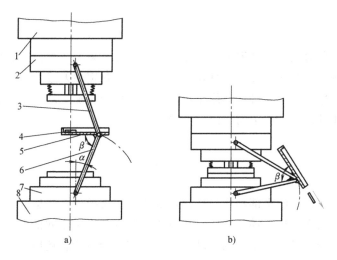

图 4-2-66　接盘式出件装置之一

1—压力机滑块　2—上模　3—上摇杆　4—制件　5—接盘　6—下摇杆　7—下模　8—工作台

力机滑块回程时，带动接盘进入上、下模之间进行接件，制件可沿接盘的倾斜面下滑。当压力机滑块下行时，接盘靠自重沿滑道下滑而离开冲模工作区。

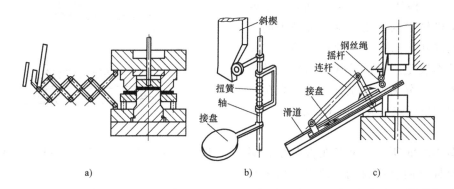

图 4-2-67　接盘式出件装置之二

接盘式出件装置结构简单，工作可靠，在实际生产中应用非常广泛。

图 4-2-68 所示为弹簧式出件装置。它是利用弹簧（簧片）的弹力，将制件推离冲模工作位置。

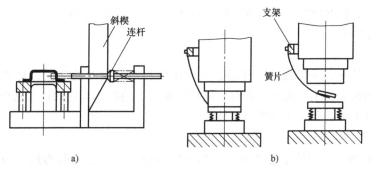

图 4-2-68　弹簧式出件装置

4.2.3　自动监测和保护装置

在高效的冲压自动化生产过程中，应在各个生产环节采用各种监视和检测装置。当冲压过程中出现定位不准、制件未推出、材料重叠或弯曲、料宽超差或卷料用完等现象时，检测装置便发出故障信号，使压力机自动停止运转，以实现冲压加工的自动控制，保证生产过程有节奏地、稳定地进行。具体结构、内容见项目二。

任务3　认识冲压机械手

机械手是一种模仿人的手部动作，按预定的程序实现抓取、搬运工件和操作工具的自动化装置。可用它来实现单机自动化冲压，也可用于实现各设备之间的自动传递，形成自动冲压生产线。应用机械手可减轻工人的劳动强度，实现安全生产，还能大大提高冲压自动化水平和劳动生产率。

机械手由执行机构、驱动机构、控制系统和机座等组成。执行机构是机械手直接进行工作的部分，它包括手爪、手腕、手臂和基座等构件，如图4-3-1所示。手臂的动作是机械手的主要运动，机械手的工作空间范围和运送工件时的行进路线主要由手臂动作决定。根据手臂运动形式的不同，机械手可分为四种坐标形式：直角坐标式、圆柱坐标式、极坐标式和多关节式。

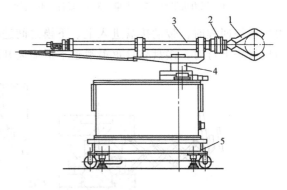

图4-3-1　机械手的组成
1—手爪　2—手腕　3—手臂　4—立柱　5—基座

1. 直角坐标式

如图4-3-2a所示，手臂在直角坐标系的三个坐标方向直线移动，即手臂做前后伸缩、上下升降和左右移动。这种坐标形式占据空间大而工作范围较小、惯性大、直观性好，适用于工作位置成直线排列的情况。

2. 圆柱坐标式

如图4-3-2b所示，手臂做前后伸缩、上下升降和在水平面内摆动的动作。与直角坐标式相比，所占空间较小而工作范围较大，但由于机械结构的关系，高度方向上的最低位置受到限制，所以不能抓取地面上的物体，惯性也比较大，直观性较好。这是目前机械手中应用较广的一种坐标形式。

3. 极坐标式

如图4-3-2c所示，手臂做前后伸缩、上下俯仰和左右摆动的动作，其最大的特点是以简单的机构得到较大的工作范围，并有可能抓取地面上的物体。它的运动惯性较小，但手臂摆角的误差通过手臂会引起线性的误差放大。

4. 多关节式

如图4-3-2d所示，它的手臂分为大臂与小臂两段，大小臂之间由肘关节连接。多关节机械手动作灵活、运动惯性小，能抓取紧靠机座的工件，并能绕过障碍物进行工作。但多关

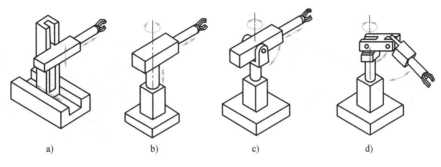

图 4-3-2 机械手的四种坐标形式

节式是复合运动形式,直观性差,其机械结构及电气控制装置都比其他坐标形式复杂。

机械手的驱动方式有气动、液压、电动和机械式四种。用得较多的为气动和液压。

4.3.1 冲压机械手的主要结构

机械手是靠它的手臂、手腕及手爪的各种动作的配合,来获得夹取和运送工件的能力,以完成一定的生产操作。下面介绍其主要结构。

微课:机械手的
组成与手爪

1. 手爪

手爪是直接抓取(夹紧和放松)工件或工具的机构。常用的有夹钳式和吸盘式。

(1)夹钳式手爪 图 4-3-3a 所示为滑槽杠杆式双支点型。在拉杆 3 的端部固定有一个圆柱销 4,当拉杆向上提时,圆柱销就在两个手爪 1 的滑槽中移动,带动两手爪分别绕各自的支点 2 回转,夹紧工件。当拉杆向下运动时,则手爪松开工件。拉杆往往是气缸或液压缸的活塞杆。图 4-3-3b 所示为滑槽杠杆式单支点型,两手爪具有一个共同的支点。拉杆 3 的下部制成叉状,在左右两叉齿的端部各有一个圆柱销 4,当拉杆 3 向下推时,两圆柱销分别在两个手爪的滑槽中移动。带动两手爪绕共同的支点回转,夹紧工件。当拉杆向上提时,手爪松开工件。

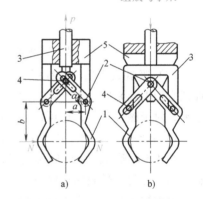

图 4-3-3 滑槽杠杆式手爪
1—手爪 2—支点 3—拉杆
4—圆柱销 5—手腕

图 4-3-4 所示为连杆杠杆式手爪。两个连杆 4 的一端与活塞杆 3 铰接,另一端分别与两个手爪铰接,当活塞杆向右推时,手爪夹紧工件。

图 4-3-5 所示为斜楔杠杆式手爪。当活塞杆 3 向右移动时,两手爪夹紧工件;当活塞杆向左退回时,靠弹簧 5 的作用使手爪张开。

图 4-3-6 所示为齿轮齿条杠杆式手爪,原理同上。图 4-3-7 所示为弹簧杠杆式手爪,它靠弹簧力来夹紧工件,不需要专门的驱动力,结构简单。在抓取工件之前,两手爪 1 在弹簧 3 的作用下闭合,靠在定位挡销 5 上。当机械手向右使手爪碰到工件时,工件把两手爪撑开而被其夹住。当机械手将工件送到指定位置后,弹簧手爪本身不会自动松开工件,必须依靠终点位置处的某一装置压住工件后,待机械手向左退回,才使手爪再次被撑开,而将工件留下。当夹送薄壁件时,应适当选择弹簧力。

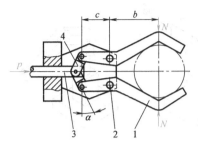

图 4-3-4　连杆杠杆式手爪

1—手爪　2—支点　3—活塞杆　4—连杆

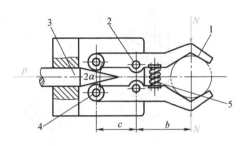

图 4-3-5　斜楔杠杆式手爪

1—手爪　2—支点　3—活塞杆　4—滚子　5—弹簧

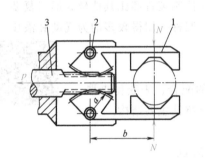

图 4-3-6　齿轮齿条杠杆式手爪

1—手爪　2—支点　3—活塞杆

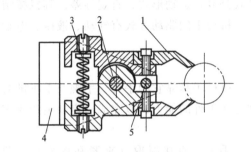

图 4-3-7　弹簧杠杆式手爪

1—手爪　2—支点　3—弹簧　4—手腕　5—定位挡销

（2）吸盘式手爪　在冲压生产中，遇到大量平板状的工件或毛坯，用夹钳式手爪是很难把它们夹起来的。由于这些薄板表面相当光滑平整，采用真空吸盘可以很方便地把它们吸起来，对于磁性材料，还可以采用电磁吸盘。

1）真空吸盘。真空吸盘有真空泵式、气流负压式和无气源式三种。

图 4-3-8 所示为真空泵式吸盘，它将皮碗的空腔与真空泵连接起来，中间有换向阀控制。当皮碗与工件表面接触时，皮碗空腔即被密闭起来，若此时气阀使空腔与真空泵连接，则空腔被抽成真空，皮碗即可将工件吸住。机械手将工件送到指定位置后，气阀使皮碗空腔与大气接通，将工件放下。

图 4-3-9 所示为气流负压式吸盘，当压缩空气从喷嘴的右方进入而从左方排出时，在喷嘴内产生很高的气流速度，使皮碗空腔内形成负压即可吸起片料。若切断压缩空气，负压消失，片料即落下。

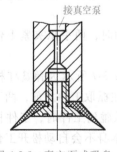

图 4-3-8　真空泵式吸盘

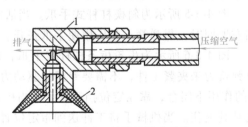

图 4-3-9　气流负压式吸盘

1—喷嘴　2—皮碗

图 4-3-10 所示为无气源式吸盘，在弹簧 3 的作用下，放气阀芯 2 被推向上，使放气阀经常处于关闭状态。需要吸取时，机械手下降使皮碗 1 与工件表面接触，皮碗空腔被密闭且内部空气被排出，然后机械手向上提升，皮碗因本身的弹性恢复，使内腔形成一定的真空，即可将工件吸起。当需要释放工件时，用顶杆 4 顶开放气阀芯 2，皮碗空腔与大气连通，工件即自行落下。无气源式吸盘的皮碗内腔的真空度有限，吸力比前两种小。

真空吸盘适用于各种金属或非金属材料，但要求被吸工件的表面相当平整光滑，且不得有孔洞。

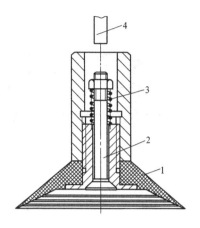

图 4-3-10　无气源式吸盘
1—皮碗　2—放气阀芯　3—弹簧　4—顶杆

2）电磁吸盘。如果工件是具有铁磁性的材料，则以电磁铁作为机械手手爪，利用磁场吸力来抓取工件，则操作起来非常方便。

图 4-3-11 所示为电磁吸盘。磁盘体 1 是电磁铁铁心，当线圈 2 通入直流电时，压盖 3 和压盖 5 就成了磁铁的两个极，吸盘即可抓吸工件。若切断电源，工件即由于自重而落下。磁绝缘垫 6（铜片）是为了消除剩磁的影响，以免电磁铁在断电后还吸附很多铁屑，影响吸盘的正常工作。为了避免吸双片，要恰当地控制磁铁吸力，使其不足以同时吸起两片工件，却能可靠地吸起一片工件。

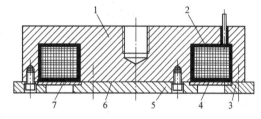

图 4-3-11　电磁吸盘
1—磁盘体　2—线圈　3、5—压盖　4—压圈
6—磁绝缘垫　7—防振垫

电磁吸盘在断电后常会吸附一些铁屑，致使工件吸附后不平，影响机械手送料的定位精度。另外，被抓吸过的工件上会有剩磁，对于钟表及仪表类零件，这是不允许的。

2. 手臂

手臂是机械手的一个主要部件，它可以做前后伸缩、上下升降、左右摆动和上下俯仰等运动。

微课：手臂与机械手案例

（1）手臂直线运动机构　手臂的直线运动主要是指它的伸缩和升降运动。最常见的是用往复式液压缸或气缸来驱动，也有用电动机驱动的。

图 4-3-12 所示为机械手的手臂伸缩结构图。当压缩空气从 A 口进入气缸右腔，推动活塞 2 向左运动，则手臂 3 伸出。这时气缸左腔内的空气由 B 口排出。反之，则手臂向右缩回。为防止手臂在伸缩过程中绕本身轴线转动，在伸缩缸上方设置了导杆 4，导杆 4 做成空心的，可用它作为手爪夹紧缸供气的管道。

图 4-3-13 所示为机械手的手臂升降液压缸。当液压油进入升降缸 1 下腔时，推动升降缸活塞 2 上升，则装在活塞杆上端的手臂随之升起。反之，液压油进入升降缸 1 的上腔时，则手臂降下，升降活塞的导向是由活塞体内的花键轴套和花键轴来完成的。活塞杆上端的摆动缸可驱动手臂做水平摆动。

（2）手臂左右摆动机构　圆柱坐标式和极坐标式的机械手，其手臂皆有左右摆动动作。

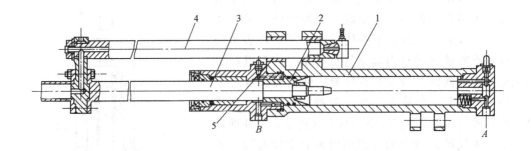

图 4-3-12　机械手的手臂伸缩结构图

1—气缸　2—活塞　3—手臂　4—导杆　5—导向套

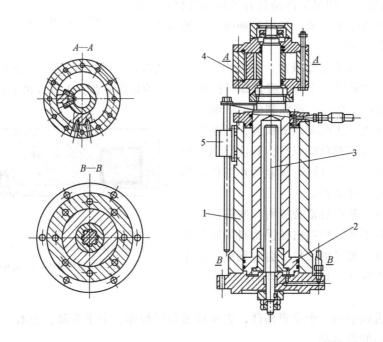

图 4-3-13　机械手的手臂升降液压缸

1—升降缸　2—升降缸活塞　3—花键轴　4—摆动缸　5—行程检测器

这一动作可通过摆动液压缸、齿轮齿条机构、链条链轮机构、摆动缸行星齿轮机构或往复缸滑槽摆杆机构等来实现。

图 4-3-14 所示为摆动液压缸结构图。定子 2 与缸体 1 固定，转子 3 和轴 4 连接。当液压油从 A 孔进入液压缸时，推动转子和轴逆时针方向转动，液压油从 B 孔排出。当液压油从 B 孔进入液压缸，则轴 4 顺时针方向转动。这样装在轴 4 上端的手臂即可在水平面内左右摆动。

（3）手臂俯仰动作机构　机械手手臂俯仰动作最常用的机构是铰接往复缸，如图 4-3-15 所示。往复液压缸 2 的活塞杆上端与手臂 1 铰接，缸底部与机械手立柱铰接。当活塞杆向上伸出时，推动手臂向上举，活塞杆缩回时手臂下垂。

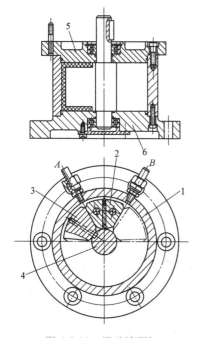

图 4-3-14　摆动液压缸

1—缸体　2—定子　3—转子　4—轴

5—上盖板　6—下盖板

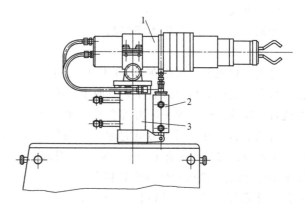

图 4-3-15　手臂俯仰动作机构——铰接往复缸

1—手臂　2—往复液压缸　3—立柱

3. 手腕

手腕是连接手爪和手臂的构件，它可以有独立的自由度，以使机械手适应复杂动作的要求。除要求工件做位置上的平移外，还需将工件翻转一定的角度（一般为90°或180°），这时就要增加一个手腕的回转动作。虽然用手臂的回转也可以使工件翻转，但因手臂结构庞大，增加手臂回转动作易引起振动，影响定位精度，所以设计手腕回转的居多。

手腕回转动作一般采用摆动液压缸驱动。图 4-3-16 所示为机械手的手腕部分，A—A 剖面处是驱动手腕回转的摆动液压缸。缸体 1 和端盖 5、6 是固定的，当液压油驱动转子 4 和转轴 2 回转时，就形成手腕的回转动作。转轴 2 是空心的，它同时又是手爪夹紧液压缸。

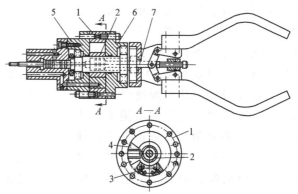

图 4-3-16　驱动手腕回转的摆动液压缸

1—缸体　2—转轴　3—定子　4—转子　5—左端盖
6—右端盖　7—夹紧缸活塞杆

4.3.2　冲压机械手举例

图 4-3-17 所示为某压力机上的自动上料机械手的配置结构简图，它采用气动方式，坐标形式为圆柱坐标。

1. 规格参数

抓重	约 1kg
自由度数	1 个
手臂摆动角度	60°
手臂送料频率	50~60 次/min
缓冲方式	机械摩擦（制动）式
驱动方式	气动
控制方式	可编程序控制器

2. 机械手的组成和工作原理

自动上料机械手可用在 60~100t 压力机上。要使上料机械手与压力机实现工作循环的配合，可在一般压力机上改装压力机曲轴，附加上料机械手、升料台和滑道等装置，即可使压力机自动连续工作，保证压力机有节奏地安全生产。

自动上料机械手与压力机的配合关系如图 4-3-17 所示。当上料机械手手臂 5 退到升料台 9 上面时，撞块 6 碰限位开关 7XWK，升降气缸 7 和棘爪气缸 8 同时动作。棘爪气缸通过棘爪 10、棘轮、螺杆和螺母使升料台 9 上升。升降气缸上升，储料框内的材料立即被上料机械手的自挤负压吸盘 4 吸牢，在上升过程中触动限位开关 8XWK 并发出信号，使升降气缸下降退回原位，并触动上限位开关 2XWK 且发出信号，使上料机械手回到滑道 1 上。上料机械手与吸盘架相连接的推料爪 3，将滑道上的材料（前一次送的料）推入压力机下模面上，手臂 5 上的撞块 6 触动限位开关 3XWK 且发出信号，打开吸盘的开关阀使吸盘与大气相通，被吸的工件落到滑道上，并被两块永久磁铁吸住，防止工件被推料爪带回。同时 3XWK 使中间继电器断电，经换向阀换向后，使上料机械手反向回转。在回转 30° 时，碰限位开关 5XWK 并发出信号，进行一次冲压动作。在上料机械手转回到原位时（即回到升料台 9 上面时），撞块 6 触动限位开关 7XWK 并发出信号，上料机械手重复上述动作。

上料机械手由手臂 5、吸盘 4、推料爪 3、齿轮轴、制动器气缸等组成。上料机械手只有手臂回转一个动作，

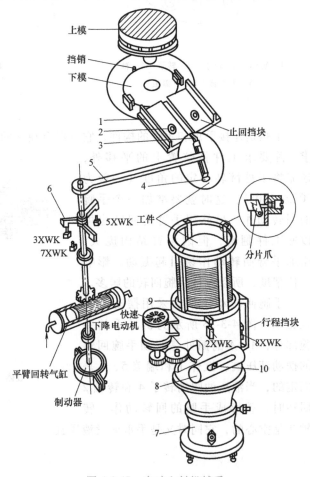

图 4-3-17　自动上料机械手

1—滑道　2—永久磁铁　3—推料爪　4—吸盘　5—手臂
6—撞块　7—升降气缸　8—棘爪气缸　9—升料台　10—棘爪

手臂 5 的回转由气缸的活塞齿条带动齿轮轴回转而实现。上料机械手的手臂往升料台上回转，到达极限位置时，为使手臂减速，减小冲击，采用了制动器（即机械式制动装置）。制动器只对上料机械手手臂回转起单向缓冲制动作用。当手臂转向滑道时，安装在齿轮轴上的制动器松开，手臂的回转速度也随之渐增，使推料爪 3 有足够的动能，将材料推到压力机的下模面上。

任务 4 认识自动冲压设备

在普通压力机上利用自动冲模实现的大多是半自动冲压方式，要实现自动化冲压，离不开自动冲压设备。利用自动冲压设备，可提高产品质量和产量，提高制件的加工精度，节省材料，减轻工人劳动强度及改善劳动条件。

4.4.1 普通压力机的自动化改装

1. 在普通压力机上实现自动冲压

在普通压力机上实现自动冲压，改装工作量有大有小。目前常用的方法是：在模具结构设计中，采用自动送料装置，再配置自动出件装置、自动理件装置和自动检测保护装置，即可实现全自动冲压。

图 4-4-1 所示为接盘式出件装置，它用于垫圈类工件的出件和理件。在滑块背后固定的弯杆 7 起着凸轮的作用。当滑块上行时，轴 9 上端的横杆在弹簧拉力作用下向左摆动，一直摆到被挡销 8 挡住停止，使接盘 1 处于冲模中心位置，工件由上模落到接盘上。滑块下行时，弯杆 7 推动横杆向右摆动，使接盘向外摆出，当摆到接近终点时，接盘右方的杠杆 11 被弯杆 13 顶起，压缩弹簧 10，杠杆 11 的左端向下摆，使接盘活动底 2 向下张开，工件从接盘下口飞出并落在斜槽 3 上，再由斜槽滑落到接件柱 4 上。当滑块回程时，接盘向内摆，在弹簧 10 的作用下，杠杆 11 左端向上摆，使接盘活动底闭合。

图 4-4-2～图 4-4-6 为各种理件机构。在冲压加工中，配置合适的理件装置，可使冲压自动化水平进一步提高。

2. 在普通压力机上实现多工位冲压

（1）原材料为带料（或条料）的多工位冲压 在普通压力机上要实现这一类多工位冲压，方法同上。由半自动多工位级进模、自动出件装置、自动理件装置和自动检测装置组成自动冲压系统，来实现在普通压力机上进行多工位全自动冲压。

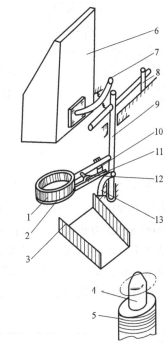

图 4-4-1 接盘式出件装置

1—接盘 2—接盘活动底 3—斜槽 4—接件柱 5—工件 6—滑块 7、13—弯杆 8—挡销 9—轴 10—弹簧 11—杠杆 12—心轴

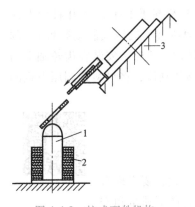

图 4-4-2　柱式理件机构

1—接件柱　2—工件　3—工作台

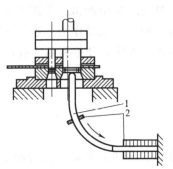

图 4-4-3　杆式理件机构

1—接件杆　2—工件

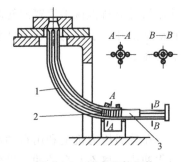

图 4-4-4　槽式理件机构

1—集件槽　2—工件　3—支承滑块

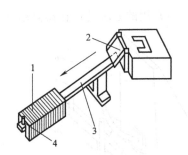

图 4-4-5　滑道式理件机构

1—工件　2—导槽　3—滑道　4—挡板

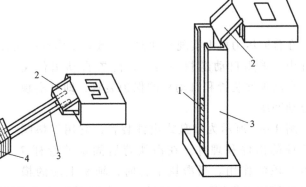

图 4-4-6　匣式理件机构

1—工件　2—导槽　3—集件匣

（2）单个工件送进的多工位冲压　单个工件送进时的多工位冲压有两种形式，即在多工位压力机上冲压和多工位级进模上冲压，两种冲压方式的比较见表 4-4-1。与使用多工位级进模的同吨位压力机相比，改装的多工位压力机生产率明显降低，只有在制造多工位级进模有困难或不可能的情况下，在批量适当时才考虑压力机的改装。

实现多工位自动冲压，可以采用多工位压力机，或在普通压力机上加夹板式进给装置，或者将几台普通压力机以夹板式进给装置连成自动线。三种方法的比较见表 4-4-2。

表 4-4-1　多工位级进模冲压与多工位压力机冲压的比较

项　目	多工位级进模冲压	多工位压力机冲压
加工的适用范围	仅限于进行冲裁、弯曲、简单的拉深等加工，对于复杂形状或大型工件则不宜加工	适用于较大工件的加工或复杂形状的拉深
生产率	高	低
材料的利用率	较低	较高
模具设计的难度	较难	较易
模具的装卸与调整	较易	较难
设备费用	低	高
模具费用	高	低

表 4-4-2　多工位自动冲压方法比较

项　目	多工位压力机	普通压力机改装	多工位生产线
生产率	较高	较高	较低
占地面积	较小	较小	较大
费用	较高	较省	较省
操作情况	较易监视,甚至1人可看管几台	较易监视,甚至1人可看管几台	1人看管全线困难
适应性	换模较方便,适应较多品种	品种少,仍可普通冲压加工	各台单独使用即可普通冲压加工
工位数	最多可达14~18工位	8工位以下较宜	最多6~8工位,大型件6工位以下
拉深深度	根据压力机确定	适用于浅拉深	适用于浅拉深
承受偏心负荷能力	较好	较差	可根据各工位负荷选择压力机

　　下面简要介绍一种压力机多工位改装中采用的行星齿轮夹板式进给装置。

　　行星齿轮传动送料机构是一种间歇运动机构,加速度性能好,运动平稳,被用于多工位压力机的夹板纵向运动。如图 4-4-7 所示,1 为太阳轮固定不动,节径为 D,3 为行星轮,节径为 d,它绕着太阳轮滚动时,行星轮圆心 A 的轨迹为一圆周形。行星轮上有一偏心轴 2,其圆心为 B,偏心距为 e。当 $D:d:e=10:5:1$（或近似为 1）时,点 B 的轨迹为一近似椭圆形,曲线左右有两条近似直线段 Ⅰ、Ⅱ 与 Ⅲ、Ⅳ。

　　偏心轴驱动夹板纵向运动,在近似直线部分纵向运动停止,仅有微量波动。此时张合机构动作,使夹板做横向运动。

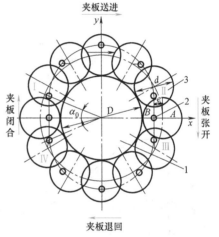

图 4-4-7　行星齿轮传动机构原理图
1—太齿轮　2—偏心轴　3—行星轮

　　夹板进给机构如图 4-4-8 所示。行星轮 3 绕固定的太阳轮 4 回转,使行星轮 1 上的偏心轴 2 在槽形导轨 5 内滑动,使夹板 14 纵向来回移动。

　　凸轮 6 通过滚子使拨杆 8 带动齿条 9,齿条 9 与齿轮 13 啮合,偏心销 12 绕齿轮 13 中心回转,通过拉杆 11 使夹板架 10 及夹板 14 做张合运动,卡爪 15 夹紧或放松工件 16。

　　夹板进给机构与压力机滑块动作相互关系的进给周期循环图如图 4-4-9 所示。

4.4.2　高速自动压力机

1. 高速自动压力机的组成和工作原理

　　高速自动压力机是高精度、高速度、高可靠性的冲压设备。它由材料的校直装置、送料装置、高精度和高速的冲压系统、防振垫以及出件、理件和排渣系统等组成,并与开卷机、卷料机、速度控制系统和高精度、高寿命的模具等生产系统配套使用,组成一个高速自动生产线,如图 4-4-10 所示。

　　高速自动压力机主要以滑块行程较小、每分钟滑块行程次数较高而区别于普通压力机,目前一般将滑块行程次数为 200~500 次/min 以上的压力机称为高速压力机。要达到滑块行程小,每分钟行程次数高,精度、刚度符合要求,在压力机的结构上采取了一些特殊的措施。

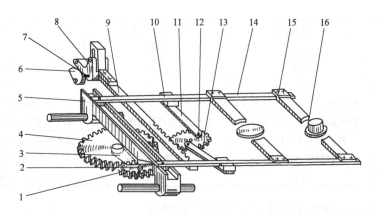

图 4-4-8　夹板进给机构示意图

1、3—行星轮　2—偏心轴　4—太阳轮　5—槽形导轨　6—凸轮

7—拨杆轴销　8—拨杆　9—齿条　10—夹板架　11—拉杆　12—偏心销

13—齿轮　14—夹板　15—卡爪　16—工件

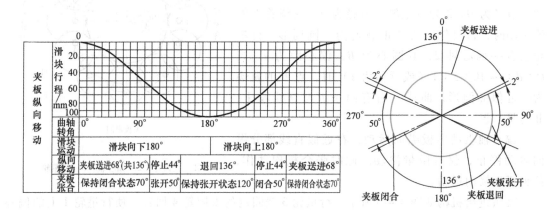

图 4-4-9　进给周期循环图

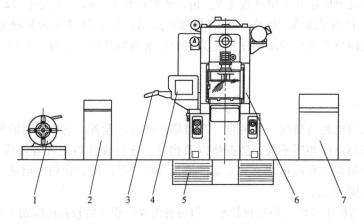

图 4-4-10　高速自动冲压系统的组成

1—开卷机　2—送料速度控制器　3—校直装置　4—送料装置

5—防振垫　6—压力机　7—控制器

2. 高速自动压力机的分类及对压力机的要求

（1）高速自动压力机的分类 按机架的结构，高速自动压力机可分为开式、闭式和四柱式高速自动压力机；按连杆的数目，高速自动压力机可分为单点、双点和四点高速自动压力机。

从高速自动压力机的结构和使用来看，以闭式双点结构效果最好。因为它具有刚性好、台面宽等优点，能较好满足多工位级进冲压的要求。

高速自动压力机按传动的方式可分为下传动和上传动两类。下传动结构因其运动部分质量大，往复运动的惯性力和振动很大，对提高压力机的速度不利，这类压力机的速度往往只能达到 200~300 次/min。上传动高速自动压力机冲速高，动态性能好，而且维修方便，空间布置好，目前应用较多。

（2）对高速自动压力机的要求

1）高速自动压力机的精度和刚度。高速自动压力机只有采用硬质合金模具才能发挥其优越性，而硬质合金模具的凸模与凹模之间的间隙很小，且对间隙的不均匀程度非常敏感，因此对压力机的精度和刚度提出较高的要求。同时，高速自动压力机使用的模具大多是多工位级进模，各工位之间要求位置精度较高。这就要求压力机具有很高的刚度和精度。

在制造精度方面，一般要求垂直度公差达 0.01mm/300mm，平行度公差为 0.005mm/300mm。

2）高速自动压力机的动平衡。高速自动压力机的回转部件和往复运动部件应达到动平衡，否则将引起强烈振动。为了达到动平衡，各制造厂家都采取了一系列的措施。有的在偏心轴上附加一个平衡块，有些高速压力机将闭合高度的调整机构移出滑块，还有些利用工作台的升降来调节闭合高度。这些措施均用以使压力机达到动平衡。

3）采用预应力滚柱导轨代替滑动导轨。为了提高高速自动压力机的导向精度，高速自动压力机大多采用预应力八面导轨，如图 4-4-11 所示。另外还可采用滚柱导轨，使滑块、导轨和滚柱三者之间具有一定的过盈量，从而消除导轨间隙，消除滑块在冲压过程中发生的水平位移，对高速冲压的多工位级进模十分有利。

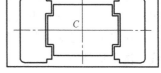

图 4-4-11 预应力八面导轨

4）高速自动压力机的润滑。高速自动压力机的各运动部件运动速度显著提高，普通压力机的分散式浓油润滑已无法适应高速自动压力机的要求，必须采用集中稀油循环润滑系统。

5）高速自动压力机的制动、防振和防噪声。为提高高速自动压力机制动装置的灵敏度和可靠性，目前高速自动压力机有的在曲轴两端均设制动器。为了减小振动和噪声，除对运动部件进行严格动平衡外，高速自动压力机的机身最好用铸铁机架，此外还应设置防振垫。

除满足以上要求外，高速自动压力机应具有高精度、高速的自动送料装置和可靠的取件、排渣系统。

任务5 认识冲压生产自动化系统

冲压生产自动化系统一般分为两类：一台冲压设备附加一些自动化装置构成的单机自动化系统；采用数台冲压设备和一些搬运传送装置构成的冲压自动生产线。

微课：认识冲压生产自动化系统

4.5.1　单机冲压自动化

用一台冲压设备进行自动化冲压生产时，系统的组成常有下列三种基本形式。

1. 卷料（或条料）的连续加工

这是一种多工位级进冲压模具的自动冲压加工。送料装置连续不断地送料，就可连续地冲出所需的制件。采用这种模具进行冲压生产，生产率高，特别是运用在高速压力机上，但模具的制造技术要求高，模具的成本也很高。这种单机自动冲压系统由卷料或条料的供料装置、校直装置、送料装置和冲压设备等组成。

2. 半成品的单工序自动加工

这种自动加工系统由供料装置（包括分配、定向、并列等机构）、送料装置（推板式、杠杆式、转盘式等送料装置）以及冲压设备等组成。冲压设备往往采用普通压力机。这是一种设备费用较低的自动化方式。模具主要采用复合模，适用于中、小型制件。

3. 多工位压力机自动加工

这种系统在压力机上安装了夹板式进给装置，用于实现连续自动送料，适用于带料或半成品的加工。设备费用高，模具结构简单、成本低，但生产率较低，不能进行高速冲压。

上述各种自动冲压加工方式所用机构的动作和配合原理，在前几节已做了较详细的讨论。

4.5.2　冲压自动生产线

冲压自动生产线是通过传送机构将多台冲压设备连成自动生产线。自动生产线的适用范围很广，特别是能够解决大、中型冲压件的生产自动化。

冲压自动线已成为各行业的专业自动生产线，如搪瓷产品的制坯自动线、定转子冲片自动线、洗衣机外壳（或冰箱、冷柜外壳）冲压自动线、轮辐冲压自动线等。

常用的有直流型自动线，如图4-5-1所示。按设备的布局类型的不同，可分为并列式、贯通式和混合排列式，如图4-5-2所示。并列式自动线灵活性较大，但占地面积大，工件传送路径长，Y系列电动机的定、转子冲片三连冲自动线为并列式自动线。贯通式自动线为最常见的形式，压力机与工序间传送装置布置紧凑，工件传送路径短，最适用于大型薄板工件的冲压自动线，如洗衣机外壳的冲压自动线。混合型是根据不同的工艺要求派生出来的，图4-5-2c是一条汽车车身顶盖专用冲压自动线，全线由三台通用压力机和六台专用压力机组成。三台通用压力机为贯通式排列，用于顶盖的拉深、切边和翻边；六台专用压力机呈对置排列，用于冲制顶盖前后风窗。

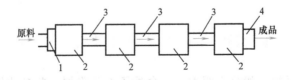

图4-5-1　直流型自动线

1—自动送料装置　2—压力机　3—传送装置　4—出件机构

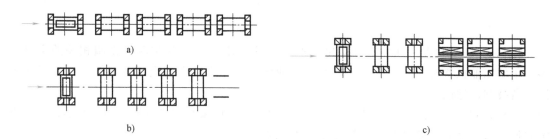

图 4-5-2 压力机的布局方式

a) 并列式 b) 贯通式 c) 混合排列式

按工序间的联系特性可将生产线分为刚性和柔性两种自动线。

1. 刚性联系的自动线

在刚性联系的生产线中，各设备之间的传送装置为刚性联系，工序间无半成品的储备，各台设备要求严格同步。缺点是当生产线的某个部位发生故障时，需要整条自动线停机。这类自动线适用于大、中型件的生产。

2. 柔性联系的自动线

在柔性联系的生产线中，设备之间除了传送装置外，还有储料器和料斗，它们储存一部分的半成品，故设备之间不需要绝对的协调。由于工序间有半成品储备，当个别设备出现故障时，允许该设备短时停机，而不需要全线停机。自动线的生产率取决于自动线上生产率最低的一台设备。这类自动线一般用于小型冲压件。

任务训练四

1. 思考题

1）冲压生产自动化由哪些单元组成？

2）条料和板料供料装置的工作原理是什么？

3）钩式自动送料装置的工作原理是什么？适用于哪些场合？

4）辊式自动送料装置的工作原理是什么？适用于哪些场合？

5）夹持式自动送料装置有哪几种类型？使用上有哪些区别？

6）二次加工送料和供料装置由哪几部分组成？

7）自动出件装置有哪几种类型？工作原理是什么？

8）冲压机械手有哪几种类型？由哪几部分组成？

9）怎样在普通压力机上实现自动冲压或多工位冲压？

10）高速自动压力机的组成和工作原理是什么？

2. 实践题

观摩企业的冲压生产自动化过程，完成以下任务：

1）说明采用的自动送料和出件装置的类型。

2）对冲压自动化工艺过程进行创新优化，并写出相应的优化创新方案。

【学与思】

1）以"工业机器人在冲压自动化生产线中的应用分析"为主题，查阅相关的文献资料，了解工业机器人的组成、关键技术、在冲压自动化生产中的应用及成效，树立科学报国、科技强国意识。

科技兴则民族兴，科技强则国家强。重大科技创新成果是国之重器、国之利器，必须牢牢掌握在自己手上，必须依靠自力更生、自主创新。

2）以"大国工匠"模具先锋武志荣的事迹为主题，查阅相关文献资料并展开讨论。通过了解大国工匠的故事，学习大国工匠学习刻苦钻研、精益求精、追求卓越、勤于创造、勇于奋斗、善于团结、敢于梦想的伟大民族精神。

建设世界科技强国不是敲锣打鼓就能实现的，也不是一朝一夕就能完成的，必须靠一代代人艰辛探索、接力奋斗。

项目五 认识自动冲模

【任务引入】

以弹簧片连续自动冲模等为例，要求：
1）进行自动冲模特点及设计要点分析。
2）进行附有一次送料机构的自动冲模结构与工作原理分析。
3）进行附有二次送料机构的自动冲模结构与工作原理分析。
4）进行双金属层自动送料冲模结构与工作原理分析。

任务1 认识自动冲模的组成、分类及特点

1. 自动冲模与冲压生产的自动化

微课：认识自动冲模与附有一次送料机构的自动冲模（1）

为改变传统手工送料、手工取件的笨重冲压生产操作方式，提高劳动生产率，可实行冲压生产自动化，即实行自动送料、自动出料。如前所述，冲压生产的自动化按照自动化范围可分为冲压全过程自动化、自动压力机与冲压生产自动线、自动冲模；按照自动化程度可分为全自动化和部分自动化。通过采用自动压力机或改造现有的设备，采用多工位冲压工艺、冲压机械手、自控技术等。由此可见，可通过多种方法实现冲压生产的自动化。

目前，冲压生产自动化主要是把被加工的材料，如条料、线材、卷料、半成品等，自动送到冲模的加工位置，并把冲压件自动取出。具体的实现方法主要包括以下三种：①采用自动压力机；②在普通压力机上安装通用的自动送料装置、自动脱模出件装置和检测装置；③冲模本身带有自动送料、脱模、出件装置，即采用自动冲模（图5-1-1）。

视频：自动冲模与冲压生产自动化

图 5-1-1 自动冲模

所谓自动冲模，就是模具具有独立、完整的自动送进、定位、出件、动作及保护检测机构，在一定的时间内不需要人工操作就能自动完成工作的冲模。

随着现代工业的发展和社会需求的变化，自动冲模越来越受到人们的重视，并成为实现

冲压生产自动化的最基本，也是最重要的方法。

现代工业使产品朝着高精度、高质量、高生产率方向发展，冲压生产用设备也是越来越精、尖，现今出现了冲压加工中心、全自动冲压加工生产线等先进设备，模具也要具有高效率、高质量的水平与之相适应。

2. 自动冲模的组成

自动冲模主要由冲模冲压部分和自动化装置两部分组成，但有时这两部分又难以严格区分。自动化装置包括自动送料装置、自动出件装置、动作控制机构等。

3. 自动冲模的分类

按自动冲模的结构布局不同可分为：

1）模具自动送料部分与冲压部分基本分开形式。

2）模具自动送料部分与冲压部分难以分开形式。

按送料、出件的动力来源不同可分为：

1）模具本身（一般为上模）提供动力。

2）压力机的曲轴或滑块提供动力。

3）单独的驱动装置（如机械、电动、液压、气动）提供动力。

按自动送料装置进行分类，可分为：

1）原材料送进，即附有一次送料机构。

2）工序件送进，即附有二次送料机构。

附有一次送料机构的自动冲模，是将条料、带料、板料或线材直接送入模具内进行冲压的冲模。

附有二次送料机构的自动冲模，是将已经过落料或剪切加工过的片、块、棒状毛坯或经过若干次冲压工序后的半成品，逐个送入模具内进行冲压的冲模。

4. 自动冲模的特点

1）自动化程度较高，劳动条件改善。

2）具有较高的生产率。

3）先期生产投入较少。

4）通用性较差。

5）模具成本较高。

任务2 认识附有一次送料机构的自动冲模

5.2.1 钩式自动送料冲模

图5-2-1所示为弹簧片连续自动冲模。在工作时首先用手工送料，待条料上的落料孔送到送料钩2的下面时，开始自动送料。上模下降时，安装在上模的斜楔1推动滑块3向左移动，弹压挡料销5被压下，钩住已落料的条料搭边；随着滑块的下行，条料被钩住并向左送进，在斜楔完全进入滑块3后，条料的送进完毕。此时弹压挡料销5进入条料的空档处，被弹簧弹起，条料也正好由侧刃挡板6定位面定位。凸模继续下降时，同时进行冲孔和落料，依靠侧刃挡板6和弹压挡料销5保证定位精度。

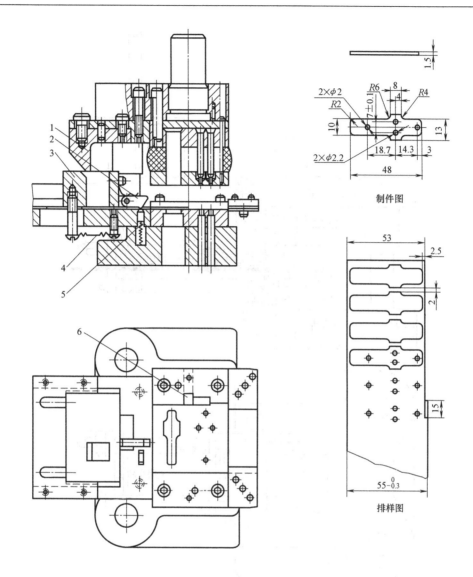

图 5-2-1　弹簧片连续自动冲模

1—斜楔　2—送料钩　3—滑块　4—弹簧　5—弹压挡料销　6—侧刃挡板

5.2.2　夹持式自动送料冲模

夹持式自动送料冲模有夹刃式、夹滚式、夹板式等。

1. 夹刃式自动送料冲模

图 5-2-2 所示为一种简单的冲孔落料自动冲模，它就是由一套普通的冲孔落料连续模加上夹刃式的自动送料装置组成的。小压缩弹簧 6 和 12 的顶力作用，有使夹刃始终压紧条料的趋势，夹刃 11 装配在送料夹座 3 上，当上模的斜楔 1 通过滚轮 2 推动送料夹座 3 向右运动时，由于摩擦力的作用，顶开小压缩弹簧 12，使夹刃 11 在条料上打滑，而夹刃 7 由于其卡紧作用，夹住条料，不让其向右运动。当上模带动斜楔回程时，由于压缩弹簧 5 的作用，

视频：夹持式自动
送料冲模

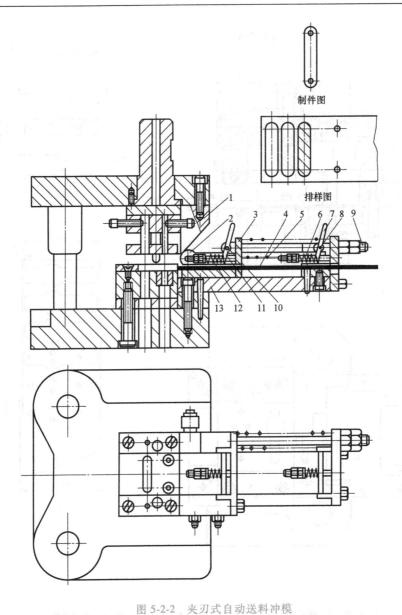

制件图

排样图

图 5-2-2 夹刃式自动送料冲模

1—斜楔 2—滚轮 3—送料夹座 4—条料 5、6、12—弹簧 7、11—夹刃
8、10—圆柱销 9—螺栓 13—底板

推动送料夹座向左运动，带动夹刃 11 向左运动，由于夹刃 11 此时的运动方向上对条料有卡紧作用，从而夹住条料向左运动，送进一个步距，夹刃 7 此时却在条料上打滑。如此循环，进行连续冲压。

2. 夹滚式自动送料冲模

（1）滚柱夹持送料自动冲模 图 5-2-3 所示为滚柱夹持送料冲孔、切断弯曲自动冲模。装于上模的斜楔 1 下降时，推动活动滚柱座 5 向右移动，此时左侧滚柱在滚柱保持架和外座 4 的斜面作用下，上下两滚柱的中心距增大，对材料失去夹持作用，右侧的固定滚柱座则由于弹簧 6 的作用，将滚柱保持架向右推紧，使上下两滚柱的中心距减小，对材料夹紧，保证

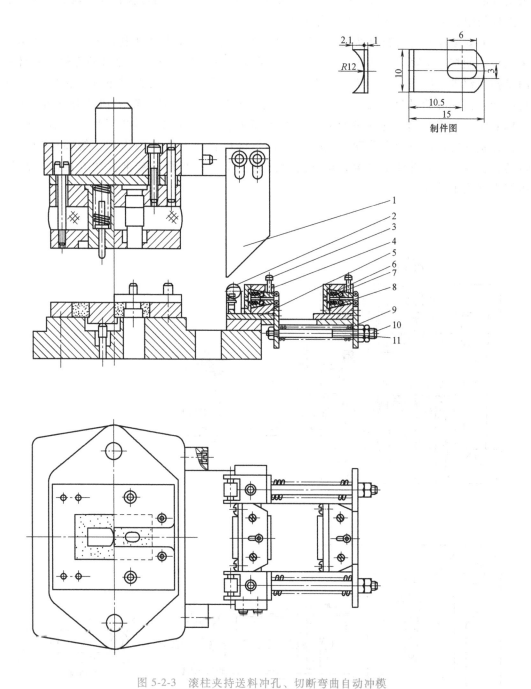

图 5-2-3　滚柱夹持送料冲孔、切断弯曲自动冲模

1—斜楔　2—滑轮　3—拨杆　4—外座　5—活动滚柱座　6、9—弹簧　7—滚柱保持架
8—滚柱　10—螺母　11—螺栓

不发生后移现象。当压力机回程时，斜楔离开滑轮2，活动滚柱座5在弹簧的作用下，向左移动，此时由于斜面和弹簧的作用，将材料夹持并送进一个步距，这样每一次往复完成一次送料，进行冲孔、切断与弯曲。送料力的大小是由螺栓11和螺母10调节弹簧9的工作压力

来实现的。当第一次用手工送料或发生故障需将材料退回时，可推拨杆3使斜面左移，上下两滚柱的中心距增大，材料即可自由移动。

（2）偏心轮夹持送料自动冲模 图5-2-4所示为偏心轮夹持送料冲孔落料复合模。装于上模的斜楔1下降时，通过滑轮2推动活动偏心轮座向右移动。此时偏心轮3受材料表面摩擦而绕轴4顺时针方向转动，使上下两轮中心距增大，对材料不起夹持作用。由于材料受左面偏心轮的摩擦推力，使右面固定偏心轮座上的偏心轮绕轴逆时针方向转动。因偏心距的作用，偏心轮压紧材料，使材料不发生后退现象。斜楔回程时，活动偏心轮座在弹簧5的作用下向左移动。此时偏心轮受材料表面摩擦力的作用，绕轴逆时针方向转动，材料被压紧并随活动偏心轮座向前推进一个送料步距，被推件块6推落的制件经压缩空气吹出模外。

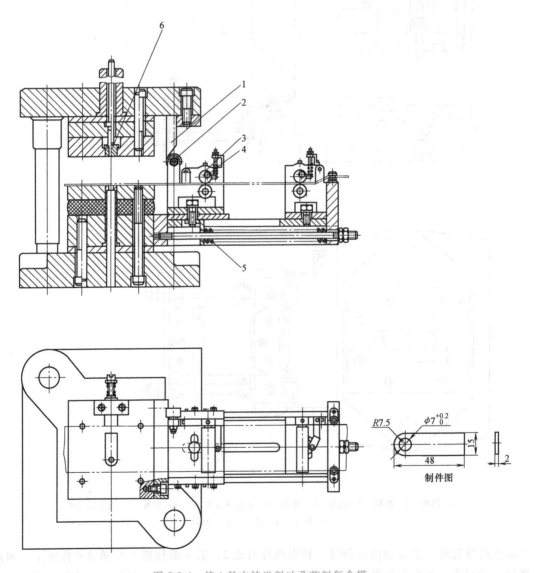

图5-2-4 偏心轮夹持送料冲孔落料复合模

1—斜楔 2—滑轮 3—偏心轮 4—轴 5—弹簧 6—推件块

3. 夹板式送料自动冲模

图 5-2-5 所示为偏心滚柱夹板式送料自动冲模。工作时，首先将条料穿过清料器 9 送进可以松开的送料器压板 14 和顶压板之间，再穿过固定夹持器 1~2 个步距即可起动。当上模处于下死点位置时，在上模开关撞钉 3 和 2 的作用下，使偏心滚柱开关 13 通过压板 8 夹紧条料，而固定夹持器的偏心滚柱开关 12 在转过一角度后，压料板 15 在弹簧力的作用下放松条料；当上模回升时，具有向右倾斜的斜楔 11 随之上升而推动与滑块 4 相连的滚轮 10，使固定在滑块上的送料器夹持材料向右送进；当上模回升到上死点位置时，在活动螺杆 1 的作用下提升开关套筒 6，使其与偏心滚柱开关方向一致的两个齿开关 7 和 5 同时提起，因而送料器松开条料而固定夹持器却夹紧条料；当上模下降时，送料器在弹簧的作用下向左退回原位。如此循环，实现自动送料。

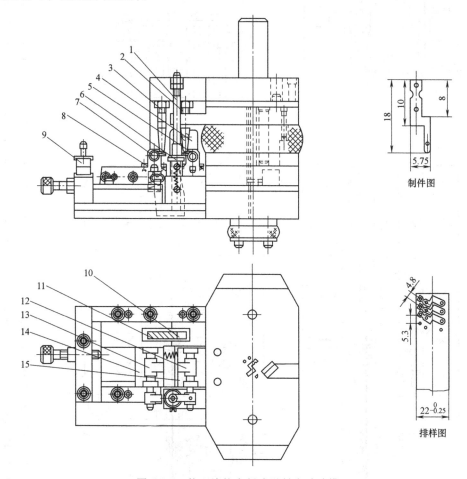

图 5-2-5　偏心滚柱夹板式送料自动冲模

1—螺杆　2、3—撞钉　4—滑块　5、7—齿开关　6—开关套筒　8、14—压板　9—清料器
10—滚轮　11—斜楔　12、13—滚柱开关　15—压料板

4. 滚珠夹持式送料压环模

图 5-2-6 所示为一种切断、压弯级进模，并带自动送料装置。压弯工作是利用三个方向的斜楔作用来完成的，其动作原理如下：

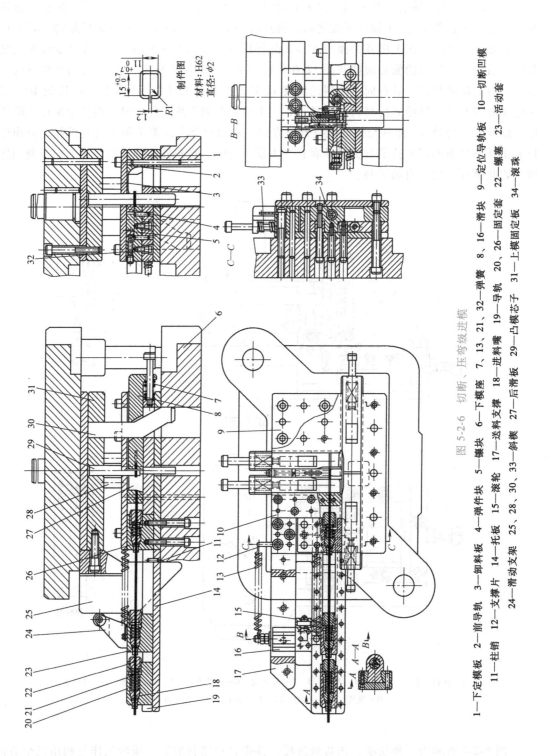

图 5-2-6 切断、压弯级进模

1—下定模板 2—前导轨 3—卸料板 4—弹件块 5—镶块 6—下模座 7、13、21、32—弹簧 8、16—滑块 9—定位导轨板 10—切断凹模 11—柱销 12—支撑片 14—托板 15—滚轮 17—送料支撑 18—进料嘴 19—导轨 20、26—固定套 22—螺塞 23—活动套 24—滑动支架 25、28、30、33—斜铁 27—后滑板 29—凸模芯子 31—上模固定板 34—滚珠

　　铜丝由自动送料装置送进，由定位导轨板 9 定位。上模下行，凸模芯子 29 先插入以定心。随后后部两斜楔 28 分别对两后滑板 27 作用，使之向前滑动，于是将铜丝切断并压弯成 U 形。此时后滑板 27 停止滑动，而左、右斜楔 30 分别对左、右滑块 8 作用，使铜丝压弯成所需的形状。压弯完毕，上模上行，在各斜楔及弹簧 32、7 的分别作用下，使后滑块及左、右滑块均退回原位。凸模芯子上行，连同制件提起，制件对弹件块 4 的斜面作用使之后退，当凸模芯子离开卸料板 3 的一刹那，制件已被卸料板刮下，同时弹件块 4 在弹簧 32 的作用下，瞬时将制件弹到落件漏孔中。

　　自动送料装置的结构和动作大致如下：一对导轨 19 固定在托板 14 上，而托板又通过送料支撑 17 固定在下模座 6 上。在导轨 19 间有三个套 20、23、26，其中 20、26 为固定套，23 为活动套，套内均有一锥面，三个进料嘴 18 分别放进锥面内，进料嘴内又分别有三个滚珠 34，借锥面对滚珠的作用能夹住铜丝，套内均有一弹簧 21 压住进料嘴，其压力大小均由螺塞 22 来调节。活动套 23 可沿导轨 19 左右滑动，它通过滑块 16 与滑动支架 24 相连（B—B 剖面），支架上有一滚轮 15 与上模的斜楔 25 相接触，另外，还有两根弹簧 13 拉紧。

　　上模上行，斜楔 25 逐渐脱离滚轮 15，活动套在弹簧 13 作用下向右移动，由于套内锥面对滚珠的作用，把铜丝夹紧并送向右方，直至活动套触碰柱销 11 为止。上模下行，斜楔 25 对滚轮 15 作用，使活动套向左移动，套内锥面松开滚珠，而固定套 20、26 对滚珠作用，夹住铜丝不动，此时进行冲压工作。上模上行，重复上述动作。

5.2.3　插销式送料自动冲模

　　图 5-2-7 所示为插销式送料压弯切断级进模。制件由两次冲外形、三次压弯、最后切开等六道工序冲压成形。

微课：认识自动冲模与附有一次送料机构的自动冲模（2）

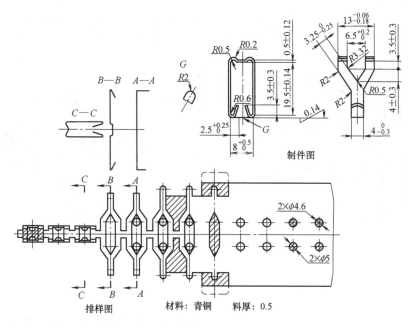

图 5-2-7　插销式送料压弯切断级进模

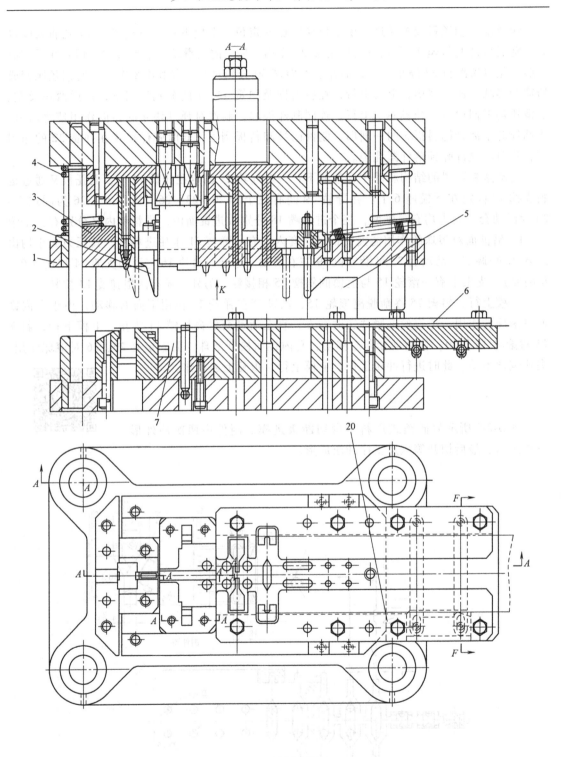

图 5-2-7 插销式送料

1—卸料板 2—拉料叉 3—限止块 4、8、15、17—弹簧
11—上模打杆 12—推销 13、18—送料滑板

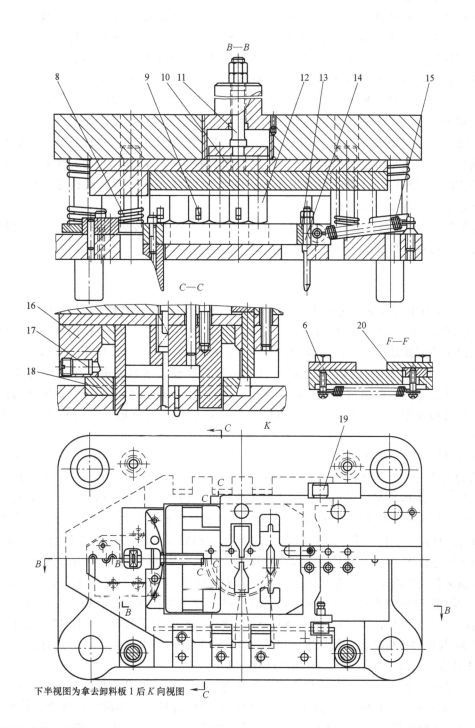

下半视图为拿去卸料板1后K向视图

压弯切断级进模（续）

5—斜楔　6、20—导尺　7—压弯凸模　9—控制块　10—推板

14—送料插销　16—悬止器　19—滑轮

自动送料采用插销式，其结构和动作原理为：弹簧卸料板 1 内装有送料滑板 18，送料滑板能在悬止器 16 和卸料板间滑动。送料滑板内装有一对送料插销 14 和一拉料叉 2。上模下行时，送料插销插入条料的两工艺孔内，拉料叉也插入第十工位的料孔内。上模继续下行，送料滑板上的滑轮 19 与下模斜楔 5 的斜面接触，使送料滑板向前滑动，进行送料。当料被送至一个步距后便停止，此时送料滑板两侧的凸部正与悬止器 16 上的凹槽相对应，弹簧卸料板 1 压住条料，上模继续下行，送料滑板压入悬止器内，与此同时进行冲压工作。当送料滑板被压入悬止器内后，装在悬止器上的控制块 9 在弹簧 17 作用下支撑送料滑板。冲压完毕，上模上行，卸料板 1 在弹簧 4、8 作用下弹出卸料，送料滑板 18 被控制块 9 所支撑仍留在悬止器 16 上不动，而上模继续上行时，拉料叉及送料插销均脱离条料（导尺 6、20 起卸料作用），等到上模打杆 11 触碰压力机上的横梁后，打杆通过推板 10 及四根推销 12 将送料滑板推下，在弹簧 15 作用下，送料滑板退回原位并由限止块 3 定位，等待下一次送料。

这种送料方式的优点是：条料送进时前后被拉直，各工位传送准确，可避免工序间条料被推弯（特别对薄料）或送偏的现象。

5.2.4　辊轴式送料自动冲模

图 5-2-8 所示为辊轴式送料切断、压弯级进模。模具的工作顺序是：卷料由一对辊轴 12 自动送料，第一工位由凸模 6 冲槽；第二工位由侧压块 47 压料，导正销 5 插入槽中定位，凸模 4 冲后侧缺口；第三工位由凸模 3 冲前侧缺口，并起侧刃作用，以后送料均由挡料板 45（见 *H—H* 视图）挡料；第四工位先由压弯凹模 2 将料切断，然后压弯成形。由于弯曲回弹，弯曲件将会留在凹模内，这里采用活动卸料板 24 插进凹模 2 的槽内，凹模上行，卸料板便把弯曲件卸下，并在条料的继续送进中把卸下的弯曲件推入下模座的孔中漏下。

活动卸料板 24 的结构与动作是：支架 22 以螺钉 44、柱销 46 固定在垫块 20 上，垫块 20 下有弹簧 21 作用，垫块上下活动靠导板 56 导向；活动卸料板 24 以轴销 23 铰接在支架上，平时由拉簧 19 张紧，使卸料板保持水平位置。凹模 2 内开有一槽以容纳卸料板，压弯时，凹模 2 与装在上模座的垫块 1 同时下行，当凹模接触卸料板时，垫块 1 即压住支架，使卸料板与凹模同步下行。上模上行，垫块 20 与压弯凸模 26 在弹簧 21 与 25 作用下被顶起，但当垫块被导板 56 限位后便停止，而凹模继续上行，于是制件即被卸料板卸下。

辊轴送料装置的结构与动作是：一对支架 42 固定在下模座上，在支架上装有轴 11 和 39，一对辊轴 12 分别和齿轮 15、41 以键 13、40 一起紧固在两轴上，轴 39 又以键 37 紧固于单向机构（由件 33、34、35、36、50、51 组成）。轴 39 上还装有一摆杆 32，摆杆一方面以柱销 34 与单向机构连固，另一方面以轴销 29 与弓形连杆 30 铰接，弓形连杆的另一端以轴销 53 铰接一对滚子 54，装在上模座的导块 48 上。

冲压完毕，导块 48 先上行一段空程，等压弯凹模上行离开凸模后，导块的槽孔底才提拉滚子 54（见 *C—C* 和 *D—D* 视图），带动摆杆 32 逆时针转动。单向机构接合，使轴 39 逆时针转动。又因齿轮 41 与 15 啮合，使轴 11 做顺时针方向转动，因此两辊轴 12 夹紧料向左送进，直到上模上行到上死点为止。上模下行，导块同样也先行一段空程，然后导块的槽孔顶面压住滚子 54，通过弓形连杆带动摆杆顺时针转动，但单向机构的滚子 51 松开，因而套环 36 并不反转，辊轴 12 与料均停止不动，以待冲压。冲压完毕，重复上述动作。

辊轴 12 夹料的松紧，可通过螺塞 16 调节弹簧 17 的压力来调节。要改变送料步距的大小，可调节轴销 29 在摆杆 32 上的位置，并且通过调节螺钉 49、52 定位。

本模具还采用了一对油毛毡 8 自动对料涂油润滑。

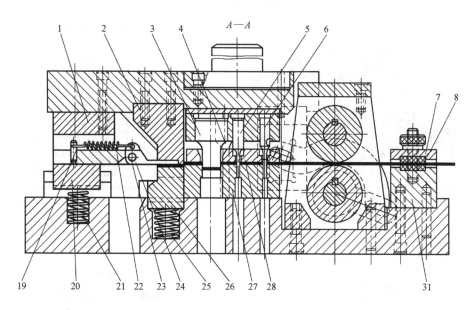

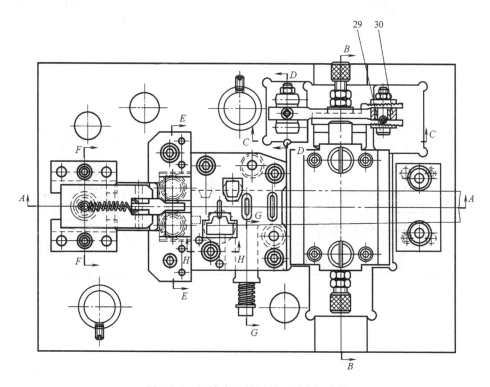

图 5-2-8 辊轴式送料切断、压弯级进模

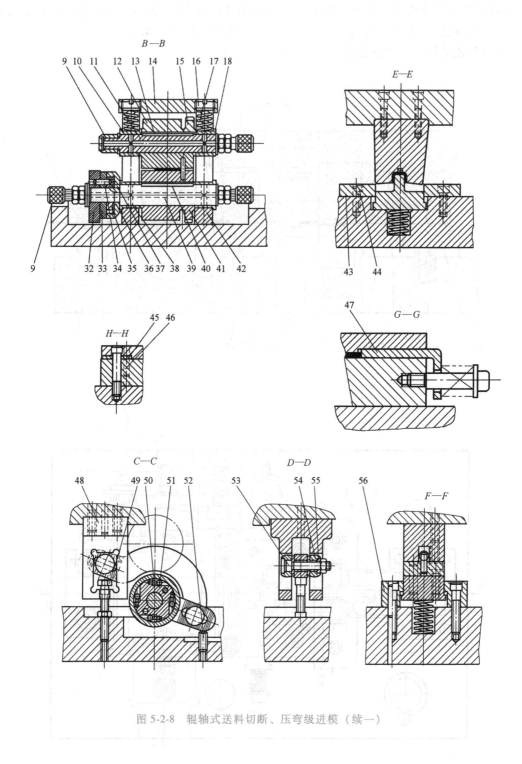

图 5-2-8 辊轴式送料切断、压弯级进模（续一）

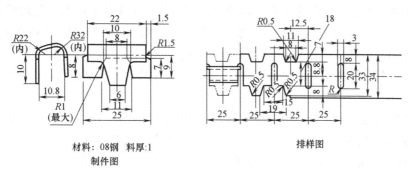

材料：08钢 料厚：1

制件图

图 5-2-8 辊轴式送料切断、压弯级进模（续二）

1、20—垫块 2、27—凹模 3、4、6、26—凸模 5—导正销 7、14—盖 8—油毛毡 9—注油器

10、18、38—轴承 11、39—轴 12—辊轴 13、37、40—键 15、41—齿轮 16—螺塞 17、21、25、50—弹簧

19—拉簧 22、42—支架 23、29、53—轴销 24—活动卸料板 28—卸料板 30—弓形连杆

31—支座 32—摆杆 33—盖板 34、46—柱销 35—滚子撑板 36—套环 43、56—导板

44、49、52—螺钉 45—挡料板 47—侧压块 48—导块 51、54—滚子 55—衬套

任务3 认识附有二次送料机构的自动冲模

微课：认识附有
二次送料机构
的自动冲模

5.3.1 推式半成品自动冲模

1. 无储件槽斗的自动冲模

图 5-3-1 所示为一种半自动落料拉深级进模。落料与拉深分两道工序进行，条料手工送

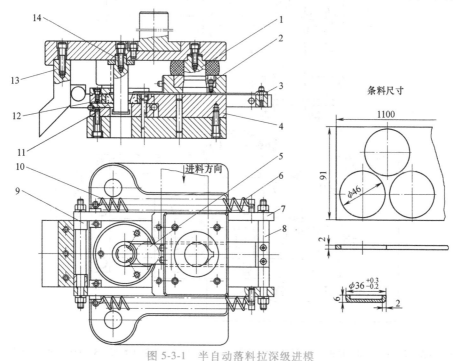

图 5-3-1 半自动落料拉深级进模

1—凸模 2、12—凹模 3、5、7—板 4—模块 6、10—弹簧 8—杆 9—滚柱 11—卸料装置 13—斜楔 14—拉深凸模

进。冲程下行时，凸模1与凹模2将毛坯落出，停留在模块4的平面上。与此同时，斜楔13通过滚柱9、板7及杆8，逆弹簧6之力将板3右推。拉深凸模14与凹模12将送来的毛坯拉深成形。冲程回升时，卸料装置11在弹簧10的作用下，把制件从拉深凸模上卸下。同时弹簧6将板3向左推，把停在模块4上的毛坯推过一段距离。毛坯就这样被逐渐送进凹模12的上口。

2. 带储件槽斗的自动冲模

图5-3-2所示为一种带储件槽斗的滑板式送料拉深、冲孔、翻边模。圆形毛坯叠放在料筒6内，料筒与盖板5焊接在一起。推板3能在盖板下的滑道4上滑动。一个在下模座13槽内滑动的滑尺2通过连板1与推板连成一体，滑尺的另一端有滚子15，与装在上模的斜楔8接触。上模下行时，由于斜楔的作用，使送料推板3右移，毛坯便落在滑道上，与此同时，模具进行冲压。冲压完毕，上模上行，在拉簧14的作用下，送料推板左移，于是将存在滑道上的毛坯连续推移（毛坯推毛坯），使最左端的毛坯推至凹模口，由定位板11定位（定位板可由螺钉16调节位置）。在滑道上还装有一弹簧压料板7，以防止毛坯推送时因拱起发生堵塞，破坏送料顺利进行。上模回程时，顶件块12将制件顶起，同时被弹簧卸料板9推下；废料被上模的刚性推件块10推下，随即制件与废料被压缩空气吹到料箱中。

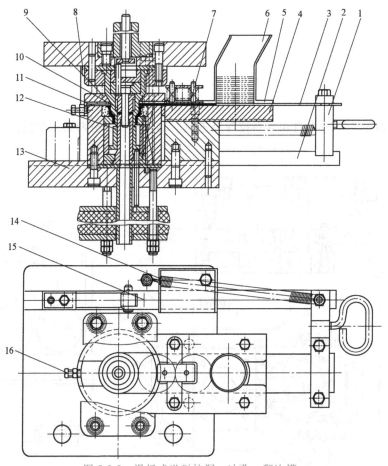

图 5-3-2　滑板式送料拉深、冲孔、翻边模

1—连板　2—滑尺　3—推板　4—滑道　5—盖板　6—料筒　7—弹簧压料板　8—斜楔　9—弹簧卸料板　10—推件块　11—定位板　12—顶件块　13—下模座　14—拉簧　15—滚子　16—螺钉

5.3.2　回转式半成品自动冲模

1. 机械回转式半成品自动冲模

图 5-3-3 所示为带转盘自动送料装置的挤光模。转盘 5 绕特种螺钉 29 转动，转盘的外缘以四个铆钉 21 将定位盘 3、分度盘 4 铆接连成整体。盘上等分十二个工位孔，孔内分别装有套 13，以传送半成品和制件，定位盘和分度盘相对应的都有十二个分度齿。滑块 28 上面

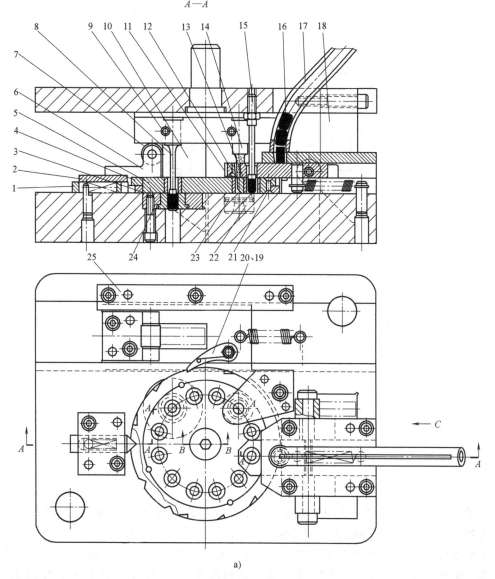

a)

图 5-3-3　带转盘自动送料装置的挤光模

a）挤光模

1—定位器　2—导块　3—定位盘　4—分度盘　5—转盘　6—支座　7、27—滚子　8—推件杆　9—推拔销

10、18—斜楔　11—卸件座　12—卸件套　13—套　14—凸模　15—推坯杆　16、28—滑块　17—料斗

19—棘爪　20—螺钉　21—铆钉　22—保险凹模　23—保险垫片　24—定位环　25—定位条

26—垫铁　29—特种螺钉　30—衬套

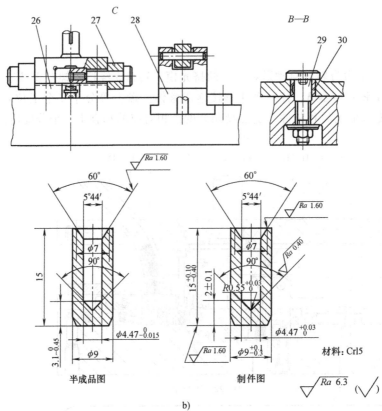

b)

模具零件 名称与件号	动作分配				
	上死点(滑块下行)		下死点(滑块上行)		上死点
转盘斜楔10	斜面作用		直边作用		斜面退回
转盘5	转盘转动		转盘停止		
送料斜楔18		斜面作用	直边作用		斜面退回
送料滑块16		前进	停止		后退
推坯杆15			插入	退出	
凸模14			进入	退出	
推件杆8			插入	退出	

c)

图 5-3-3　带转盘自动送料装置的挤光模（续）

b）制件及半成品图　c）工作过程周期表

装有滚子7，与上模的转盘斜楔10接触。滑块28上还以螺钉20铰接棘爪19。料斗17的下方是送料滑块16。故放入料斗中的半成品可落入送料滑块的储料孔中。

上模下行，首先斜楔10对滚子7作用，使转盘5逆时针转动，转到所需要的位置便被定位器1定位。在此时间内，斜楔18对装在送料滑块16上的滚子27作用，使滑块左移，将半成品推送至转盘衬套孔的上方便停止不动。上模继续下行，推坯杆15将滑块16推送来的半成品推入套13的孔内；凸模14对半成品（这是在前两次的半成品被转盘送至该工位上来的）进行挤光；推件杆8将挤好的制件推离套13（这是前三次所挤好的制件被转盘送至该工位上的）。上模上行，上述各件复位，料斗中的一个半成品又落入滑块的储料孔中，以待下一次的送料。整个工作过程的周期如图5-3-3c所示。

在挤光时，为了避免因调整不当或半成品过高，使挤压力超负荷而导致模具和压力机损坏，在挤光的工位处（下模座内）装有保险凹模 22，其上放置保险垫片 23。

2. 气动回转式自动冲模

图 5-3-4 所示为一种利用气缸带动回转盘来完成半成品自动送进的自动校平模。气缸由装在压力机曲轴上的凸轮 2 通过电磁换向阀 3 控制。采用气动方式有利于结构的布局和减少破坏性事故。

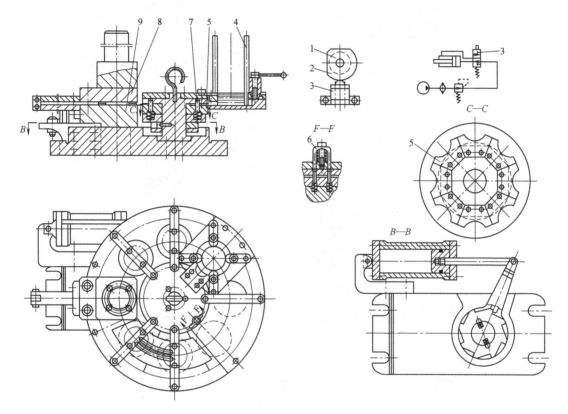

图 5-3-4　气动回转式自动校平模

1—压力机曲轴　2—凸轮　3—电磁换向阀　4—挡杆　5—定位板　6—扣　7—弹簧销　8—上模　9—下模

半成品由槽斗内落下，随着气缸的来回动作使定位板 5 转动，并带动半成品逐个送入上模 8 和下模 9 间进行校平。这种模具具有一定的通用性，更换挡杆 4 和调节其位置，可以存储不同形状和尺寸的半成品。转盘上容纳半成品的定位板 5 由弹簧销 7 固定。按下扣 6 使弹簧销 7 退回，从而可换取定位板 5。

任务4　认识其他自动冲模

5.4.1　具有振动料斗的自动冷挤压模

微课：认识其他自动冲模

图 5-4-1 所示为具有振动料斗的自动冷挤压模。模具的自动送料是由电振动料斗和滑轨实现的，采用圆柱形毛坯冷挤生产小圆筒形件。

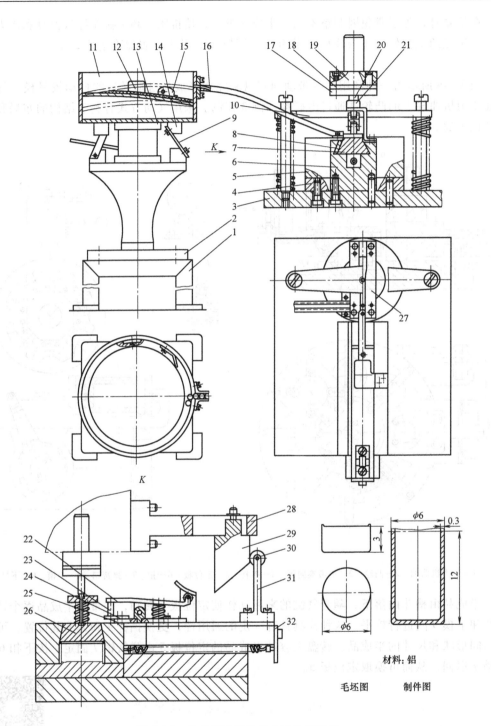

图 5-4-1　具有振动料斗的自动冷挤压模

1—支架　2—支座　3—下模座　4—凹模座垫　5—凹模套　6—滑板座　7—滑板　8—垫板　9—振动簧片　10—卸料板　11—料斗　12—分配片　13—电磁振动器　14—底板　15—定向片　16—料道　17—凸模固定板　18—垫片　19—上模座　20—凸模　21—弯板　22—压料板　23—压料钉　24—导板　25—推料板　26—凹模　27—导轨　28—固定板　29—斜楔　30—滚轮　31—滚轮固定架　32—板

工作时，先将冷挤毛坯装入料斗 11 内，接通电源后，在振动料斗的作用下，毛坯沿着螺旋轨道逐渐上移，经过分配片 12 和定向片 15 进入料道。当压力机滑块带动上模下降时，斜楔 29 对滚轮 30 施加作用力后，带动滑板 7 后移，此时，料道 16 内的毛坯进入导轨 27。当上模上升后，靠拉簧的作用使滑板 7 复位，同时推料板 25 将毛坯送入凹模 26。当上模再次下降时，凸模 20 将毛坯挤压成形。

5.4.2 双金属层自动送料冲模

图 5-4-2 所示为一种双金属层自动送料冲模。冲压件是双金属层材料的拉深件，外层材料为黄铜，厚 0.5mm，内层材料为低碳钢，厚 1.5mm。

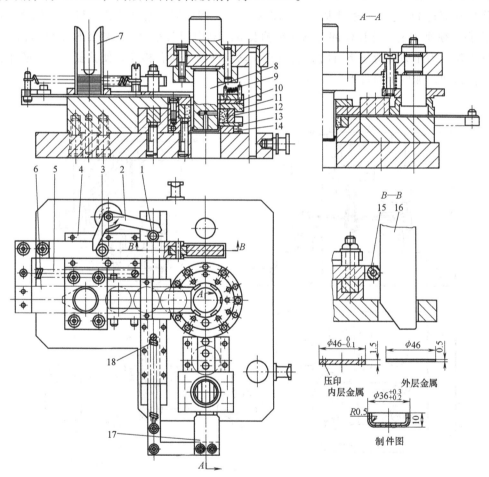

图 5-4-2　双金属层自动送料冲模

1、3、15—滚轮　2—拨叉　4—导轨　5、9、14、18—弹簧　6、17—推板　7—料筒　8—拉深凸模
10—小滑块　11—定位圈　12—拉深凹模　13—卸料圈　16—斜楔

先将内层材料在其他冲模上压印，然后，按一定方向（压印面向下）装入料筒 7，而外层铜材则在本模具内落料。如此得到的两种圆板形坯件，各由其推板沿相互垂直的方向逐步送进，在拉深凹模工作部分会合。

横向推板 6 由斜楔 16 通过滚轮 15 和导轨 4 向左退出，并由弹簧 5 向右拉回完成送进。

纵向推板 17 通过滚轮 1、3 和拨叉 2 向外退出，并由弹簧 18 拉回，完成送进。

内层坯件送进后，留在小滑块 10 的平面上；外层坯件送进后，直接处于拉深凹模 12 的上面，由定位圈 11 定位。拉深凸模 8 下行时，推动内层钢片，迫使小滑块 10 逆弹簧 9 的张力张开，因而内层钢片也落入定位圈 11 内，贴在外层铜片上。拉深凸模继续下行，迫使工件拉深成形，最后由卸料圈 13 刮下工件，完成整个成形过程。

5.4.3 自动出件冲模

图 5-4-3 所示为一种自动出件弯曲模，将工件手工放入模具中，由定位板 3 定位。上模下行，由凸模 2 和凹模 4 完成压弯工序后，滑块上升，固定在下模座 5 上的带有内滑槽的斜楔 9 作用在滚轮 11 上，滚轮 11 固定在卸件器 7 上，卸件器 7 通过轴套 8 和 10、轴套固定座 12 固定在上模座 1 上，这样使卸件器 7 在轴套 8、10 中间向左滑动，将工件推离凸模 2，完成卸件工作。当压力机滑块下行时，斜楔 9 推动卸件器 7 向右移动，使其复位。为防止在压弯时工件错动，加两个顶杆 6 以压紧工件。

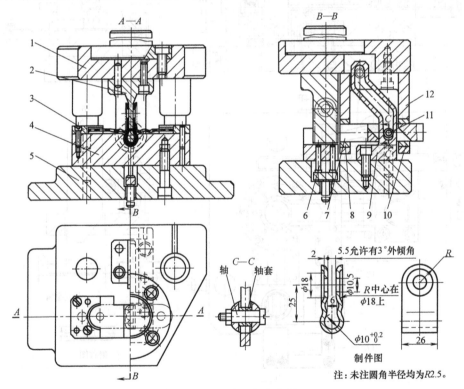

图 5-4-3 自动出件弯曲模

1—上模座 2—凸模 3—定位板 4—凹模 5—下模座 6—顶杆 7—卸件器
8、10—轴套 9—斜楔 11—滚轮 12—轴套固定座

5.4.4 自动冲模设计要点

1. 自动冲模设计要求

1）要对冲压件的复杂程度进行分析，结合产品的批量确定冲模的自动化程度。

2）要保证自动冲模稳定工作，其各种动作（如送料、冲压、出件）要按预定的冲压工作循环，有节奏地、可靠地协调配合。

3）组成自动冲模的各机构、部件均应可靠，其零件强度、刚度、工作负荷盈余量要足够。液压、气动、电气装置要符合工作要求，安全可靠，为自动冲模稳定工作提供保证。

4）要具备必要的检测装置，以保证设备、模具和人身的安全，保证冲压生产顺利进行。

2. 自动冲模设计注意事项

（1）合理确定模具的自动化程度　对于不同的冲压件，复杂程度不同，要求生产批量、生产时间及生产安排也有所不同。例如对于形状简单的大批量持续性生产的冲压件，除了可以考虑采用专用的冲压自动化系统（如单机自动化或自动冲压生产线）和高速冲压外，还可以采用自动化及检测系统较完善的高寿命的自动冲模。此外，对于持续性生产的冲压件，如果采用自动化生产，短期即可完成任务，此时应选用基本的、通用性强的自动化冲压加工系统。对于冲模，采用通用性强的、标准化生产的自动化机构（如辊式送料机构、气动送料机构等）或自动化通用模架。对于多品种小批量生产的冲压件，即要求安排生产的冲压件形状、尺寸不断变化，在推广标准化冲模和简易冲模的同时，为了安全起见，也可考虑采用一些简易的、通用的自动化装置。

冲压件的形状、尺寸、材料厚度也限制了自动化方式和自动化程度的应用。例如，中小型冲压件采用各种自动化系统都较适宜，可是大型件就较困难。

（2）合理选择自动冲模结构形式　冲压原材料的形状和冲压件公差要求及所用压力机的类型是确定自动冲模结构、合理选择自动冲模结构形式的主要依据。加工材料为条料、带料、卷料或板料时，采用自动送料装置；加工材料为工序件时，则采用自动上件装置。推板式上件装置适用于平板工序件的送进；转盘式的可用于平板状工序件，也可用于成形件的送进；振动式料斗可用于各种形状的小型工序件的储存、分配、定向及送料工作。对于一般公差要求的冲压件，可采用钩式送料装置；而对公差要求较高的，则采用夹持式或凸轮传动的辊轴送料装置。

实现间歇送料的驱动机构的选用原则是：当压力机滑块每分钟行程次数低时，采用棘轮等驱动机构；当压力机滑块每分钟行程次数高时，应采用异形滚子的定向离合器。高速压力机宜采用凸轮驱动的辊式送料装置。

（3）正确制订自动冲模冲压周期图表　由不同结构形式的送料和出件装置组成的自动冲模，其送料、冲压、出件均必须保证动作协调且互不干扰。因此，必须根据自动冲模所选用机构的特性制订冲压周期图表，作为机构调节的依据，以保证良好的工作特性、产品质量和安全生产。采用不同结构的送料和出件装置，其冲压周期图表是不同的，但其基本要求都一样，即：冲压工作行程必须在送料动作结束之后；出件必须在上、下模脱离且能够取出制件时开始。当采用辊式送料装置时，抬辊时间必须保证冲压时材料的导正等。

（4）自动冲模中的送料或出件机构应有一定的调节范围和必要的送进精度　送料或出件机构应有一定的调节范围和必要的送进精度，以适应材料尺寸在一定范围内的变化和保证送料的准确性。需要通过调整有关机构才能达到送进要求的参数有条料宽度、厚度、送料步距等。在此要强调的是送料步距精度。影响送料步距精度的因素很多，如送料装置的结构形式、驱动和传动方式，压力机滑块每分钟行程次数，送进速度高低等，这些条件变化时，送料步距误差也会变化；压力机滑块每分钟行程次数越多，送料速度越高，送料步距误差也越大，所以在高速压力机中采用凸轮驱动的辊式送料装置，以减少间歇运动的加速度，减少机构的振动，从而减少送进误差，提高送进精度。不过，保证送进精度，减少步距误差，一方面要靠送料机构，另一方面要靠模具本身的定位方式来保证，因而在有些自动冲模中，还增加导正销或侧刃来定位。

（5）要与生产实际相联系 设计自动冲模应该考虑与压力机的配合，结合现有设备情况，还应考虑与自动冲模有联系的生产环节，考虑模具本身与整个生产线是否配合协调，例如储料装置、出件装置、输送机构等与生产线的协调性。

（6）要充分考虑模具制造的工艺性与经济性 设计时要充分考虑模具制造的难易程度与可加工性，并结合现有的加工条件，充分考虑模具制造成本。在满足质量与生产要求的情况下，尽量采用简单易制的、标准化的、通用的设计方案，以降低模具制造成本。

任务训练五

1. 思考题
1）什么是自动冲模？它有何特点？它是如何分类的？
2）夹刃式自动冲模自动送料的原理是什么？
3）辊轴式自动冲模自动送料的原理是什么？
4）有、无储件槽斗的自动冲模在模具结构上有何不同？
5）回转式自动冲模的送料原理是什么？
6）自动冲模设计有哪些要求？
7）自动冲模设计应考虑哪些事项？

2. 实践题
学习观摩企业的自动冲模及其生产过程，完成以下任务：
1）说明采用的自动送料和出件装置的类型和特点。
2）对自动冲模进行优化创新设计。

【学与思】

1）以"管夹自动冲模设计"为主题，查阅相关的文献资料，学习结合传统的复合模与级进模设计自动冲模，提高模具设计与制造效率、缩短模具交货周期、降低制造成本，达到一模多用的效果，树立终身学习与学习强国的意识。

2）以"大国工匠"智能设备制造专家刘云清的事迹为主题，查阅相关文献资料并展开讨论。通过了解大国工匠的故事，学习大国工匠执着专注、作风严谨、精益求精、敬业守信、推陈出新的精神。

劳动模范是民族的精英、人民的楷模。长期以来，广大劳模以平凡的劳动创造了不平凡的业绩，铸就了"爱岗敬业、争创一流，艰苦奋斗、勇于创新，淡泊名利、甘于奉献"的劳模精神，丰富了民族精神和时代精神的内涵。

参 考 文 献

［1］ 陈炎嗣. 多工位级进模设计与制造 ［M］. 2 版. 北京：机械工业出版社，2014.

［2］ 欧阳波仪. 多工位级进模设计标准教程 ［M］. 北京：化学工业出版社，2009.

［3］ 翁其金. 冲压工艺与冲模设计 ［M］. 2 版. 北京：机械工业出版社，2012.

［4］ 金龙建. 多工位级进模实例精选 ［M］. 2 版. 北京：机械工业出版社，2016.

参 考 文 献